工业和信息化部"十四五"规划教材

新文科·大数据管理与应用专业系列教材

大数据
智能分析
理论与方法

主　编　张紫琼　叶　强

副主编　张　楠　姜广鑫

　　　　芦鹏宇　方　斌

参　编　王兴芬

中国教育出版传媒集团

高等教育出版社·北京

内容简介

　　随着信息技术、移动商务和社交媒体的蓬勃发展，大数据在各行业的应用变得越来越广泛，正深刻改变着我们的生活和工作方式。使用智能分析技术对大数据进行深入理解与洞察，将使数据这种新型生产要素的价值得到更加充分的发挥。本书旨在遵循数据分析的思路与逻辑，系统梳理大数据智能分析的相关知识。全书共分为绪论和 16 章内容。在理论和方法方面，主要包括常规数据预处理、数据降维、特征选择、决策树、K 近邻学习、支持向量机、贝叶斯学习、集成学习、关联规则、聚类、人工神经网络、深度学习、推荐系统等；在理论与实践融合方面，本书提供了若干典型应用场景，如广告点击率预测、信息流中的内容推荐、游戏运营中的数据挖掘等，以期加强读者对理论的理解和应用能力。另外，本书在章后提供了即测即评二维码，帮助读者掌握和巩固对应章节的知识。

　　本书是新文科·大数据管理与应用专业系列教材之一，也是工业和信息化部"十四五"规划教材。

　　本书适合作为高等院校大数据管理与应用、数据科学与大数据技术、大数据技术与应用等相关专业的基础教材或教学参考书，也可用作职业培训及相关技术和研究人员的参考用书。

大数据管理与应用专业系列教材编委会

序言

信息技术与经济社会的交汇融合引发了数据迅猛增长，数据已成为国家基础性战略资源，大数据正日益对全球生产、流通、分配、消费活动以及经济运行机制、社会生活方式和国家治理能力产生重要影响。大数据作为互联网、云计算、物联网、移动计算之后 IT 产业又一次颠覆性的技术变革，正在重新定义国家战略决策、社会与经济管理、企业管理、业务流程组织、个人决策的基本过程和方式。

大数据是一类能够反映物质世界和精神世界运动状态和状态变化的信息资源，它具有复杂性、决策有用性、高速增长性、价值稀疏性、可重复开采性和功能多样性等特征。基于管理的视角，当大数据被看作是一类"资源"时，为了有效地开发、管理和利用这种资源，就不可忽视其获取问题、加工问题、应用问题、产权问题、产业问题和法规问题等相关的管理问题。

大数据的获取问题。正如自然资源开发和利用之前需要探测，大数据资源开发和应用的前提也是有效地获取。大数据的获取能力一定意义上反映了对大数据的开发和利用能力，大数据的获取是大数据研究面临的首要管理问题。制定大数据获取的发展战略，建立大数据获取的管理机制、业务模式和服务框架等是这一方向中需要研究和解决的重要管理问题。

大数据的处理方法问题。大数据资源的开发和利用主要基于传统的计算机科学、统计学、应用数学和经济学等领域的方法和技术。除了大数据的基础处理方法外，基于不同的开发和应用目的，如市场营销、商务智能、公共安全和舆情监控等，还需要特定的大数据资源开采技术和处理方法，称为应用驱动的大数据处理方法。大数据的处理方法是大数据发展中重要的基础性管理问题。

大数据的应用方式问题。大数据资源的应用需要考虑的重要问题是如何将大数据科学与领域科学相结合。大数据资源的应用方式可以分为 3 大类，首先是在领域科学的框架内来研究和应用大数据资源，称为嵌入式应用；其次是将大数据资源的开发和利用与领域科学相结合，二者相互作用，这种方式称为合作式应用；最后，大数据资源的开发应用还可能引起领域科学的变革，称作主导式应用。为了更好地发挥大数据的决策支持功能，其应用方式问题是不可忽视的重要管理问题。

大数据的所有权和使用权问题。通过有效的管理机制来界定大数据资源的所有权和使用权是至关重要的管理问题。需要建立产业界和学术界协作和数据共享的稳健模型，从而在促进科学研究的同时保护用户的隐私。解决大数据的产权问题需要回答以下几方面的问题：谁应该享有大数据资源的所有权或使用权？哪些大数据资源应该由社会公众共享？如何有效管理共享的大数据资源，以实现在保障安全和隐私的同时，提高使用效率？

大数据产业发展问题。大数据的完整产业链包括数据的采集、存储、挖掘、管理、交易、应用和服务等。大数据资源产业链的发展会促进原有相关产业的发展，同时还会催生新的产业，如大数据资源的交易会促使以大数据资源经营为主营业务的大数据资源中间商和供应商的出现。此外，还有可能出现以提供基于大数据的信息服务为主要经营业务的大数据信息服务提供商。这些都是需要关注的重要问题。

大数据的相关政策和法规问题。 大数据资源的发展还必须有完善的政策和法规支撑。例如通过对大数据资源的所有权界定，有效维护大数据所有者的权利，促进大数据产业的健康发展。数据的安全与隐私保护问题是大数据资源开发和利用面临的最为严峻的问题之一，除了在安全和隐私保护技术方面不断突破外，还需要相关法律法规对大数据资源的开发和利用进行严格有效的规范。全国人大近期通过的《中华人民共和国个人信息保护法》，将为信息资源利用和隐私保护提供相关的法律保障。

显然，大数据所涉及的复杂的技术、管理与应用问题，决定了其具有知识密集的特点，人力资本将成为国家在大数据时代的核心竞争力。国务院在《促进大数据发展行动纲要》中指出：要创新人才培养模式，建立健全多层次、多类型的大数据人才培养体系。正是在此背景下，2018 年教育部批准新开设"大数据管理与应用"专业，为近年重点扶持的新型专业之一。该专业的发展定位是以互联网 + 和大数据时代为背景，适应国民经济和社会发展需要，培养从事大数据管理、分析与应用的具有国际视野的复合型人才。学生毕业后能够胜任金融、商务、工业、医疗与政务等领域的大数据分析、量化决策和综合管理等工作岗位，并有潜力成长为具有系统化思维和战略眼光的高级管理人才。

新专业的建设面临着一系列艰巨的任务，其中教材编写就是一项基础和关键性的挑战。为此，2019 年高等教育出版社开始组织调研和专家论证，2020 年初成立了"大数据管理与应用"系列教材编委会，邀请先期设立"大数据管理与应用"专业且具有较好的教学和研究基础的哈尔滨工业大学、合肥工业大学、国防科技大学、东北财经大学、大连理工大学和浙江大学的骨干教师，论证编写教材的选题，并对教材大纲和内容开展多轮研讨。在论证研讨中大家形成了一些基本共识，包括大数据管理与应用的基本概念一定要准确、清晰，既要符合中国国情，又要与国际接轨；教材内容既要符合本科生课程设置的要求，又要紧跟技术发展的前沿，及时地把新理论、新方法、新技术反映在教材中；教材还必须体现理论与实践的结合，要特别注意选取具有中国特色的成功案例和应用实例，达到帮助学生学以致用的目的；等等。

经过两年多的编写和严格审稿，即将陆续出版的教材包括《大数据管理与应用概论》《大数据技术基础》《大数据智能分析理论与方法》《大数据计量经济分析》《非结构化数据分析与应用》。我衷心期望，系列教材的出版和使用能对"大数据管理与应用"新专业建设和教学水平提高有所裨益，对推动我国大数据管理与应用人才培养有所贡献。同时，我也衷心期望，使用系列教材的教师和学生能够不吝赐教，帮助教材编委会和作者不断提高教材质量。

中国工程院院士　杨善林

2022 年 1 月

前言

我们生活在一个大数据的时代。随着数据采集、存储与处理技术的飞速发展，数据呈现出爆炸式增长。海量数据蕴含着新的机遇与挑战。一方面，这些数据能够为各行各业提供有效的信息，帮助人们实现更好的决策，导致数据分析的需求越来越强烈；另一方面，日益增加的数据导致严重的信息过载，人们比以往任何时候都更加渴望智能化的大数据分析方法。站在时代前沿，拥有大数据智能分析理论与方法相关的知识储备，更能顺势而为，抓住时代赋予的机遇。

本书的主要特色如下：

首先，理论体系完备，本书系统梳理了大数据智能分析领域的重要概念、知识和算法，涵盖数据预处理、有监督学习理论与方法、无监督学习理论与方法等。

其次，注重典型应用场景开发及其拓展，包括大数据智能分析方法在广告点击率预测、信息流中的内容推荐、游戏运营中的数据挖掘等方面的应用。

再次，理论实践一体化的编排方式契合学习逻辑，先阐明大数据智能分析的基本知识和原理，再将理论与方法融入典型案例，而后多维综合展示利用理论方法解决具体问题的思路。

最后，充分利用公式、图表和算例，捋清领域知识的演化脉络和发展趋势，让内容呈现丰富多彩，兼顾知识性和趣味性、基础性和前沿性。

本书主要由来自哈尔滨工业大学和厦门大学的学者组成的编写团队完成，编写成员一直在大数据分析领域的前沿开展教学和科研工作。本书凝结着编写团队在基础与前沿、传承与创新、理论与应用视角下，积累的大数据分析相关的教学与科研经验，体现着编写团队编与著、教与研的有机融合。本书作为"大数据管理与应用"丛书的重要组成部分，在保持自身特色的同时，与丛书的其他教材形成了系统、完整的体系，可与丛书其他教材一起为读者提供大数据分析领域较全面的解决方案。

本书兼顾读者层次、领域与行业、个性与共性、广度与深度、重点与难点，可以满足学生学习、业界实践和学界研究等不同目的的阅读。在阐述各种理论与方法时，尽量采用简洁明了的语言与直观易懂的例子描述相关的概念和基本原理，力求使各层次的读者都能迅速抓住相关理论算法的本质。通过对同类算法的纵向比较以及对不同类算法的横向比较，让读者既知个体也知全局，既理解算法也理解算法在知识体系中的地位和作用，既明白知识点也明白知识点之间的逻辑结构和层次。在保障知识体系完备性的基础上，尽量保持各章节之间的相对独立性，以充分适应不同领域的读者对不同理论与方法的兴趣和需求。因而，本书既可以作为相关专业本科生与研究生的学习教材，也可作为相关领域研究者和实践者的参考用书。

全书共分为绪论和 16 章，编写分工如下：

绪论　叶强、张楠、王兴芬

第 1 章　常规数据预处理　姜广鑫

第 2 章　数据降维　姜广鑫

第 3 章　特征选择　芦鹏宇

第 4 章　决策树　张紫琼、叶强

第 5 章　K 近邻学习　张紫琼、叶强

第 6 章　支持向量机　张楠

第 7 章　贝叶斯学习　张紫琼、叶强

第 8 章　集成学习　姜广鑫

第 9 章　关联规则　张紫琼、叶强

第 10 章　聚类　芦鹏宇

第 11 章　人工神经网络　方斌

第 12 章　深度学习　方斌

第 13 章　推荐系统　芦鹏宇

第 14 章　广告点击率预测　陈李钢

第 15 章　信息流中的内容推荐　陈李钢

第 16 章　游戏运营中的数据挖掘　陈李钢

在教材的编写过程中，哈尔滨工业大学李一军教授、国防科技大学谭跃进教授、东北财经大学唐加福教授、大连理工大学胡祥培教授、合肥工业大学胡笑旋教授、浙江大学孔祥维教授等专家提出了许多宝贵的修改意见，高等教育出版社的童宁、杨世杰编辑给予了全面的支持和帮助。在此，我们表示衷心感谢。

编者

2022 年 12 月

目录

绪论

0.1　为什么学习大数据智能分析

0.1.1　大数据及其特征

我们生活在数据时代。随着社会数字化日益加深，数据采集和存储工具快速发展，数据呈现出爆炸式增长。当今，数据作为重要的商业资源已经渗透到每一个行业和业务职能领域，海量数据中孕育着新的挑战和机遇，大数据智能分析技术及其应用愈加重要。

大数据（Big Data）是一个较为抽象的概念，它描述了大量难以管理的数据，涵盖着大量数据的产生、处理及保存。对于大数据尚未有一个公认的定义。不同的定义基本是从大数据的特征出发，通过这些特征的阐述和归纳试图给出其定义。2011 年全球知名咨询公司麦肯锡在《大数据：创新、竞争和生产力的下一个前沿领域》报告中提出，大数据是大小超出常规的数据库工具获取、存储、管理和分析能力的数据集，并强调数据已经成为与物质资料和人力资源相提并论的重要生产要素和战略资产。维克托·迈尔–舍恩伯格及肯尼斯·库克耶编写的《大数据时代》将大数据定义为："不同于随机分析法即抽样调查这样的捷径，而采用所有的数据进行分析处理。"大数据研究机构 Gartner 对大数据给出了这样的定义："大数据是指需要新处理方法才能获得更强的决策力、洞察力和流程优化能力的数量大、高增长率和多样化的信息资产。"为了更好地理解大数据，我们可以从国际数据公司（International Data Corporation，IDC）归纳的大数据 4V 特征入手，即规模性（Volume）、多样性（Variety）、高速性（Velocity）以及价值性（Value）。其中，规模性是指数据的体量浩大，数据集合的规模不断扩大，已从 GB 到 TB 再到 PB 级，甚至开始以 EB 和 ZB 来计数；多样性是指数据的类别繁杂，随着传感器种类的增多以及智能设备、社交网络等的流行，数据的类型也变得更加复杂，不仅包括数据库、数据仓库等结构化数据，而且包括以网页、视频、音频、E-mail、文档等形式存在的未加工的、半结构化的和非结构化的数据；高速性是指数据处理速度快，强调数据是快速动态变化的，数据具有时效性，组织需实时处理大量的信息；价值性是指数据的价值利用密度低，数据的价值虽然巨大，但有价值的数据所占比例很小。

大数据以流的形式进入各行各业，只有尽可能快地处理这些数据并从低价值密度的巨量数据中提取重要的价值，才能实现数据的价值最大化。因此，在这个大数据时代急需功能强大、应用广泛的技术或工具，更快速且高效地提取这些海量数据中的价值，进而推动经济社会发展。人们对于海量数据的挖掘和运用的需求使得大数据智能分析愈加重要，它能够帮助我们把大型的数据集转化为知识，从而应对全球化海量数据的挑战。

0.1.2 大数据背景下信息技术的演化

大数据智能分析是信息技术在大数据背景下进化出的新阶段。数据产业在不断发展，数据收集和数据库的创建出现在 20 世纪 60 年代甚至更早时间，在 20 世纪 70 年代到 80 年代初期数据库管理系统应运而生，从 20 世纪 80 年代中期到现在，为了管理规模巨大的数据，挖掘更为复杂的数据类型，出现了高级数据系统和高级数据分析，并将分析结果应用在商业、社会、金融、电信等日常生活方面。

大数据智能分析就是在数据时代的背景下利用数据挖掘、机器学习、人工智能等技术对客观存在的超大规模、多源异构、实时变化、蕴含价值的数据进行分析与应用的方法和处理过程。大数据智能分析包括数据预处理、有监督学习的理论与方法、无监督学习的理论和方法、深度学习的理论与方法以及这些理论算法的综合应用。它主要涉及大数据、数据挖掘技术和机器学习的相关理论和方法。其中，大数据相关理论为大数据的智能分析提供了理论基础，而数据挖掘和机器学习等方法为大数据的智能分析提供了技术手段。

0.2 数据的智能化发展

0.2.1 数据、信息、知识与智能

我们周边充斥着各种各样的数据。这些海量规模且繁杂无序的数据可以通过信息管理转化为信息，再利用大数据技术获取信息背后隐藏的知识，并运用人工智能技术将这些知识推演归纳为更多的知识或规律，进一步指导实践，从而实现数据的智能化。

1. 数据

数据是原始素材，是第一手资料，表现为事实或观察的结果，是对客观事物的逻辑归纳。更具体地说，数据是信息的外在表现形式和载体，可以是连续的，比如声音、图像，称为模拟数据；也可以是离散的，如符号、文字，称为数字数据。特别地，在计算机系统中，数据以二进制信息单元 0/1 的形式表示。需要强调的是，在现

实生活中，数据经常是杂乱无章的，我们无法直接从海量数据中理解它表达的实际含义。

2. **信息**

信息泛指人类社会传播的一切内容。对于信息的定义，比较有代表性的说法有：数学家香农在《通信的数学理论》中指出，"信息是用来消除随机不定性的东西"；控制论创始人维纳认为，"信息是人们在适应外部世界，并使这种适应反作用于外部世界的过程中，同外部世界进行互相交换的内容和名称"。结合数据的定义来看，信息可以理解为经过加工处理后的有逻辑的数据。而将无法理解的数据转化为信息的过程可以称为信息管理。信息管理的过程包括信息的收集、传输、加工、储存和检索等过程。

3. **知识**

知识，是人类在活动中获得的经过提炼和总结后形成的系统认识，包括事实、信息的描述或在教育和实践中获得的技能，是人类在实践中认识客观世界的成果。知识是信息从定量到定性的过程中得到的产物，有价值的信息通过总结和归纳就形成了知识。大数据技术就是从多样化的表象信息中利用智能技术手段获取并提炼信息背后的深度知识。

4. **智能**

智能，是指将知识归纳推演为一般的规律，用以获取更多知识，指导社会实践。数据的智能可以理解为，使用人工智能等技术实现数据的智能化，运用系统正确解释外部数据，从这些数据中学习，形成知识并通过灵活使用这些知识实现特定目标和任务的能力。

0.2.2 面临的挑战

第一大类问题是数据的收集和处理。面对浩瀚的数据海洋，收集的数据可能存在不完整、不正确、不一致的情况，也存在着数据的可靠性和真实性问题。导致这些问题的原因有很多，如收集到的数据归类不明确、数据收集的设备出现故障、数据存储溢出以及人为失误因素等。此外，不同的数据源可能也会给数据处理带来困难。对于数据的自动化收集，环境的改变可能给数据的可靠性带来影响。例如，客户在商场和购物网站上存留的信息不同，可能给企业分析客户的购买行为造成困扰。

第二大类问题是数据的分析。数据类型的多样化和繁杂性对传统数据分析技术提出了挑战。例如，收集的有些数据类型无法直接分析。非结构化性是大数据区别于传统数据的一个重要特征。在当今世界产生的信息中，文本、音频和视频等非结构化数据占比较高，这种数据体量是结构化数据的十倍甚至更多，给数据分析带来巨大困难，同时也为大数据技术的突破带来挑战。

0.3 大数据智能分析理论和方法的基本内容

本书将大数据智能分析划分为三大模块：一是数据预处理；二是数据分析的理论和方法；三是实例应用。下面对前两个模块进行概述。

0.3.1 数据预处理

日常生活中会产生海量的数据，如视频音频数据、营销数据等，这些原始数据通常存在数据不够完整、来源分散等问题，严重影响数据质量。对这些不完美的数据直接进行分析，可能得出不科学的分析结果。因此，数据预处理技术应运而生。本书系统性地分析了数据预处理的重要性并针对各步骤详细地给出了常用的预处理方法，为后续的相关数据分析工作打下了基础。

数据量爆炸式增长的同时，数据的特征数量也在不断地提升，扩大了样本搜索空间，增加了数据挖掘与分析工作耗时，甚至面临着"维度诅咒"所导致的所需样本数量随着维度的增长而呈现指数级增长的问题，以及机器学习方法的预测效果因为维数过高而出现过拟合现象等问题。缓解此类问题的一个有效方式是数据降维或数据维度归约（Data Dimension Reduction），它将高维空间中的数据样本映射到较低维空间中以简化数据，并且在简化数据的同时保证数据所包含信息的完整性。目前，存在多种类别的数据降维方法，本书介绍了几类较为经典的降维方法，比如主成分分析、奇异值分解、多维缩放、等度量映射以及局部线性嵌入等。

特征选择是从已有的特征集中选择最有效的特征子集的过程，包括产生过程、评价函数、停止准则和验证过程四个部分。其中，产生过程是搜索特征子集的过程，负责为评价函数提供特征子集；评价函数是评价一个特征子集好坏程度的准则；停止准则通常是一个与评价函数相关的阈值，当评价函数值达到这个阈值后就可停止搜索；验证过程是在验证数据集上验证选出来的特征子集的有效性。在实际应用过程中，需要根据数据集和选用模型的不同来选择适当的方法进行特征选择。

0.3.2 数据分析的理论与方法

1. 有监督学习

有监督学习基本上是分类的同义词。有监督学习是从标记的训练数据来推断一个功能的机器学习任务，其学习的监督来自训练样本中已标记的实例。简单来说，有监督学习方法就是根据训练数据集寻找规律，进而对测试样本使用这种规律进行分析。

（1）决策树。决策树是由结点和有向边构成的树形结构，可将其看作一个互斥且完备的规则的集合，每个实例都一定会被一条路径覆盖，且这条路径是唯一的。决策树常被用于解决分类和回归问题。决策树模型构建的关键步骤是特征选择，特征选择即选取对划分当前训练数据具有最好分类能力的特征属性，使得利用该特征属性对训练数据进行分类的结果和随机分类的结果具有较大差异。常用于特征选择的指标包括信息增益、信息增益率、基尼系数。由训练数据直接学习得到的决策树模型一般存在过拟合的现象，往往需要进行修剪。树的修剪通常有预剪枝和后剪枝两种策略。预剪枝即在决策树生成过程中通过及早停止分裂来控制生成树的规模；后剪枝即首先由训练数据构建一棵完整的决策树，然后在生成的完整的决策树的基础上对其进行修剪。

（2）　K近邻学习。1967年，Cover和Hart提出K近邻算法（K–nearest Neighbor，KNN）。它是较为简单的机器学习算法之一，是具有成熟理论支撑的一种基本分类方法。K近邻学习作为一种基本分类与回归算法，基于某种距离度量找出训练集中与待测样本最近的K个样本，将这K个样本中出现最多的类别作为待预测样本的类别。特别地，它基于训练集对特征空间进行划分并通过多数表决等方式进行预测，简单有效，但没有显式的学习过程，没有相关参数的训练，可解释性差，是"懒惰学习"的代表。

（3）　支持向量机。支持向量机是建立在统计学习理论基础上的一种数据挖掘方法，能够较好地处理非线性回归和模式分类问题。它克服了传统方法的过学习和陷入局部最小的问题，具有很强的泛化能力，提供了一种独立于维数的控制模型复杂性的方法，对于大型复杂数据，可以采用核函数方法使模型的复杂性问题在高维空间中得到解决，有效地克服了维度诅咒。

（4）　贝叶斯学习。贝叶斯学习是以经典贝叶斯概率理论为基础，通过事件的发生概率和误判损失来选择最优类别标记的一种分类算法的总称，包括朴素贝叶斯分类器、半朴素贝叶斯分类器和贝叶斯网络。贝叶斯分类器是一种同时利用先验信息和样本信息，在不确定性条件下进行决策的统计方法。凭借其准确率高、计算速度快等优点，在日常生活中得到了广泛应用，如文本分类、垃圾邮件过滤、工业生产等。贝叶斯网络将图论和概率论结合起来描述属性之间的依赖关系及联合概率分布，包括结构学习和参数学习两个部分，并且结构学习被证明是NP困难问题。

（5）　集成学习。集成学习是通过训练多个弱学习器并将它们结合起来解决一个问题，其核心思想是：虽然某一个弱学习器的预测效果不佳，得到了较差的预测效果，但是其他的弱学习器可以将错误纠正回来，以期得到一个预测效果较好的强学习器。按照结合方式不同，集成学习方法可分为贯序集成和并行集成。贯序集成主要利用弱学习器之间的依赖关系，按照一定的顺序生成方法将弱学习器结合在一起，将学习误差较大的区域学习得更加精准，从而提高整体的预测效果。并行集成是将弱学习器按照并行的方法生成，利用个体学习器之间的独立性，通过平均的方式降低模型错误，从而提高整体的预测效果。

2.　无监督学习

无监督学习基本上是聚类的同义词。不同于有监督学习，无监督学习没有训练数据集，只有一组数据，并且需要在该组数据集内寻找规律。因为输入实例没有被标记，因此，学习过程称为无监督。

（1） 关联分析。关联分析也被称为购物篮分析，是用于发现数据背后存在的某种规则和联系的一种工具集，其目的在于分析了解顾客习惯，以更好地进行营销和服务。通常可以通过挖掘频繁项集来发现数据项之间的关联规则。发现数据项之间的关系是一项十分复杂的任务，需要耗费大量的资源。*Apriori* 算法和 *FP-growtg* 算法是两种经典算法，它们都是基于挖掘频繁项集来产生关联规则，同时可以有效地提高从大量数据集中得到频繁项集的效率。与 *Apriori* 算法相比，*FP-growtg* 算法只需遍历两次数据库，可以大大提高发现频繁项集的速度。

（2） 聚类。聚类算法作为数据挖掘的重要技术，能够在数据无标注的情况下完成对数据的分类，是典型的无监督学习方法。因其实用、简单和高效的特性，已逐渐成为一种跨学科、跨领域的数据分析方法，被广泛应用在电子商务、人工智能等领域。例如，在电子商务领域，通过聚类来分析客户信息，将客户划分类别，挖掘出不同客户群体的潜在价值，为企业的经营管理提供决策支持；在搜索引擎方面，通过聚类形成相应类别的关键词，从而实现智能搜索等。本书介绍了聚类的基本概念，并重点讲解了基于划分的方法、基于层次的方法以及基于密度的方法中几种经典的聚类算法的原理和应用。聚类主要应用于探索性的研究，不管实际数据中是否真正存在不同的类别，利用聚类方法都能得到分成若干类别的结果。需要强调的是，数据预处理与特征提取也非常重要，特征提取的数据集质量的优劣会直接影响最后的聚类结果。

3. 深度学习的理论与方法

（1） 人工神经网络。各种有监督和无监督的数据挖掘模型能够在各种场景下发挥其作用，帮助我们解决实际的商业问题。这些模型都是基于一定的数学模型来解决实际问题，过程中的每一步对于使用者而言都是透明的、可解释的。它们虽然能够解决特定的问题，但是和人类的思维方式、学习模式却并不是一致的。人类学习新知识的过程通常类似于有监督学习，是利用大量的已知是正确的输入信息来训练大脑，然后再利用大脑经过学习所形成的决策过程来对未知的情况进行判断。与之前的模型不同的是，我们并不知道大脑是如何进行学习的，这就像是一个只有输入和输出的黑箱一样。人工神经网络模型就是这种黑箱模式的模型。

（2） 深度学习。随着计算能力日益强大以及算法升级，人工神经网络进一步发展成为深度学习。深度学习中的神经网络相对于以前的神经网络主要是提升了神经元的数量，增加了隐藏层的层数，使得神经网络的实际性能得到了大幅提升。除了增加神经元和隐藏层这些简单直观的改进，深度学习还对人工神经网络模型从输入层到隐藏层的结构做了一系列的改进以提升性能。不同于以往的表示型学习模型，深度学习能够自动挖掘特征，实现复杂的分类知识。卷积神经网络是深度学习的一个典型代表。除了卷积神经网络外，还有很多其他类型的深度学习模型，如循环神经网络。在现实世界中，很多元素都是相互连接的，循环神经网络通过记忆上下文的信息，提供数据的深层次知识挖掘。此外还有图神经网络、生成式对抗网络等更为前沿的新型深度学习模型。深度学习训练算法的实现较为复杂，虽然工作原理不难，但由于算法细节较多，且通常是大规模并行运算，因此建议调用软件工具包完成。现有较多深度学习开发包可供使用，包括 TensorFlow、Caffe、cuDNN、scikit-neuralnetwork 等。多种语言工具都有深度学习开发包，如 Matlab、Python、Java 等。

0.4 大数据智能分析的价值

0.4.1 大数据智能分析的功能

大数据智能分析理论与方法的主要功能有分类、聚类、预测以及侦察等。例如，基于主观专家知识和客观样本数据建立贝叶斯网络，可以较为准确地描述变量之间的依赖关系以及因果关系，可以用来完成分类预测任务，如天气预报或者股票市场预测等。

（1）大数据智能分析能够应用于金融领域。比如，银行、保险公司、投资顾问在做决策时都会遇到很多困难，因为通常所有影响结果的因素都是未知的，而借助大数据智能分析，把所有的客户按照某一种标准进行分类，可以得出有用的信息，并利用这些信息做出合理的、明智的甚至是可量化的决策。

（2）大数据智能分析能够应用于市场营销领域。例如，进行购物篮分析，通过找出顾客购买的产品的关联，制定产品组合销售的策略。借助大数据智能分析，企业可以对数据库中的原始数据进行不断学习与修正，得到具有参考意义的信息，从而帮助企业制定营销策略。

（3）大数据智能分析能够应用于电信领域。例如，通过收集过去的欺诈行为数据，建立模型，可以有效地鉴别电信欺诈行为。另外，还可以诊断系统状态，确定何时发送系统处于不正常状态的警报。

（4）大数据智能分析能够应用于网络分析领域。例如，银行在为顾客提供贷款时总是首先审查该顾客的信用情况，利用大数据智能分析进行侦察，目的在于寻找异常的现象、离群数据、异常模式等，并且给出支持决策的解释。

0.4.2 大数据智能分析的综合应用

正确且高效地使用数据能够带来相当可观的价值。通过运用大数据智能分析方法或技术，不仅能够增加公司的经济效益，更能够提升公司的核心竞争力。其核心在于依据所处的场景，利用正确的数据，推荐系统能够精确地匹配用户与需求，不断地提升每个场景的价值。在当前的互联网背景下，个性化推荐被应用到各个场景，具有代表性的场景有广告推荐场景、信息流推荐场景以及智能化游戏推荐场景等。

1. 广告推荐场景

在广告推荐场景中，广告点击率预测是一个重要的概念。点击率预测是指对某个广告在某个场景下展现前，通过机器学习模型预估其可能的点击率的过程，从而为最终的广告选择提供决策参考。因此，广告点击率预测在广告场景中扮演着重要的角色，关系到广告媒体平台的收入、广告用户体验以及广告主的投放效果。

2. 信息流推荐场景

信息流推荐场景是在用户浏览资讯的时候，给用户推荐其最感兴趣的内容，从而通过推荐的算法来达到提升用户停留时长及留存用户的目的。信息流的推荐包括用户意图识别、内容召回、内容精排以及混排等阶段。而如何在信息流推荐系统中打破信息茧房问题和冷启动问题也是此场景研究需要解决的重点。

3. 智能化游戏推荐场景

大数据智能分析技术能够提高当前游戏运营的精准化与智能化，增加游戏成功发行的概率。游戏推荐场景包括用户活跃和商业化部分。其中，用户活跃主要针对用户的新进、流失等方面；商业化部分主要是指游戏场景的商业运营。需要强调的是，不论是对用户的新加引进、流失干预还是智能运营等，数据分析都发挥着不可替代的作用。

0.4.3 学习大数据智能分析的意义

大数据智能分析理论和方法是一项交叉学科的理论研究。一方面，它的产生受到其他学科的影响，同样，反过来它也会影响其他学科的发展。另一方面，直接应用现代科学的新理论和新方法，如信息论、系统论等对它进行研究，结合数据挖掘、人工智能等方法并将这些方法应用到商业、社会、科学等多个方面，能够推动社会经济和科学研究的发展。因此，学习大数据智能分析理论和方法具有重要的理论意义和实用价值。

关键术语

- 大数据　　　　Big Data
- 数据预处理　　Data Preprocessing
- 数据归约　　　Data Dimension Reduction
- 有监督学习　　Supervised Learning
- 无监督学习　　Unsupervised Learning
- 维度诅咒　　　Curse of Dimensionality
- 深度学习　　　Deep Learning

本章小结

随着大数据时代的到来，大数据智能分析迎合了当今社会对有效性、高效性和灵活性数据分析的需求。大数据智能分析技术可以看作信息技术的进一步智能化发展，是一些相关研究和应用领域的着眼之处。大数据智能分析主要包含三个模块，分别是数据预处理、数据分析技术和智能分析的应用案例。大数据智能分析有分类、聚类及预测等多种功能，涉及多个行业的应用与发展，具有重要的实践价值，但同时也存在许多挑战。总而言之，大数据智能分析对社会具有广泛且深刻的影响，并且这种影响未来将会持续扩大。

即测即评

参考文献

［1］Mayer-Schonberger Viktor，Kenneth Cukier. Big data：A revolution that will transform how we live，work，and think［M］. Houghton Mifflin Harcourt，2013.

［2］Han Jiawei，Pan Jian，Micheline Kamber. Data mining，concepts and techniques［M］. Elsevier，2011.

［3］Lazer David，Kennedy Ryan，King Gary，et al. The parable of Google Flu：Traps in big data analysis［J］. Science，2014，343（6176）:1203.

［4］周志华. 机器学习［M］. 北京：清华大学出版社，2016.

［5］张华平，商建云，刘兆友. 大数据智能分析［M］. 北京：清华大学出版社，2019.

第1章
常规数据预处理

随着信息技术的快速发展，日常生活中产生了海量的数据，如营销数据、视频音频数据、金融交易数据等，这些原始数据通常存在数据不完整、来源分散、格式多样等问题，严重影响数据质量，如对数据直接进行分析，可能导致分析层面的偏差，得出不科学、不可靠的数据分析结果。因此，数据预处理技术应运而生。本章首先对数据预处理的目的和相关概念进行介绍，然后分别介绍数据清洗、数据集成、数据变换、数据归约等数据预处理方法。

1.1 数据预处理的目的

高质量的数据在当今已成为重要的商业资源和生产要素，数据的收集在我们的日常生活中十分常见。例如，银行的客户经理会收集客户信息；在用户授权的情况下，手机会自动上传位置信息等。但无论是人工收集还是机器收集的数据，都会存在一定的问题。

第一大类问题是收集的数据可能存在不完整、不正确、不一致的情况。导致这一问题的原因很多，如收集的数据归类不明确、数据收集的设备出现故障、数据存储溢出等。另外，人为因素也可能产生数据不完整、不正确等情况。例如，由于隐私问题，部分客户不会提供全部的有效信息；个人认知不一致导致的数据含义不同；收集人员的失误使得数据输入错误等。此外，同样的数据来自不同的数据源可能也会为数据处理带来困难。例如，客户在商场和购物网站上存留的信息不同，给企业分析客户的购买行为造成困扰。

第二大类问题是收集的数据类型无法直接分析。非结构化性是大数据区别于传统数据的一个重要特征。在当今世界产生的信息中，传统结构化数据占比相对较低，而文本、音频和视频等非结构化数据占比较高，这种数据给数据的存储和读取带来巨大困难，数据类型亦不利于后续的数据分析，给大数据技术的突破带来挑战。

第三大类问题是收集的数据可靠性和真实性问题。对于数据的自动化收集，环境的改变可能给数据的可靠性带来影响。例如在早期的无人驾驶研究中，下雪可能会影响摄像头收集的图像数据的准确性，使得在数据处理时误认为车辆前方有障碍物，从而造成车辆紧急刹车。另外，人为的数据篡改、造假会对数据的真实性产生较大影响。例如企业的财务数据造假，会使根据该企业财务数据进行分析得出的结论站不住脚，给投资者带来巨大的损失。

　　为了更好地进行数据分析，数据的预处理是十分必要的。数据预处理通常包括数据清洗、数据集成、数据变换、数据归约（见图 1.1）。下文会详细地介绍这四类预处理方法。

图 1.1
数据预处理过程

1.2　数据清洗

　　在数据清洗阶段主要完成的工作就是处理数据的不完整、不一致、噪声问题，以及识别和处理冲突数据等问题。

1.2.1　处理缺失值

　　在数据收集过程中，可能由于操作人员的失误，也可能因为用户不愿意提供一些信息等各种原因，导致在数据集中有部分数据是缺失的，需要采用科学的方法来填充数据。常用的处理缺失值的方法有三种：

（1）　直接删除该条数据。在缺失数据不多，不会影响数据分析时，该方法是可行的。

（2）　重新收集数据。这种方法需要重新派遣数据收集员去收集缺失数据。

（3）　进行缺失值填补。最常用的方法就是利用平均数、中位数或者众数代替缺失值，也可以通过比较其他属性，用相似数据记录的数据值进行代替。此外，在面对序列型数据缺失问题时，可以使用前一条特征数据、后一条特征数据或前后两条特征数据的平均值对缺失值进行填充。

　　在图 1.2 所示的例子中，（a）表示的是直接删除缺失的数据，即直接删除第 2 条和第 3 条数据；（b）表示的是使用均值进行填补，即属性 A 数据的均值为 7，属性 B 数据的均值为 4；（c）表示的是使用中位数进行填补，属性 A 数据的中位数为 6，属性 B 数据的中位数为 3。

图 1.2
数据缺失值
处理方法示例

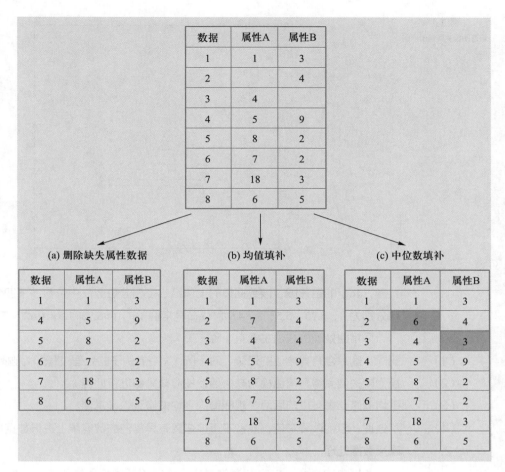

1.2.2　处理异常值和噪声数据

1.　异常值处理

　　异常值是与绝大多数数据都截然不同的原始数据集的点，也被称为离群点。异常值可能是随机因素导致的，也可能是因为各种机制的作用产生的。若是随机因素生成的数据，应当忽略或者删除；如果存在客观的系统性因素，就需要把异常值识别出来重点研究。例如，数据收集设备受到外界环境的周期性干扰导致周期性误差、数据采集设备的单向零点漂移误差或派遣的数据采集员有主观偏见导致的单侧误差。无论如何，都需要从数据集中找到异常值，对其进行进一步的研究。

　　异常值处理一般分为三个步骤：异常值检测、异常值筛选、异常值处理。其中，异常值检测的方法主要有箱形图、简单统计量（比如观察极大／极小值）、3σ 原则、基于概率分布密度的检测、基于聚类的离群点检测等。

　　本部分主要介绍箱形图方法。使用箱形图对异常值进行检验主要采用四分位距（IQR）作为筛选基准，数据集中的数据值大于上四分位加上 1.5×IQR 或小于下四分位减去 1.5×IQR 为异常值。图 1.3 所示的例子展示了数据集为 ｛4, 4, 5, 5, 5, 5, 6, 6, 6,

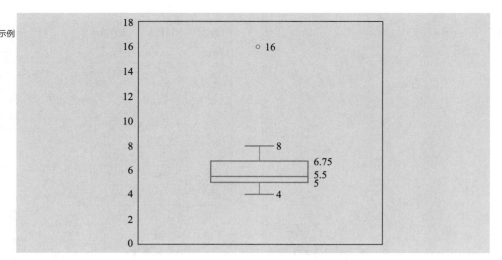

图 1.3
箱形图检测异常值示例

7，8，16} 的箱形图，该数据集的上边缘、上四分位数、中位数、下四分位数、下边缘分别为 8、6.75、5.5、5、4，且存在异常值 16（ 16>6.75+1.5×（ 6.75–5 ）=9.375 ）。

异常值处理的方法主要有 4 种：

(1) 删除。删除含有异常值的记录，对于图 1.3 中的例子的处理过程即为删除异常值 16。

(2) 视为缺失值。将异常值视为缺失值，按照缺失值进行处理。

(3) 平均值修正。可用前后两个观测值的平均值修正该异常值。

(4) 不处理。忽视该异常值，或者不直接在具有异常值的数据集上进行数据挖掘。

2. 噪声数据处理

数据中的噪声（Noise）通常是由测量或记载误差所导致的，例如可能是硬件故障、编程错误、语音识别错误等因素造成，这些数据对数据分析造成了干扰。常用的噪声数据处理方法有人工检查，即根据业务和对数据本身的理解，人为地进行数据筛选；回归方法，即试图发现两个或多个相关变量之间的变化模式，通过将数据拟合一个函数来平滑数据；分箱（Binning）方法，即通过考察相邻数据来确定最终值。

本部分主要介绍分箱法，主要包括等深分箱法、等宽分箱法、用户自定义区间法。以下示例分别为三种分箱方法的具体处理过程。例如，社区某日上午参与疫苗接种的居民年龄按从小到大进行排序后的值为：

{18,18,19,20,21,24,27,30,31,33,34,37,38,40,41,43,44,46,47,49}

(1) 等深分箱法。也称统一权重法，将数据集按记录行数分箱，每箱具有相同的记录数，每箱记录数称为箱子的深度。这是最简单的一种分箱方法，每个箱子的深度（箱内数据的个数）一致。设定权重（箱子深度）为 5，分箱后结果如下：

箱 1：18，18，19，20，21；

箱 2：24，27，30，31，33；

箱 3：34，37，38，40，41；

箱 4：43，44，46，47，49。

（2）　等宽分箱法。也称统一区间法，使数据集在整个属性值的区间上平均分布，即每个箱的区间范围是一个常量，称为箱子宽度。设定区间范围（箱子宽度）为 8 岁，上述例子分箱后的结果如下：

箱 1：18，18，19，20，21，24；
箱 2：27，30，31，33，34；
箱 3：37，38，40，41，43，44；
箱 4：46，47，49。

（3）　用户自定义区间。用户可以根据需要自定义区间，当用户明确希望观察某些区间范围内的数据分布时，使用这种方法可以方便地帮助用户达到目的。如将疫苗接种居民年龄划分为 20 岁以下（不包含 20 岁）、20~29 岁、30~39 岁、40~49 岁和 50 岁以上（包含 50 岁）几组，分箱后结果如下：

箱 1：18，18，19；
箱 2：20，21，24，27；
箱 3：30，31，33，34，37，38；
箱 4：40，41，43，44，46，47，49。

在利用上述所介绍的分箱方法对数据进行分箱后，下一步应对分箱后的数据进行平滑处理。数据平滑方法又可以细分为平均值平滑、边界值平滑和按中位数平滑。

（1）　平均值平滑。对同一箱值中的数据求平均值，用平均值替代该箱子中的所有数据。例如，等深分箱法分箱后的数据进行平滑处理后，各分箱的平均数 19.2、29、38、45.8 即为各分箱的代表数值。

（2）　边界值平滑。先确定两个边界，然后依次计算除边界值外的其他值与两个边界的距离，与之距离最小的边界确定为平滑边界值。以等深分箱法分箱后的数据为例：

箱 1：$|18-18|=0$；$|18-21|=3$；
$|19-18|=1$；$|19-21|=2$；
$|20-18|=2$；$|20-21|=1$；
（0+1+2）<（3+2+1）

故选 18 作为平滑边界值。

箱 2：$|27-24|=3$；$|27-33|=6$；
$|30-24|=6$；$|30-33|=3$；
$|31-24|=7$；$|31-33|=2$；
（3+6+7）>（6+3+2）

故选 33 作为平滑边界值。

箱 3：$|37-34|=3$；$|37-41|=4$；
$|38-34|=4$；$|38-41|=3$；

$$|40-34|=6; \quad |40-41|=1;$$
$$(3+4+6)>(4+3+1)$$

故选 41 作为平滑边界值。

$$箱4: |44-43|=1; \quad |44-49|=5;$$
$$|46-43|=3; \quad |46-49|=3;$$
$$|47-43|=4; \quad |47-49|=2;$$
$$(1+3+4)<(5+3+2)$$

故选 43 作为平滑边界值。

（3）中位数平滑。取箱子的中位数，用来代替箱子中的所有数据。以等深分箱法分箱后的数据为例，其各箱的中位数 19、30、38、46 即为各箱的代表数值。

1.2.3 处理重复数据和数据冲突

由于数据通常来自多个数据库（源），所以在大量的数据集中，难免会存在重复数据或者同一属性值使用不同的名称、数据不一致等情况。对于这种情况需要仔细甄别，进行判断并处理。对于重复数据，可以通过查找比较的方法，找到重复数据，核对后删除。对于数据冲突，可以通过冲突检验的方式，甄别冲突类型，并加以修正。

1.3 数据集成

数据集成就是将分散在若干数据源中的数据，通过一定的思维逻辑或物理逻辑集成到一个统一的数据集合中，如图 1.4 所示。数据集成的范畴较广，核心任务是将互相关联的分布式异构数据源集成到一起，便于使用者进行更广泛的数据分析。例如，将供应链上下游企业的数据集成在一起，帮助上下游企业进行生产与库存管理；医院病例数据和可穿戴设备上收集的数据集成在一起，帮助医生对患者进行病情诊断等。目前，数据集成的系统与软件发展迅速，主要技术类型包括数据整合（Data Consolidation）、数据联邦（Data Federation）和数据传播（Data Propagation）。

图 1.4
数据集成系统模型

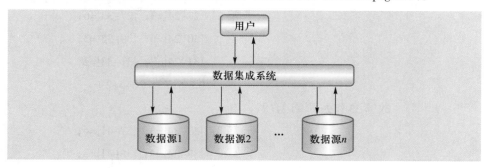

数据整合是合并来自不同数据源的数据以创建中心化的数据库的过程。通过数据整合，底层数据结构更加清晰，为数据的访问提供了统一的接口，便于用户使用。一般情况下，在源系统中存储的数据发生更新时，整合后的数据库通常存在一定程度的延迟。根据所使用的数据集成技术和业务需求，延迟可能是几秒钟、几小时或更长时间。但是，随着数据技术的发展，这样的延迟会被缩短，甚至达到实时传输的目标。

数据联邦是另一种常用的数据集成技术，用于合并数据并简化用户和前端应用程序的访问。在数据联邦中，具有不同数据模型的分布式数据被集成到具有统一数据模型的虚拟数据库中。联合虚拟数据库后面没有发生物理数据移动，取而代之的是进行数据抽象，以创建用于数据访问和检索的统一用户界面。无论何时用户或应用程序查询联合虚拟数据库，查询都会被分解并发送到相关的基础数据源，即数据是按需在数据联邦中提供的。这与实时数据集成不同，在实时数据集成中，数据被集成以构建单独的集中式数据存储。

数据传播是使用应用程序来将数据从一个位置复制到另一位置。数据传播通常是事件驱动的，在发生需求转换后，来自企业数据库的数据将被传输到不同的数据集市（Data Mart）供用户使用。数据在数据库中可能持续更新，传输到数据集市可以采用同步或异步方式完成。

1.4 数据变换

在进行数据分析前，通常要对数据进行规范化处理，增强数据的可操作性和对各种分析方法的兼容性，以便后续的数据挖掘与分析。数据变换通常分为两种：一种是数据类型的变换，另一种是标准化处理。数据类型可以简单地划分为数值型（包括连续型和离散型）与非数值型（包括类别型和非类别型）。通常根据数据挖掘与分析的不同要求，要对数据在不同类型间进行变换。而数据的标准化处理主要是为了消除数据特征之间的量纲影响，使得不同指标之间具有可比性。如图 1.5 所示，属性 X_1 是均值为 2 000、标准差为 500 的正态分布随机变量，属性 X_2 是均值为 500、标准差为 2 的正态分布随机变量。左边的图是没有进行标准化处理的数据，由于 X_2 的标准差较小，在两个属性取值范围大小近似时，数据点看上去好像就在一条直线上，即属性 X_2 的值对数据的呈现几乎没有影响。而右边的图是标准化处理后的数据，对数据进行标准化可以将所有属性都统一到一个大致相同的区间内，以便进行分析。

图 1.5

两个属性的原始数据
（左）和标准化（右）
比较

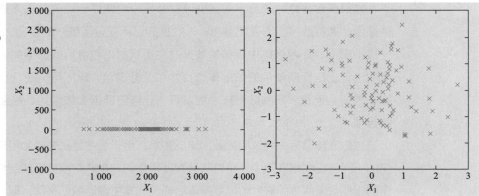

常见的数据标准化变换包括超立方体标准化（Hypercube Standardization）、Z-score 标准化、总和标准化等。假设我们有 n 个数据 $\{x_1, x_2, \cdots, x_n\}$，每个数据 $x_k = (x_k^{(1)}, x_k^{(2)}, \cdots, x_k^{(p)})$ 包含 p 个属性，其中 $x_k^{(i)}$ 表示第 k 个数据中的第 i 个属性。下面介绍这三种标准化方法。

超立方体标准化有时也被称为极差标准化、区间放缩法、0–1 标准化等，其计算公式如下：

$$\tilde{x}_k^{(i)} = \frac{x_k^{(i)} - \min_k\{x_k^{(i)}\}}{\max_k\{x_k^{(i)}\} - \min_k\{x_k^{(i)}\}}, \quad (i=1,2,\cdots,p; k=1,2,\cdots,n)$$

式中：$\min_k\{x_k^{(i)}\}$ 表示 k 个数据中第 i 个属性的最小值；$\max_k\{x_k^{(i)}\}$ 表示 k 个数据中第 i 个属性的最大值。经过超立方体标准化处理后的新数据 $\{\tilde{x}_1, \tilde{x}_2, \cdots, \tilde{x}_n\}$，各属性的极大值为 1，极小值为 0，其余数值均在 0 与 1 之间。

Z-score 标准化有时也被称为标准差标准化，其计算公式如下：

$$\tilde{x}_k^{(i)} = \frac{x_k^{(i)} - \bar{x}^{(i)}}{s^{(i)}}, \quad (i=1,2,\cdots,p; k=1,2,\cdots,n)$$

式中：

$$\bar{x}^{(i)} = \frac{1}{n}\sum_{k=1}^{n} x_k^{(i)}, \qquad s^{(i)} = \sqrt{\frac{1}{n}\sum_{k=1}^{n}(x_k^{(i)} - \bar{x}^{(i)})^2}$$

即 $\bar{x}^{(i)}$ 为第 i 个属性的样本均值；$s^{(i)}$ 为第 i 个属性的样本标准差。Z-score 标准化处理后所得到的新数据 $\{\tilde{x}_1, \tilde{x}_2, \cdots, \tilde{x}_n\}$，各维度的均值为 0，标准差为 1，即：

$$\bar{\tilde{x}}^{(i)} = \frac{1}{n}\sum_{k=1}^{n} \tilde{x}_k^{(i)} = 0$$

$$\tilde{s}^{(i)} = \sqrt{\frac{1}{n}\sum_{k=1}^{n}(\tilde{x}_k^{(i)} - \bar{\tilde{x}}^{(i)})^2} = 1$$

总和标准化通常处理取值为非负数的数据，并将标准化后的数据映射到 $[0, 1]$。总和标准化的计算公式如下：

$$\tilde{x}_k^{(i)} = \frac{x_k^{(i)}}{\sum\limits_{k=1}^{n} x_k^{(i)}}, \quad (i = 1,2,\cdots,p; k = 1,2,\cdots,n)$$

经过总和标准化处理后所得的新数据满足：

$$\sum_{k=1}^{n} \tilde{x}_k^{(i)} = 1, \quad (i = 1,2,\cdots,p; k = 1,2,3\cdots,n)$$

1.5 数据归约

数据归约是将大量数值、文字等数据转换成有序、简单形式的技术。在进行数据挖掘时，需要处理的数据量往往非常大，在大量数据上进行挖掘分析需要很长的时间，通过数据归约技术，可以将数据集的维度、数量进行缩减，但缩减后的数据集仍然接近于保持原数据的完整性。例如，在医疗健康管理中，可穿戴健康设备能够测量并记录使用者的多种生理指标（如心率、血压等），但如果所有的实时数据都要进行记载的话，设备存储容量和电池寿命将会限制设备的使用时间。因此，应用数据归约技术可以减小存储数据的大小，延长电池的使用寿命。

数据归约常用的策略包括维度归约、数量归约两大类。

1.5.1 维度归约

维度归约的主要目的是减少所考虑的属性（维度）的个数。通常情况下，随着数据维度的增加，样本数据点的密度会减小[①]，这会影响诸如聚类、核估计等数据分析方法的效果。常用的维度归约（数据降维）方法包括主成分分析、奇异值分解等方法，这些方法将在本书第 2 章进行详细介绍。

1.5.2 数量归约

数量归约主要是将原数据替换成规模较小的数据表示形式。常用的方法主要分为两大类：参数法与非参数法。

（1）参数法。假定数据间的关系符合某个模型的关系假定，则可以通过数据估计模型的参数，并仅储存模型的参数来实现数量归约。常用的参数法包括线性回归和对数线性回归。线性回归建模数据集的两个属性之间的线性关系。假设我们需要在属性 X 和 Y 之间拟合线性回归模型，其中 Y 是因变量，X 是自变量。该模型可以表示为：

$$Y = \beta_0 + \beta_1 X$$

---

① 由于维度的增加，数据样本点在空间中的距离增加，单位体积内的数据密度通常会减小。

式中：β_0 和 β_1 是回归系数，可以采用最小二乘法得到。

如果要通过多个属性 $X_1,X_2,\cdots,X_k$ 预测属性 Y，可以采用多元线性回归，即：

$$Y=\beta_0+\beta_1X_1+\beta_2X_2+\cdots+\beta_kX_k$$

式中：$\beta_0,\beta_1,\beta_2,\cdots,\beta_k$ 是回归系数，也可以利用最小二乘法得出。

多元线性回归模型可让我们根据多个预测属性来表达属性 Y。

对数线性回归是另一种发现两个或多个属性之间关系的方法，常被用来推断离散属性的关系。假设在 p 维空间中有一组数据，对数线性回归推断因变量 Y 在每个离散区间或者类别 $\mathscr{y}$ 的概率，以判断 Y 属于 $\mathscr{y}=\{0,1\}$ 分类为例，对数线性模型为：

$$\Pr(Y=1|X_1,X_2,\cdots,X_k)=\frac{\exp(\beta_0+\beta_1X_1+\beta_2X_2+\cdots+\beta_kX_k)}{1+\exp(\beta_0+\beta_1X_1+\beta_2X_2+\cdots+\beta_kX_k)}$$

$$\Pr(Y=0|X_1,X_2,\cdots,X_k)=\frac{1}{1+\exp(\beta_0+\beta_1X_1+\beta_2X_2+\cdots+\beta_kX_k)}$$

式中：$\beta_0,\beta_1,\beta_2,\cdots,\beta_k$ 是回归系数，通常采用极大似然估计得到。

（2）　非参数法。包括直方图、聚类、抽样等方法。直方图是由一系列高度不等的纵向条形图或线段表示数据落在不同数值范围或者属性上的分布情况，是一种常用的非参数数量归约方法。考虑 1.2 节中疫苗接种的例子，在用户自定义分箱中，将接种居民年龄划分为 20 岁以下、20~30 岁、30~40 岁、40~50 岁和 50 岁以上这 5 种情况，对应的直方图如图 1.6 所示。在 20 岁以下（不包含 20 岁）有 3 人，20~29 岁有 4 人，30~39 岁有 6 人，40~49 岁有 7 人，50 岁以上（包含 50 岁）0 人。

图 1.6
疫苗接种情况直方图

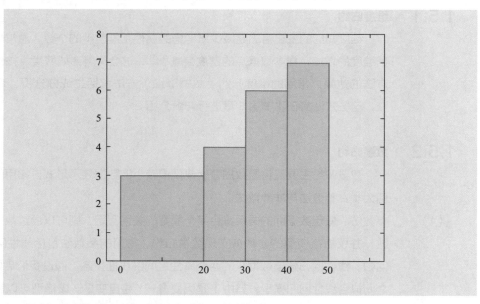

聚类方法将整个数据集划分成不同的簇 / 集群。在数量归约中，每个簇可以代表簇内的实际数据，从而达到归约的效果。图 1.7 给出了一个聚类的例子，在这个例子中，我们将数据分成 4 类，每类数据可以用该类中数据的均值或者其他指标来表示。

图 1.7
聚类示例

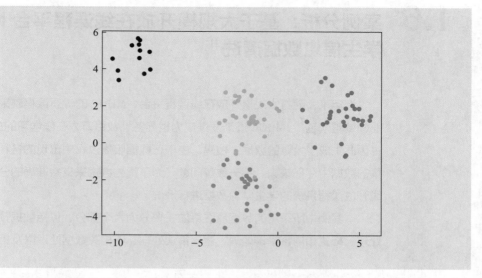

在聚类方法中，根据实际问题的情况划分不同数量的簇。关于聚类的具体介绍可以参见第 10 章的内容。

　　抽样方法是从大量的数据中抽样出一部分数据来代表整体情况，从而达到数量减少的效果。常用的抽样方式包括不放回的随机抽样、有放回的随机抽样及分层抽样。考虑 1.2 节中疫苗接种的例子，接种疫苗居民的年龄为：

$$\{18,18,19,20,21,24,27,30,31,33,34,37,38,40,41,43,44,46,47,49\}$$

当进行不放回的随机抽样时，假设抽取的数据为 $\{21,19,37,27,47\}$，即抽到第 5、3、12、7、19 个位置上的数据。当进行有放回的抽样时，假设抽到的位置为 3、3、1、17、8，则对应的数据为 $\{19,19,18,44,30\}$。当进行分层抽样时，首先确定数据的分层，例如，我们按照 1.2 节中自定义分箱的方式将数据分成 4 箱（层），即：

第 1 层：18，18，19；

第 2 层：20，21，24，27；

第 3 层：30，31，33，34，37，38；

第 4 层：40，41，43，44，46，47，49；

并在每层数据中随机抽取一个。假设第 1 层抽到位置 2 的数据，第 2 层抽到位置 3 上的数据，第 3 层抽到位置 1 上的数据，第 4 层抽到位置 6 上的数据，则分层抽样后的数据集为 $\{18，24，30，47\}$。在分层抽样中，每层抽取的数量通常需要根据问题本身来确定，在大部分应用中，数据量较大的层往往抽取的数据较多，数据量较小的层往往抽取的数据量较少。

1.6 案例分析：基于大规模开放在线课程平台 MOOC 的学生信息数据清洗 ①

近年来，随着大规模开放在线课程平台，MOOC 的优质课程越来越多，涵盖的专业领域越来越广，MOOC 逐渐发展成为世界各地数百万人在线学习的主要方式。同时，也因此生成了大量的数据。但是，由于在数据收集过程中出现的各种错误，导致所收集的数据中存在缺失、不一致等问题。为了优化数据来支持准确的分析，需要针对在线开放课程系统的学生学习数据进行清洗。

本案例中所采用的数据清洗算法主要分为六个部分，包括数据预处理、缺失数据处理、格式和内容错误处理、逻辑错误处理、不相关数据处理以及相关性分析。

1.6.1 数据预处理

考虑到在线开放课程系统中的学生信息数据规模庞大，使用传统方法读取需要耗费大量时间。本案例采用了一种支持大量数据并行读取的数据结构——DataFrame。DataFrame 包括三个部分：标题、内容和索引。DataFrame 的内部实现是通过多个列表的嵌套。本案例为 DataFrame 设计了两种并行处理方法：

（1） 总体并行处理方法。为了读取 DataFrame 的二维矩阵数据，通过对矩阵进行总体特征变换来实现输入并行化（Input Parallelization）。该实现方式类似于在管道包（Pipeline Package）中的 FeatureUnion 类，通过调用多个变换方法同时读取多个部分的数据，提高了整体效率。

（2） 改进的并行处理方法。针对大量简单的重复性任务，本案例设计了一种并行处理算法，通过以下过程对 FeatureUnion 进行了改进：首先，添加属性 idx_list，记录需要进行并行处理的特征矩阵的每列；接着修改 fit 和 fit_transform 方法，使得其能够读取一部分特征矩阵；最后，修改变换方法，以使得其能够输出一部分特征矩阵。

1.6.2 缺失数据处理

本案例主要利用时间序列预测方法进行算法拟合和填充来处理缺失值。其优点是：可以分析时间序列，预测和填充不同时间节点上的缺失数据等。

1.6.3 格式和内容错误处理

对于数据中的格式错误与内容错误，正则表达式主要用于减少用户输入引起的格式错误，但该方法仅用于防止错误。如果错误已经生成，需要使用数据分箱（Data

---

① 案例来自 Yin S, et al. Data cleaning about student information based on massive open online course system [C]. 2020 国际计算机前沿大会，2020.

Binning）、聚类、回归等方法进行处理。本案例主要采用数据分箱来离散化连续数据。对不同的数据集，本案例设计了有监督和无监督的离散化算法。

1.6.4 逻辑错误处理

通过简单的逻辑推理判断数据的合法性和有效性，主要包括消除重复数据、消除不合理值和纠正矛盾。本案例关注于重复数据的处理，所设计的处理过程为：对数据集中的所有数据进行相似性分析；然后，利用公式计算阈值；最后使用阈值来消除重复数据。

1.6.5 不相关数据处理

本案例中，对于冗余字段的这类无关数据，可直接删除；对于多索引的数据特征，则需根据结果需要来确定是否删除该特征。

1.6.6 相关性分析

本案例中，采用 PCA 或 LDA 来集成特征（Integrate Features），以此来消除无用的信息。

本案例中算法的总体思想与其他数据清洗算法相似，但针对在线开放课程数据的特点，本案例算法主要关注填充时间序列的缺失数据、类别特征（Category Features）编码以及特征提取等问题。基于时间序列的缺失值填充需要基于现有数据建立时间序列预测模型，并预测缺失值的结果和填充结果。类别特征主要是指那些具有特殊意义的离散变量。例如，学生的学术信息包括小学、初中、高中等。目前的机器学习算法很难处理这些特性。在数据清理阶段，需要单热（One-hot）编码来数字化这些离散特征。

关键术语

- 数据预处理　　Data Preprocessing
- 数据清洗　　　Data Cleaning
- 数据集成　　　Data Integration
- 数据变换　　　Data Transformation
- 数据归约　　　Data Reduction
- 缺失值　　　　Missing Value
- 离群点　　　　Outlier
- 箱形图　　　　Box Plot
- 四分位距　　　Interquartile Range
- 噪声　　　　　Noise

- 分箱　　　　　　　Binning
- 数据整合　　　　　Data Consolidation
- 数据联邦　　　　　Data Federation
- 数据传播　　　　　Data Propagation
- 数据集市　　　　　Data Mart
- 标准化处理　　　　Standardization
- 维度归约　　　　　Dimension Reduction
- 数量归约　　　　　Quantity Reduction
- 线性回归　　　　　Linear Regression
- 对数线性回归　　　Logarithmic Linear Regression
- 直方图　　　　　　Histogram
- 聚类方法　　　　　Clustering Method
- 抽样方法　　　　　Sampling Method

本章小结

　　本章首先阐述了原始数据所存在的问题以及数据预处理的目的、意义与基本流程，并逐一介绍了数据处理四个基本步骤——数据清洗、数据集成、数据变换及数据归约的概念与方法。在数据清洗方面，介绍了处理缺失值、处理异常值与噪声数据、处理重复数据和数据冲突的途径，同时给出了参考案例。在数据集成方面，介绍了数据整合、数据联邦与数据传播的概念。在数据变换方面，介绍了超立方体标准化、Z-score 标准化以及总和标准化。在数据归约方面，分别从维度归约与数量归约两个角度进行了介绍，并重点在数量归约方面讲解了参数法与非参数法两种技术途径。本章系统性地分析了数据预处理的重要性并针对各步骤详细地给出了常用的预处理方法，为后续的相关数据分析工作打下了基础。

即测即评

参考文献

[1] Garcia S，Luengo J，Herrera F. Data preprocessing in data mining. Springer，2015.

[2] 白宁超，唐聃，文俊 . Python 数据预处理技术与实践 . 北京：清华大学出版社，2019.

[3] 朱晓姝，许桂秋 . 大数据预处理技术 . 北京：人民邮电出版社，2019.

第 2 章
数据降维

在如今的数据时代，数据量爆炸式增长，与此同时，数据的特征数量（维度）也在不断地增多。一些常用的数据仓库中就不乏百万级别的样本以及上千的特征数量。这样的数据环境在各类应用领域广泛存在。特征数量的增多带来了更大的样本搜索空间，使得数据挖掘与分析工作耗时更大，甚至面临着"维度诅咒"所导致的各种问题。例如，数据挖掘与分析工作中所需样本数量随着维度的增加而呈现指数级增长，以及机器学习方法的预测效果因为维数过高而出现过拟合现象等问题。缓解这些问题的一个有效方式是数据降维，或称为数据维度归约（Data Dimension Reduction），即把高维空间中的数据样本映射到较低维空间中以简化数据，而且在简化数据的同时保证数据所包含信息的完整性。目前已存在多种数据降维方法，本章将在 2.1—2.5 节中介绍几类较为经典的降维方法：主成分分析、奇异值分解、多维缩放、等度量映射以及局部线性嵌入算法，2.6 节是关于降维方法的相关数学推导，供读者参考，并在 2.7 节中介绍一个数据降维的案例。

2.1 主成分分析

主成分分析（Principal Components Analysis，PCA）方法是一种常用的线性数据降维方法。它可以尽可能地保留原始空间数据样本的信息，并去掉冗余的信息，还可以合并相关性较大的信息。其中，对数据信息的保留程度是根据方差来进行衡量的，方差越大表示保留的原始数据信息越多。

PCA 方法的主要思想是寻找一种将 n 维空间中的数据样本投影到 k 维空间中的线性变换，通常 $k<n$。如果知道相应的线性变换矩阵，这一线性变换过程则保留了原始空间中的全部数据信息。变换后的空间坐标是相互独立的，以此来保证变换后的坐标之间没有重复的信息。而且线性变换后，通常有某几个坐标在很大程度上保留了原始空间中数据样本的特征信息。

考虑一个数据集，其中包含 m 个样本数据，每个样本数据的维度为 n，将样本数

据构成一个 $m \times n$ 的矩阵 $\boldsymbol{X}$，即：

$$\boldsymbol{X} = \begin{bmatrix} \boldsymbol{x}_1 \\ \vdots \\ \boldsymbol{x}_m \end{bmatrix} = \left[\boldsymbol{x}^{(1)}, \boldsymbol{x}^{(2)}, \cdots, \boldsymbol{x}^{(n)} \right] = \begin{bmatrix} x_{11} & \cdots & x_{1n} \\ \vdots & \ddots & \vdots \\ x_{m1} & \cdots & x_{mn} \end{bmatrix} \in \mathbb{R}^{m \times n}$$

式中：$\boldsymbol{x}_i = (x_{i1}, x_{i2}, \cdots, x_{in})$，$i = 1, 2, \ldots, m$ 是一个行向量，表示第 i 个样本；$\boldsymbol{x}^{(j)} = (x_{1j}, x_{2j}, \cdots, x_{nj})^T$，$j = 1, 2, \cdots, n$ 是一个列向量，表示所有样本在第 j 个维度上的值。

将数据样本在新坐标轴上的投影记为：

$$\boldsymbol{Z} = \begin{bmatrix} \boldsymbol{z}_1 \\ \vdots \\ \boldsymbol{z}_m \end{bmatrix} = \begin{bmatrix} z_{11} & \cdots & z_{1k} \\ \vdots & \ddots & \vdots \\ z_{m1} & \cdots & z_{mk} \end{bmatrix} \in \mathbb{R}^{m \times k}$$

式中：$\boldsymbol{z}_i = (z_{i1}, z_{i2}, \cdots, z_{ik})$，$i = 1, 2, \cdots, m$ 是一个行向量，表示经线性变换后，第 i 个样本。

首先，为了统一不同维度的量纲以及便于探讨，对原始数据的每一维度进行中心化处理，并更新数据，即：

$$\boldsymbol{x}^{(j)} = \boldsymbol{x}^{(j)} - \frac{1}{m} \sum_{i=1}^{m} x_{ij}, \quad j = 1, 2, \cdots, n$$

接着，对原空间中的 n 个坐标轴进行旋转变换，得到数据样本在 k 个新坐标轴上的投影，即：

$$\boldsymbol{z}_i = \boldsymbol{x}_i \boldsymbol{A}^T, \quad i = 1, 2, \cdots, m$$

式中：$\boldsymbol{A} = \begin{bmatrix} \boldsymbol{a}_1 \\ \vdots \\ \boldsymbol{a}_k \end{bmatrix} = \begin{bmatrix} a_{11} & \cdots & a_{1n} \\ \vdots & \ddots & \vdots \\ a_{k1} & \cdots & a_{kn} \end{bmatrix} \in \mathbb{R}^{k \times n}$，且限定 $\boldsymbol{A}\boldsymbol{A}^T = \boldsymbol{I} \in \mathbb{R}^{k \times k}$。

PCA 方法的推导可以从两方面考虑：第一，考虑最大化样本投影在新坐标轴上的方差，使得样本在新坐标轴上的投影尽可能地分散，即具有最大可分性，这同时也能令数据样本尽可能地展示出数据本身的信息；第二，考虑使得新坐标轴具有最近重构性，即经线性变换后样本重新投影到原空间时，与原空间中样本的距离[①]尽可能地小。这两方面的考虑最终会得出同样的 PCA 分解形式。

首先考虑最大可分性来推导 PCA 方法。要使得样本在新坐标轴上的投影具有最大可分性，则需要最大化样本在新坐标轴上的投影方差，相应的方差为：

---

① 这里的距离指的是欧氏距离，即两个 k 维向量 $\boldsymbol{x}$ 和 $\boldsymbol{y}$ 之间的距离定义为：
$$\|\boldsymbol{x} - \boldsymbol{y}\| = \sqrt{(x_1 - y_1)^2 + (x_2 - y_2)^2 + \cdots + (x_k - y_k)^2}$$

$$\frac{1}{m}\sum_{i=1}^{m}\boldsymbol{z}_i\boldsymbol{z}_i^T$$

$$=\frac{1}{m}\sum_{i=1}^{m}tr(\boldsymbol{A}\boldsymbol{x}_i^T\boldsymbol{x}_i\boldsymbol{A}^T)$$

$$=\frac{1}{m}tr\left(\sum_{i=1}^{m}\boldsymbol{A}\boldsymbol{x}_i^T\boldsymbol{x}_i\boldsymbol{A}^T\right)$$

$$=\frac{1}{m}tr\left(\boldsymbol{A}\left(\sum_{i=1}^{m}\boldsymbol{x}_i^T\boldsymbol{x}_i\right)\boldsymbol{A}^T\right)$$

$$=\frac{1}{m}tr(\boldsymbol{A}(\boldsymbol{X}^T\boldsymbol{X})\boldsymbol{A}^T)$$

式中：$tr(\cdot)$ 表示矩阵的迹，即矩阵主对角线元素的和。

于是，在最大可分性目标的驱动下，空间坐标的变换问题可以表述如下：

$$\max_{\boldsymbol{A}} tr(\boldsymbol{A}(\boldsymbol{X}^T\boldsymbol{X})\boldsymbol{A}^T)$$
$$\text{s.t.} \quad \boldsymbol{A}\boldsymbol{A}^T=\boldsymbol{I}$$

然后，考虑最近重构性推导 PCA 方法。基于 $\boldsymbol{z}_i$ 重构 $\boldsymbol{x}_i$，得到重构后的样本为 $\hat{\boldsymbol{x}}_i=\boldsymbol{z}_i\boldsymbol{A}\in\mathbb{R}^{1\times n}$，$\{\hat{\boldsymbol{x}}_i\}_{i=1}^{m}$ 与 $\{\boldsymbol{x}_i\}_{i=1}^{m}$ 中对应样本之间的距离的平方之和为：

$$\sum_{i=1}^{m}\|\hat{\boldsymbol{x}}_i-\boldsymbol{x}_i\|^2=\sum_{i=1}^{m}\|\boldsymbol{z}_i\boldsymbol{A}-\boldsymbol{x}_i\|^2$$
$$\propto-tr(\boldsymbol{A}(\boldsymbol{X}^T\boldsymbol{X})\boldsymbol{A}^T)$$

具体的推导过程参见本章 2.6.1 小节。在最近重构性的目标驱动下，该优化问题可描述如下：

$$\min_{\boldsymbol{A}}-tr(\boldsymbol{A}(\boldsymbol{X}^T\boldsymbol{X})\boldsymbol{A}^T)$$
$$\text{s.t.} \quad \boldsymbol{A}\boldsymbol{A}^T=\boldsymbol{I}$$

由此易知，考虑最大可分性和最近重构性得出的最终优化目标与约束等价。

接着，考虑这个优化问题的求解。通常采用拉格朗日乘子法（Lagrange Multiplier）来求解此带有矩阵约束的优化问题，具体的求解过程可参见本章 2.6.2 节中的内容。通过求解，最终的优化问题可以转化为：

$$\max_{\boldsymbol{A}}\sum_{i=1}^{k}\lambda_i$$

式中：λ_i 是样本数据协方差矩阵 $\boldsymbol{X}^T\boldsymbol{X}$ 的特征值。因此，只要选取矩阵 $\boldsymbol{X}^T\boldsymbol{X}$ 的 n 个特征值中最大的 k 个特征值所对应的特征向量，便可求解出矩阵 $\boldsymbol{A}$。

通过上述推导与分析，可总结出 PCA 方法的工作流程如下：首先对原始数据进行中心化，并对数据样本进行更新。然后通过计算样本数据的协方差矩阵，得到协方差矩阵的特征值和特征向量，选择特征值最大（即方差最大）的 k 个特征所对应的特征向量组成的矩阵。其中，利用最大特征值对应的特征向量进行线性变换而成的新坐标轴，称为第一主成分；利用第二大特征值对应的特征向量进行线性变换而成的新坐标轴，称为第二主成分；以此类推。这样就可以将数据矩阵转换到新的空间当中，实现数据特征的降维。

　　基于特征值分解协方差矩阵实现的 PCA 算法如图 2.1 所示。

图 2.1

基于特征值分解协方
差矩阵的 PCA 算法

输入：样本数据集 $\boldsymbol{X}=[\boldsymbol{x}^{(1)}, \boldsymbol{x}^{(2)}, \cdots, \boldsymbol{x}^{(n)}] \in \mathbb{R}^{m \times n}$；
　　　目标空间维数 k。

步骤：
1. 中心化样本数据

$$\boldsymbol{x}^{(j)}=\boldsymbol{x}^{(j)}-\frac{1}{m}\sum_{i=1}^{m} x_{ij}, j=1, 2, \cdots, n$$

　　即每一维特征数据 $\boldsymbol{x}^{(j)}$ 减去该维特征数据的均值，得到更新后的 $\boldsymbol{X}$；
2. 计算协方差矩阵 $\boldsymbol{C}=\boldsymbol{X}^T\boldsymbol{X}$；
3. 用特征值分解的方法求协方差矩阵的特征值与特征向量；
4. 对特征值从大到小排序，选择其中最大的 k 个，记为 $\lambda_1, \lambda_2, \cdots, \lambda_k$，
　　并将对应的 k 个特征向量 $\boldsymbol{a}_1^T, \boldsymbol{a}_2^T \cdots, \boldsymbol{a}_k^T$ 组成特征向量矩阵

$$\boldsymbol{A}_{k \times n}=\begin{bmatrix} \boldsymbol{a}_1 \\ \vdots \\ \boldsymbol{a}_k \end{bmatrix};$$

5. 将数据样本转换到 k 个特征向量构建的新空间中，即 $\boldsymbol{Z}=\boldsymbol{X}\boldsymbol{A}^T$。
输出：$\boldsymbol{Z}$。

　　为形象地描述 PCA 方法的工作过程与作用，此处举一个利用 PCA 方法将二维空间降为一维空间的例子，相应的示意图如图 2.2 所示。原来的数据分散在 X_1 和 X_2 的坐标系中，数据样本在该坐标方向上的投影难以区分。若是将坐标轴逆时针旋转 θ 角度得到新坐标系 Y_1 和 Y_2，即可最大限度地消除样本存在的相关性，并最大限度地显示出数据的内在特征。接着进行降维，为了保证降维后信息量尽可能地不会丢失，PCA 方法选择了使得数据样本投影的方差更大的轴。因此，在图 2.2 中，最后应当在 Y_1 轴上进行投影。

图 2.2

PCA 方法的示意图

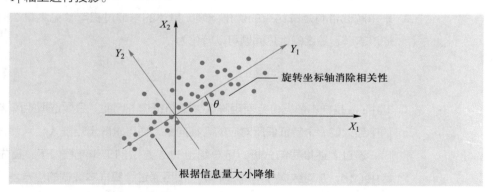

　　同时，PCA 方法也存在局限性。由于 PCA 方法追求的是在降维之后能够最大化地保留数据本身所具有的信息，即选择数据样本投影方差大的坐标方向作为所要保留的坐标方向。但是在某些情况下，在这样的坐标方向上投影对数据的区分作用并不大，甚至会使得数据杂糅而无法区分。也就是说，PCA 方法可能在某些分类问题中

表现不佳。如图 2.3 所示，当采用 PCA 方法将数据点投影至一维空间上时，主成分分析会选择 Y_2 轴，这使得原本很容易区分的两簇样本集被杂糅在一起变得无法区分；而这时若选择 Y_1 轴将会得到很好的区分结果。这主要是因为 PCA 方法将所有的样本作为一个整体对待，去寻找整体方差最大的线性映射投影，而忽略了类别属性，而它所忽略的投影方向有可能刚好包含了重要的可分性信息。

图 2.3
利用 PCA 方法进行
降维与分类

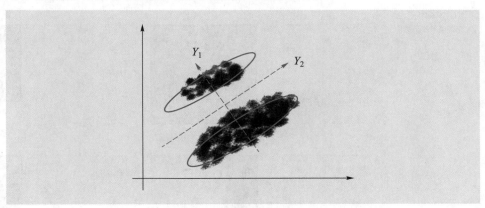

2.2 奇异值分解

在上一节的主成分分析方法中，主成分的选择是基于样本数据协方差矩阵的特征值分解来得到的。特征值分解是一种常用的矩阵分解形式，即将矩阵分解为几个矩阵的乘积，在此过程中可将矩阵分解为具有较好性质的不同矩阵，以方便未来的运算和应用。而且不同的矩阵分解方法的应用条件及其作用有所不同。

奇异值分解（Singular Value Decomposition，SVD）是一种应用广泛的矩阵分解算法，可以用来提取出数据集中的重要特征信息，去除不重要的特征信息以及噪声。而且 SVD 方法具有更强的普适性，相较于特征值分解方法而言，SVD 方法并不局限于方阵的分解，它可以针对一般形式的矩阵来进行分解。

假设存在一个 $m \times n$ 的矩阵 X，利用 SVD 方法对矩阵 X 进行分解可得到三个矩阵，即：

$$X_{m \times n} = U_{m \times m} \Sigma_{m \times n} V_{n \times n}^{T}$$

式中：U 和 V 分别称为左奇异阵和右奇异阵（U 和 V 有时也被称为酉矩阵）；Σ 是由奇异值构成的对角矩阵。Σ 中的对角元素通常从大到小进行排列。与特征值分解中的特征值相比，奇异值减小的速度非常快，通常位置排前 10% 甚至前 1% 的奇异值之和就占了 Σ 中全部奇异值之和的 99%。由此，不妨假设前 $k \ll n$（k 远小于 n）个对角元素所构成的矩阵便可近似代表整个对角矩阵 Σ，即用 $\tilde{\Sigma}_{k \times k}$ 表示前 k 个奇异值组成的对角方阵，$\tilde{U}_{m \times k}$ 表示左奇异阵前 k 列组成的矩阵，$\tilde{V}_{k \times n}$ 表示右奇异阵前 k 行组成的矩阵。于是，SVD 方法的近似形式为：

$$\boldsymbol{X}_{m\times n}\approx\tilde{\boldsymbol{U}}_{m\times k}\tilde{\boldsymbol{\Sigma}}_{k\times k}\tilde{\boldsymbol{V}}_{k\times n}^{T}$$

如图 2.4 所示，从数据存储的角度来看，当 k 远小于 n 时，通过 SVD 分解，只需要存储 $\tilde{\boldsymbol{U}}_{m\times k}$、$\tilde{\boldsymbol{\Sigma}}_{k\times k}$ 和 $\tilde{\boldsymbol{V}}_{k\times n}^{T}$ 三个矩阵即可近似原数据矩阵 $\boldsymbol{X}_{m\times n}$，存储规模会显著地减小。而要复原数据的话，只需将存储的三个矩阵相乘即可。

图 2.4
奇异值分解示例

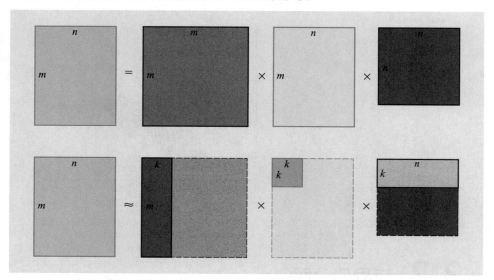

下面介绍 SVD 分解的推导过程，然后再给出 SVD 降维的具体算法。假设矩阵 $\boldsymbol{X}$ 的秩 $Rank(\boldsymbol{X})=r$，$r\leqslant n$ 这意味着 $\boldsymbol{X}$ 矩阵可以将 n 维空间中的向量映射到 r 维空间中。首先考虑如何找到右奇异阵 $\boldsymbol{V}_{n\times n}=(\boldsymbol{v}_1,\boldsymbol{v}_2,\cdots,\boldsymbol{v}_n)$。现在的目标是在 n 维空间中找一组正交基，使得经过 $\boldsymbol{X}$ 变换后还是正交的。假设已经找到这样一组正交基 $\{\boldsymbol{v}_1,\boldsymbol{v}_2,\cdots,\boldsymbol{v}_n\}$，则 $\boldsymbol{X}$ 矩阵将这组正交基映射为：

$$\{\boldsymbol{X}\boldsymbol{v}_1,\boldsymbol{X}\boldsymbol{v}_2,\cdots,\boldsymbol{X}\boldsymbol{v}_n\}$$

使其中的元素两两正交，即：

$$(\boldsymbol{X}\boldsymbol{v}_i)^T\boldsymbol{X}\boldsymbol{v}_j=\boldsymbol{v}_i^T\boldsymbol{X}^T\boldsymbol{X}\boldsymbol{v}_j=0$$

根据 $\{\boldsymbol{v}_1,\boldsymbol{v}_2,\cdots,\boldsymbol{v}_n\}$ 为正交基的假设，则：

$$\boldsymbol{v}_i^T\boldsymbol{v}_j=0$$

所以，如果正交基 $\boldsymbol{v}_i$ 选择为 $\boldsymbol{X}^T\boldsymbol{X}$ 的特征向量，由于 $\boldsymbol{X}^T\boldsymbol{X}$ 是对称阵，$\{\boldsymbol{v}_1,\boldsymbol{v}_2,\cdots,\boldsymbol{v}_n\}$ 之间两两正交，那么：

$$\begin{aligned}\boldsymbol{v}_i^T\boldsymbol{X}^T\boldsymbol{X}\boldsymbol{v}_j&=\boldsymbol{v}_i^T\lambda_j\boldsymbol{v}_j\\&=\lambda_j\boldsymbol{v}_i^T\boldsymbol{v}_j\\&=0\end{aligned}$$

这也就意味着，可以选择 $\boldsymbol{X}^T\boldsymbol{X}$ 的特征向量所组成的矩阵作为正交基 $\{\boldsymbol{v}_1,\boldsymbol{v}_2,\cdots,\boldsymbol{v}_n\}$。将映射后的正交基单位化，因为

$$\boldsymbol{v}_i^T\boldsymbol{X}^T\boldsymbol{X}\boldsymbol{v}_i=\lambda_i\boldsymbol{v}_i^T\boldsymbol{v}_i=\lambda_i$$

所以有

$$\|\boldsymbol{X}\boldsymbol{v}_i\|^2 = \lambda_i \geqslant 0$$

所以取单位向量

$$\boldsymbol{u}_i = \frac{\boldsymbol{X}\boldsymbol{v}_i}{\|\boldsymbol{X}\boldsymbol{v}_i\|} = \frac{1}{\sqrt{\lambda_i}}\boldsymbol{X}\boldsymbol{v}_i$$

令 $\sigma_i = \sqrt{\lambda_i}$ 为奇异值，由此可得

$$\boldsymbol{X}\boldsymbol{v}_i = \sigma_i \boldsymbol{u}_i$$
$$0 \leqslant i \leqslant r$$
$$r = \text{Rank}(\boldsymbol{X})$$

当 $r<i\leqslant m$ 时，将 $\boldsymbol{u}_1,\boldsymbol{u}_2,\cdots,\boldsymbol{u}_r$ 扩展为 $\boldsymbol{u}_1,\boldsymbol{u}_2,\cdots,\boldsymbol{u}_r,\ \boldsymbol{u}_{r+1},\boldsymbol{u}_{r+2},\cdots,\boldsymbol{u}_m$ 使 $\boldsymbol{u}_1,\boldsymbol{u}_2,\cdots,\boldsymbol{u}_m$ 为 m 维空间中的一组正交基，即使得正交基 $\{\boldsymbol{u}_1,\boldsymbol{u}_2,\cdots,\boldsymbol{u}_r\}$ 扩展成 $\mathbb{R}^m$ 空间的单位正交基。同样，将 $\boldsymbol{v}_1,\boldsymbol{v}_2,\cdots,\boldsymbol{v}_r$ 扩展为 $\boldsymbol{v}_1,\boldsymbol{v}_2,\cdots,\boldsymbol{v}_r,\boldsymbol{v}_{r+1},\boldsymbol{v}_{r+2},\cdots,\boldsymbol{v}_n$（后面的这 $n-r$ 个向量存在于 $\boldsymbol{X}$ 的零空间中，即 $\boldsymbol{X}\boldsymbol{v}=0$ 的解空间的基），使得 $\boldsymbol{v}_1,\boldsymbol{v}_2,\cdots,\boldsymbol{v}_n$ 为 n 维空间中的一组正交基，即选取 $\{\boldsymbol{v}_{r+1},\boldsymbol{v}_2,\cdots,\boldsymbol{v}_n\}$ 使得 $\boldsymbol{X}\boldsymbol{v}_i=0$，$i>r$，并取 $\sigma_i=0$，则可以得到：

$$\boldsymbol{X}[\boldsymbol{v}_1,\boldsymbol{v}_2,\cdots,\boldsymbol{v}_r \mid \boldsymbol{v}_{r+1},\cdots,\boldsymbol{v}_n]$$

$$= [\boldsymbol{u}_1,\boldsymbol{u}_{2,}\cdots,\boldsymbol{u}_r \mid \boldsymbol{u}_{r+1},\cdots,\boldsymbol{u}_m]\begin{bmatrix} \sigma_1 & & & \\ & \ddots & & \boldsymbol{0}_{r\times(n-r)} \\ & & \sigma_r & \\ \boldsymbol{0}_{(m-r)\times r} & & & \boldsymbol{0}_{(m-r)\times(n-r)} \end{bmatrix}$$

继而可以得到 $\boldsymbol{X}$ 矩阵的奇异值分解：

$$\boldsymbol{X} = \boldsymbol{U}_{m\times m}\boldsymbol{\Sigma}_{m\times n}\boldsymbol{V}^T_{n\times n}$$

$\boldsymbol{V}$ 是 $n\times n$ 的右奇异阵，$\boldsymbol{U}$ 是 $m\times m$ 的左奇异阵，$\boldsymbol{\Sigma}$ 是 $m\times n$ 的对角矩阵。

通过上述的推导与分析，可总结出基于 SVD 分解的数据降维方法的工作流程如下：首先对原始数据进行中心化，并对数据样本进行更新。对样本数据进行 SVD 分解，选取最大的 k 个奇异值组成奇异值矩阵，并将其所对应的奇异向量分别作为列向量组成奇异向量矩阵。最后，根据奇异向量矩阵，对原数据矩阵进行线性变换来实现数据特征的降维。基于 SVD 分解的数据降维算法如图 2.5 所示。

本节的最后一部分我们考虑 SVD 与 PCA 的关系。考虑样本数据的协方差矩阵

$$\boldsymbol{C} = \boldsymbol{X}^T\boldsymbol{X} = \boldsymbol{V}\boldsymbol{\Sigma}^T\boldsymbol{U}\boldsymbol{U}^T\boldsymbol{\Sigma}\boldsymbol{V}^T = \boldsymbol{V}\boldsymbol{\Sigma}^T\boldsymbol{\Sigma}\boldsymbol{V}^T$$

值得注意的是，在进行 PCA 方法时，对协方差矩阵 $\boldsymbol{C}$ 进行特征值分解，有：

$$\boldsymbol{C} = \boldsymbol{A}\boldsymbol{\Lambda}\boldsymbol{A}^T$$

如果令 $\boldsymbol{\Lambda}=\boldsymbol{\Sigma}^T\boldsymbol{\Sigma}$，则可以看出 PCA 中选取最大的 k 个特征值与 SVD 中选取最大的 k 个奇异值，在降维效果上是等价的。

图 2.5
基于 SVD 分解的
数据降维算法

输入：样本集 $X=[x^{(1)}, x^{(2)}, \cdots, x^{(n)}]\in\mathbb{R}^{m\times n}$；
目标空间维数 k。

步骤：
1. 中心化样本数据

$$x^{(j)}=x^{(j)}-\frac{1}{m}\sum_{i=1}^{m}x_{ij}, j=1, 2, \cdots, n$$

即每一维特征数据 $x^{(j)}$ 减去该维特征数据的均值，得到更新后的 X；
2. 通过 SVD 方法计算 X 矩阵的奇异值与奇异向量

$$X=U\Sigma V^{T}$$

其中 $\Sigma = \mathrm{diag}(\sigma_1, \cdots, \sigma_r)$ 为 r 个奇异值组成的对角矩阵；
3. 对奇异值从小到大排序，选择其中最大的 k 个，并将对应的 k 个奇异向量分别作为列向量组成特征向量矩阵 $P_{n\times k}$；
4. 将数据样本转换到 k 个奇异向量构建的新空间中，即 $Z=XP$。
输出： Z。

2.3　多维缩放

多维缩放（Multiple Dimensional Scaling，MDS）是一类经典的数据降维方法，该方法的思想是使原始高维空间中样本之间的距离在降维后的低维空间中得以保持。为形象地描述其思想，举一个将三维空间降为二维空间的例子，如图 2.6 所示。在三维空间中，两点之间的距离如图 2.6（a）中的蓝线所示，经过降维后的距离如图 2.6（b）中的蓝线所示。该方法可以有效缓解"维数灾难"所带来的样本稀疏、样本间距离计算困难等问题，特别适用于诸如 k 邻近学习（k–Nearest Neighbor，kNN）这类利用到样本间距离的机器学习方法在训练前的数据降维。

图 2.6
低维嵌入示意图

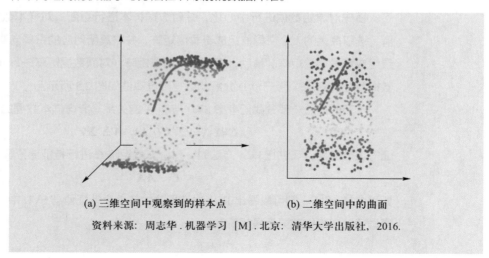

(a) 三维空间中观察到的样本点　　　(b) 二维空间中的曲面

资料来源：周志华. 机器学习 [M]. 北京：清华大学出版社，2016.

假设已知原始空间中有 m 个样本，且样本特征维数为 n，令这 m 个样本在原空间中的距离矩阵为 $D \in \mathbb{R}^{m \times m}$。其中，距离矩阵 D 的第 i 行第 j 列的矩阵元素 D_{ij} 表示样本 i 到样本 j 的距离。假设采用 MDS 方法降维后，数据样本特征维度变为 k（$k \leqslant n$）将该低维空间中的样本表示为 $Z=(z_1, z_2, \cdots, z_m) \in \mathbb{R}^{k \times m}$。令该低维空间中任意两个样本之间的欧氏距离与原始空间中的距离保持一致，即 $\|z_i - z_j\| = D_{ij}$。另外，该低维空间中样本的内积矩阵为 $B = Z^T Z \in \mathbb{R}^{m \times m}$，其中矩阵 B 中的元素 $b_{ij} = z_i^T z_j = \sum_{l=1}^{k} z_{il} z_{jl}$。接着，使用内积矩阵 B 中的元素来表示距离矩阵 D 中的元素。具体推导过程如下：

$$
\begin{aligned}
D_{ij}^2 &= \|z_i - z_j\|^2 \\
&= (z_i - z_j)^T (z_i - z_j) \\
&= z_i^T z_i + z_j^T z_j - 2 z_i^T z_j \\
&= \|z_i\|^2 + \|z_j\|^2 - 2 z_i^T z_j \\
&= b_{ii} + b_{jj} - 2 b_{ij}
\end{aligned}
$$

为方便论述，对样本 Z 进行中心化，即 $\sum_{i=1}^{m} z_i = 0$，则可得矩阵 B 的行列之和均为 0，即：

$$
\sum_{i=1}^{m} b_{ij} = \sum_{i=1}^{m} \sum_{l=1}^{k} z_{il} z_{jl} = 0
$$

$$
\sum_{j=1}^{m} b_{ij} = \sum_{j=1}^{m} \sum_{l=1}^{k} z_{il} z_{jl} = 0
$$

进而

$$
\sum_{i=1}^{m} D_{ij}^2 = \sum_{i=1}^{m} (b_{ii} + b_{jj} - 2 b_{ij}) = tr(B) + m b_{jj}
$$

$$
\sum_{j=1}^{m} D_{ij}^2 = \sum_{j=1}^{m} (b_{jj} + b_{ii} - 2 b_{ij}) = tr(B) + m b_{ii}
$$

$$
\sum_{i=1}^{m} \sum_{j=1}^{m} D_{ij}^2 = 2m\, tr(B)
$$

进而可以推导出

$$
b_{ii} = -\frac{tr(B)}{m} + \frac{1}{m} \sum_{j=1}^{m} D_{ij}^2
$$

$$
b_{jj} = -\frac{tr(B)}{m} + \frac{1}{m} \sum_{i=1}^{m} D_{ij}^2
$$

$$
\frac{2 tr(B)}{m} = \frac{1}{m^2} \sum_{i=1}^{m} \sum_{j=1}^{m} D_{ij}^2
$$

于是

$$b_{ij} = -\frac{1}{2}(D_{ij}^2 - b_{ii} - b_{jj})$$

$$= -\frac{1}{2}\left(D_{ij}^2 - \frac{1}{m}\sum_{j=1}^{m}D_{ij}^2 - \frac{1}{m}\sum_{i=1}^{m}D_{ij}^2 + \frac{2tr\,(\boldsymbol{B})}{m}\right)$$

$$= -\frac{1}{2}\left(D_{ij}^2 - \frac{1}{m}\sum_{j=1}^{m}D_{ij}^2 - \frac{1}{m}\sum_{i=1}^{m}D_{ij}^2 + \frac{1}{m^2}\sum_{i=1}^{m}\sum_{j=1}^{m}D_{ij}^2\right)$$

$$= -\frac{1}{2}(D_{ij}^2 - D_{i\cdot}^2 - D_{\cdot j}^2 + D_{\cdot\cdot}^2)$$

式中 $D_{i\cdot}^2$、$D_{\cdot j}^2$ 和 $D_{\cdot\cdot}^2$ 分别定义如下：

$$D_{i\cdot}^2 \triangleq \frac{1}{m}\sum_{j=1}^{m}D_{ij}^2, \quad D_{\cdot j}^2 \triangleq \frac{1}{m}\sum_{i=1}^{m}D_{ij}^2, \quad D_{\cdot\cdot}^2 \triangleq \frac{1}{m^2}\sum_{i=1}^{m}\sum_{j=1}^{m}D_{ij}^2$$

通过上式，便可利用原始空间中数据样本的距离矩阵 $\boldsymbol{D}$ 求得内积矩阵 $\boldsymbol{B}$。矩阵 $\boldsymbol{B}$ 是对称矩阵，所以可对矩阵 $\boldsymbol{B}$ 进行特征值分解，$\boldsymbol{B}=\boldsymbol{V}\boldsymbol{\Lambda}\boldsymbol{V}^T$，其中 $\boldsymbol{\Lambda}=\mathrm{diag}\,(\lambda_1,\lambda_2,\cdots,\lambda_n)$ 为特征值构成的对角矩阵，$\lambda_1\geqslant\lambda_2\geqslant\cdots\geqslant\lambda_n$，$\boldsymbol{V}$ 为特征向量矩阵。如果 $\boldsymbol{\Lambda}$ 中恰巧有 n^* 个非零的特征值，他们构成对角矩阵 $\boldsymbol{\Lambda}_*=\mathrm{diag}\,(\lambda_1,\lambda_2,\cdots,\lambda_{n^*})$，令 $\boldsymbol{V}_*$ 表示相应的特征向量矩阵，则有：

$$\boldsymbol{B}=\boldsymbol{V}_*\boldsymbol{\Lambda}_*\boldsymbol{V}_*^T(\boldsymbol{V}_*\in\mathbb{R}^{m\times n^*},\boldsymbol{\Lambda}_*\in\mathbb{R}^{n\times n^*})$$

所以有

$$\boldsymbol{B}=\boldsymbol{V}_*\boldsymbol{\Lambda}_*^{\frac{1}{2}}\boldsymbol{\Lambda}_*^{\frac{1}{2}}\boldsymbol{V}_*^T$$

$$=\boldsymbol{Z}^T\boldsymbol{Z}$$

因此

$$\boldsymbol{Z}=\boldsymbol{\Lambda}_*^{\frac{1}{2}}\boldsymbol{V}_*^T$$

原始数据的特征维度为 n，我们的最终目的是降维，此时可取 $k\,(k\leqslant n)$ 个最大特征值构成的对角矩阵 $\tilde{\boldsymbol{\Lambda}}=\mathrm{diag}\,(\lambda_1,\lambda_2,\cdots,\lambda_k)$，令 $\tilde{\boldsymbol{V}}$ 表示相应的特征向量矩阵，则 $\boldsymbol{Z}$ 的表达式为

$$\boldsymbol{Z}=\tilde{\boldsymbol{\Lambda}}^{\frac{1}{2}}\tilde{\boldsymbol{V}}^T$$

MDS 算法过程如图 2.7 所示。

图 2.7
MDS 方法的算法过程

输入: 距离矩阵 $D \in \mathbb{R}^{m \times m}$，其中第 i 行第 j 列的元素为 D_{ij}, i, j=1, 2, $\cdots$, m；
目标空间维数 k。

步骤:

1. 计算 $D_{i\cdot}^2 = \dfrac{1}{m} \sum\limits_{j=1}^{m} D_{ij}^2$

$$D_{\cdot j}^2 = \frac{1}{m} \sum_{i=1}^{m} D_{ij}^2$$

$$D_{\cdot\cdot}^2 = \frac{1}{m^2} \sum_{i=1}^{m} \sum_{j=1}^{m} D_{ij}^2 ;$$

2. 计算矩阵 B，其中元素 $b_{ij} = -\dfrac{1}{2}\left(D_{ij}^2 - D_{i\cdot}^2 - D_{\cdot j}^2 + D_{\cdot\cdot}^2\right)$；

3. 对矩阵 B 做特征值分解，使得 $B = V\Lambda V^{\mathrm{T}}$，其中 Λ 为由特征值构成的对角矩阵，V 为特征向量矩阵；

4. 取 $\widetilde{\Lambda}$ 为 Λ 中的 k 个最大特征值所构成的对角矩阵，取 $\widetilde{V}$ 为相应的特征向量矩阵。

输出: 矩阵 $\widetilde{\Lambda}^{\frac{1}{2}} \widetilde{V}^T \in \mathbb{R}^{k \times m}$。

2.4 等度量映射

　　等度量映射（Isometric Mapping，Isomap）是一种考虑到高维空间中嵌入的低维流形中两点之间在流形上实际距离的非线性降维方法。它是一种常用的流形学习（Manifold Learning）方法，借鉴了拓扑流形的概念来达到降维的目的。Isomap 对 MDS 方法进行改造，关注以测地线距离（高维流形中两点之间的最短距离，如图 2.8（a）中的灰色实曲线长度）作为原始高维空间中的两点距离，而非欧氏距离（如图 2.8（a）中的黑色实直线长度）。

　　为了计算高维空间中流形的测地线距离，Isomap 方法采用了流形在局部上与欧氏空间同胚的思想，对高维空间中的每个样本点基于欧氏距离找出其 p 个近邻点，然后就能建立一个近邻连接图，图中近邻点之间存在连接，而非近邻点之间不存在连接。具体而言，将近邻点之间的距离设置为欧氏距离，而将非近邻点之间的距离设置为无穷大。于是，近邻连接图上两点之间的最短路径便成了高维空间中流形两点之间测地线距离的近似值，如图 2.8（b）所示。

　　在近邻连接图上计算两点间的最短路径，可采用著名的 Dijkstra 算法或 Floyd 算法，在得到任意两点的距离之后，就可通过 MDS 方法来获得样本点在低维空间中的坐标。采用 Isomap 方法进行降维的算法过程如图 2.9 所示。

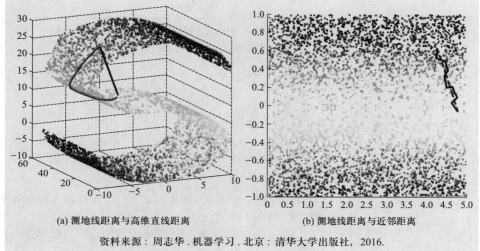

图 2.8
三维与二维空间中的
距离计算方式

(a) 测地线距离与高维直线距离   (b) 测地线距离与近邻距离

资料来源：周志华.机器学习.北京：清华大学出版社，2016.

图 2.9
利用 Isomap 方法降维的
一般算法过程

输入： 样本集 $D=\{x_1, x_2, \cdots, x_m\}$；
          邻近参数 p；
          低维空间维数 k。
步骤：
1. **for** $i=1, 2, \cdots, m$ **do**
2.   确定 x_i 的 p 近邻；
3. x_i 与 p 个近邻点之间的距离设置为欧氏距离，与其他点之间的距离设置
    为无穷大；
4. **end for**
5. 调用最短路径算法(如 **Dijkstra** 算法或 **Floyd** 算法)计算任意两个样本之间的
    距离：
$$D(x_i, x_j), i, j=1, 2, \cdots, m;$$
6. 将 $D(x_i, x_j), i, j=1, 2, \cdots, m$ 作为 MDS 算法的输入；
7. 返回 MDS 算法的输出。
输出： 样本集 D 在低维空间的投影 $Z = \{z_1, z_2, \cdots, z_m\}$。

2.5 局部线性嵌入算法

　　局部线性嵌入（Locally Linear Embedding，LLE）是另一种常用的流形学习方法，它能够使降维后的数据较好地保持原有流形结构。与 Isomap 方法不同的是，LLE 试图保持邻域内样本之间的线性关系。LLE 方法假定了样本点的坐标能通过其邻域内样本的线性关系表达出来，如图 2.10 中所示，该线性关系可表达为：

$$x_i=w_{ij}x_j+w_{ik} x_k+w_{il} x_l$$

且该方法试图在降维后依然保持这样的线性关系。

图 2.10

高、低维空间中样本
邻域内样本之间的
线性关系

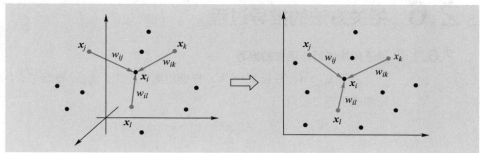

首先，将每个样本 $x_i, i=1,2,\cdots,m$ 邻域内的 p 个样本集合设为 Q_i，则对应于每个样本 x_i 的线性表达式的系数可以根据下面的损失函数以及约束函数估计。

$$\min_{\omega_1, \omega_2, \cdots, \omega_m} \sum_{i=1}^{m} \left\| x_i - \sum_{j \in Q_i} w_{ij} x_j \right\|^2$$

$$\text{s.t.} \sum_{j \in Q_i} w_{ij} = 1, \quad i = 1, 2, \cdots, m$$

式中：$w_i = (\omega_{i1}, \omega_{i2}, \cdots, \omega_{ip})$。将所求出的 $w_1, w_2, \cdots, w_m$ 代入下面的损失函数求解。令 $Z = (z_1, z_2, \cdots, z_m)$，对 Z 进行标准化，并令 $W = (w_1, w_2, \cdots, w_m)$，求解

$$\min_{z_1, z_2, \cdots, z_m} \sum_{i=1}^{m} \left\| z_i - \sum_{j \in Q_i} w_{ij} z_j \right\|^2$$

$$= \min_{Z} tr(ZMZ^T)$$

$$\text{s.t.} ZZ^T = I$$

式中：$M = (I-W)^T (I-W)$。

最终得到 Z^T 即为 M 的最小 k 个特征值所对应的特征向量所组成的矩阵。LLE 的算法过程如图 2.11 所示。

图 2.11

利用 LLE 方法降维的
一般算法过程

输入：样本集 $D = \{x_1, x_2, \cdots, x_m\}$；
　　　　邻近参数 p；
　　　　低维空间维数 k。
步骤：
1. **for** $i=1, 2, \cdots, m$ **do**
2. 　　确定 x_i 的 p 近邻；
3. 　　求解 $w_{ij}, j \in Q_i$；
4. 　　令 $w_{ij}=0, j \notin Q_i$
5. **end for**
5. $M=(I-W)^T(I-W)$；
7. 对 M 特征值分解；
8. 返回 M 的最小 k 个特征值对应的特征向量。
输出：样本集 D 在低维空间的投影 $Z = \{z_1, z_2, \cdots, z_m\}$。

2.6 相关方法的推导过程

2.6.1 最近重构性目标函数的推导

由于 $\hat{\boldsymbol{x}}_i = \boldsymbol{z}_i\boldsymbol{A}$，并且 $\boldsymbol{z}_i = \boldsymbol{x}_i\boldsymbol{A}^T$，根据距离的含义，$\{\hat{\boldsymbol{x}}_i\}_{i=1}^m$ 与 $\{\boldsymbol{x}_i\}_{i=1}^m$ 中对应样本之间的距离的平方之和为

$$
\sum_{i=1}^m \|\hat{\boldsymbol{x}}_i - \boldsymbol{x}_i\|^2
$$

$$
= \sum_{i=1}^m \|\boldsymbol{z}_i\boldsymbol{A} - \boldsymbol{x}_i\|^2
$$

$$
= \sum_{i=1}^m (\boldsymbol{z}_i\boldsymbol{A} - \boldsymbol{x}_i)(\boldsymbol{z}_i\boldsymbol{A} - \boldsymbol{x}_i)^T
$$

$$
= \sum_{i=1}^m (\boldsymbol{z}_i\boldsymbol{A}\boldsymbol{A}^T\boldsymbol{z}_i^T - \boldsymbol{z}_i\boldsymbol{A}\boldsymbol{x}_i^T - \boldsymbol{x}_i\boldsymbol{A}^T\boldsymbol{z}_i^T + \boldsymbol{x}_i\boldsymbol{x}_i^T)
$$

$$
= \sum_{i=1}^m \boldsymbol{z}_i\boldsymbol{z}_i^T - 2\sum_{i=1}^m \boldsymbol{z}_i\boldsymbol{A}\boldsymbol{x}_i^T + \sum_{i=1}^m \boldsymbol{x}_i\boldsymbol{x}_i^T
$$

$$
= \sum_{i=1}^m \boldsymbol{z}_i\boldsymbol{z}_i^T - 2\sum_{i=1}^m \boldsymbol{z}_i\boldsymbol{z}_i^T + const
$$

$$
= -\sum_{i=1}^m \boldsymbol{z}_i\boldsymbol{z}_i^T + const
$$

$$
= -\sum_{i=1}^m tr(\boldsymbol{z}_i^T\boldsymbol{z}_i) + const
$$

$$
= -\sum_{i=1}^m tr(\boldsymbol{A}\boldsymbol{x}_i^T\boldsymbol{x}_i\boldsymbol{A}^T) + const
$$

$$
= -tr\left(\sum_{i=1}^m \boldsymbol{A}\boldsymbol{x}_i^T\boldsymbol{x}_i\boldsymbol{A}^T\right) + const
$$

$$
= -tr\left(\boldsymbol{A}\left(\sum_{i=1}^m \boldsymbol{x}_i^T\boldsymbol{x}_i\right)\boldsymbol{A}^T\right) + const
$$

$$
\propto -tr(\boldsymbol{A}(\boldsymbol{X}^T\boldsymbol{X})\boldsymbol{A}^T)
$$

其中 $const$ 表示一个与 $\boldsymbol{A}$ 无关的常数。

2.6.2 PCA 优化问题求解

考虑矩阵优化问题

$$
\min_{\boldsymbol{A}} -tr(\boldsymbol{A}(\boldsymbol{X}^T\boldsymbol{X})\boldsymbol{A}^T)
$$
$$
\text{s.t. } \boldsymbol{A}\boldsymbol{A}^T = \boldsymbol{I}
$$

引入拉格朗日乘子矩阵 $\boldsymbol{\Theta} \in \mathbb{R}^{k\times k}$，相应的拉格朗日函数为：

$$
L(\boldsymbol{A}, \boldsymbol{\Theta})
$$
$$
= -tr(\boldsymbol{A}(\boldsymbol{X}^T\boldsymbol{X})\boldsymbol{A}^T) + \langle \boldsymbol{\Theta}, \boldsymbol{A}\boldsymbol{A}^T - I \rangle
$$
$$
= -tr(\boldsymbol{A}(\boldsymbol{X}^T\boldsymbol{X})\boldsymbol{A}^T) + tr(\boldsymbol{\Theta}^T(\boldsymbol{A}\boldsymbol{A}^T - I))
$$

式中：$\langle \cdot , \cdot \rangle$ 表示内积符号。若目前仅考虑约束 $\boldsymbol{a}_i \boldsymbol{a}_i^T = 1, i = 1, 2, \cdots, k$，则 $\boldsymbol{\Theta}$ 为一个对角矩阵，记为 $\Lambda = diag(\lambda_1, \lambda_2, \cdots, \lambda_k)$。

$$L(\boldsymbol{A}, \Lambda) = -tr(\boldsymbol{A}(\boldsymbol{X}^T \boldsymbol{X})\boldsymbol{A}^T) + tr(\Lambda^T(\boldsymbol{A}\boldsymbol{A}^T - I))$$

对 $L(\boldsymbol{A}, \Lambda)$ 关于 $\boldsymbol{A}$ 求导：

$$\frac{\partial L(\boldsymbol{A}, \Lambda)}{\partial \boldsymbol{A}}$$

$$= -\frac{\partial tr(\boldsymbol{A}(\boldsymbol{X}^T \boldsymbol{X})\boldsymbol{A}^T)}{\partial \boldsymbol{A}} + \frac{\partial tr(\Lambda^T(\boldsymbol{A}\boldsymbol{A}^T - I))}{\partial \boldsymbol{A}}$$

根据矩阵微分公式 $\dfrac{\partial tr(\boldsymbol{X}^T \boldsymbol{B} \boldsymbol{X})}{\partial \boldsymbol{X}} = \boldsymbol{B}\boldsymbol{X} + \boldsymbol{B}^T \boldsymbol{X}$，$\dfrac{\partial tr(\boldsymbol{B}\boldsymbol{X}^T \boldsymbol{X})}{\partial \boldsymbol{X}} = \boldsymbol{X}\boldsymbol{B} + \boldsymbol{X}\boldsymbol{B}^T$，得到：

$$\frac{\partial L(\boldsymbol{A}, \Lambda)}{\partial \boldsymbol{A}}$$

$$= -2\boldsymbol{X}^T \boldsymbol{X} \boldsymbol{A}^T + \boldsymbol{A}^T \Lambda + \boldsymbol{A}^T \Lambda^T$$

$$= -2\boldsymbol{X}^T \boldsymbol{X} \boldsymbol{A}^T + \boldsymbol{A}^T (\Lambda + \Lambda^T)$$

$$= -2\boldsymbol{X}^T \boldsymbol{X} \boldsymbol{A}^T + 2\boldsymbol{A}^T \Lambda$$

令 $\dfrac{\partial L(\boldsymbol{A}, \Lambda)}{\partial \boldsymbol{A}} = 0$，可得：

$$-2\boldsymbol{X}^T \boldsymbol{X} \boldsymbol{A}^T + 2\boldsymbol{A}^T \Lambda = \boldsymbol{0}$$
$$\boldsymbol{X}^T \boldsymbol{X} \boldsymbol{A}^T = \boldsymbol{A}^T \Lambda$$

即：

$$\boldsymbol{X}^T \boldsymbol{X} \boldsymbol{a}_i^T = \lambda_i \boldsymbol{a}_i^T, \quad i = 1, 2, \cdots, k$$

由上式，易知 λ_i 和 $\boldsymbol{a}_i^T$ 分别是矩阵 $\boldsymbol{X}^T \boldsymbol{X}$ 的特征值与特征向量。另外，由于 $\boldsymbol{X}^T \boldsymbol{X}$ 是对称矩阵，这意味着该矩阵不同特征值的特征向量相互正交，相同特征值的特征向量可以通过施密特正交化使其正交，因此该优化问题求解过程的式子满足约束 $\boldsymbol{a}_i \boldsymbol{a}_j^T = 0, i \neq j$。将 $\boldsymbol{X}^T \boldsymbol{X} \boldsymbol{a}_i^T = \lambda_i \boldsymbol{a}_i^T$ 代入目标函数可得：

$$\min_{\boldsymbol{A}} -tr(\boldsymbol{A}(\boldsymbol{X}^T \boldsymbol{X})\boldsymbol{A}^T)$$

$$= \max_{\boldsymbol{A}} tr(\boldsymbol{A}(\boldsymbol{X}^T \boldsymbol{X})\boldsymbol{A}^T)$$

$$= \max_{\boldsymbol{A}} \sum_{i=1}^{k} \boldsymbol{a}_i (\boldsymbol{X}^T \boldsymbol{X}) \boldsymbol{a}_i^T$$

$$= \max_{\boldsymbol{A}} \sum_{i=1}^{k} \boldsymbol{a}_i \lambda_i \boldsymbol{a}_i^T$$

$$= \max_{\boldsymbol{A}} \sum_{i=1}^{k} \lambda_i \boldsymbol{a}_i \boldsymbol{a}_i^T$$

$$= \max_{\boldsymbol{A}} \sum_{i=1}^{k} \lambda_i$$

因此，只要选取矩阵 $\boldsymbol{X}^T \boldsymbol{X}$ 的 n 个特征值中最大的 k 个特征值对应的特征向量，便可求解出矩阵 $\boldsymbol{A}$。

2.7 案例分析：基于 PCA 方法的人脸特征提取 [①]

人脸识别在传达身份以及情感上起着关键作用，可以应用于门禁系统、罪犯识别、人机交互等方面，在社会发展中有着非常重要的意义。然而，由于人脸具有复杂、多维、带有意义的视觉刺激（Meaningful Visual Stimuli）等特点，自动人脸识别计算模型的开发并非易事。自 20 世纪 50 年代起，许多研究者就已经开始对人脸识别进行研究。人脸识别的大致流程为：首先，选取人脸图像库；接着，进行人脸图像预处理；然后，对预处理后的人脸图像进行特征提取；最后，采用分类器识别人脸。其中，人脸特征的提取是自动人脸识别计算模型开发的难点之一，同时也是本案例分析所关注的流程节点。

人脸特征提取的研究方向以及部分研究成果大致如下：

（1）基于几何特征的方法。有学者集中于检测个体特征，如头部轮廓、五官的大小位置以及各个特征之间的关系，但事实证明该方法存在很难扩展到多种视图等问题，而且个体特征及其直接关系不足以描述成人人脸识别的表现。另外，还有学者使用混合人机系统进行半自动的人脸识别，该系统根据在照片上手动输入的基准标记对人脸进行分类，其中分类的参数是眼角、嘴角、鼻尖和下巴等点之间的标准化距离和比率。还有学者使用标准模式分类技术来识别人脸，其中选择的特征很大程度上是人类主体的主观评价，比如头发阴影、耳朵长度以及嘴唇厚度等。对于这类方法所关注的特征都很难去自动化提取。在此之后的研究中，有学者试图采用线性嵌入算法对上述类似的特征进行自动化寻找和测量。

（2）基于模型的方法。有学者采用连接方法试图捕捉人脸的构型特点，但是其中大多数人脸识别的连接方法将输入的图像视为一般的二维模式，不能明确使用人脸的构型特征，而且有些连接方法还需要过多的训练实例才能得到较好的识别效果。

（3）基于模板的方法。有学者采用了基于多分辨率模板匹配（Multiresolution Template Matching）的"智能感知方法"，该方法在有限情况下的工作性能表现良好，但是存在典型的基于相关性匹配的问题，包括对图像大小和噪声的敏感性，而且其中的人脸模型是根据人脸图像经手工构建的。

本案例分析关注于采用 PCA 方法来自动识别和提取人脸图像的重要特征信息。该方法基于信息理论方法，将人脸图像分解为一组被称为"特征脸"（Eigenfaces）的独特的特征图像集合，这也被称为人脸图像初始训练集的主成分（Principal Components）。这些特征可能与我们对面部特征（如五官和头发等）的直观概念有关，也有可能不直接相关。以数学术语来解释，上述做法实质上是希望找到人脸分布的主成分，即人脸图像训练集的协方差矩阵的特征向量。这些特征向量可被认为是一组一

---

① 案例来自 Turk M，Pentland A. Eigenfaces for recognition［J］. Journal of Cognitive Neuroscience，1991，3（1）：71–86.

起表征人脸图像之间变化的特征，每个图像位置或多或少贡献于每个特征向量，因此我们可以将特征向量显示为一种幽灵脸，并将其称为"特征脸"。每个单独的人脸都可以用特征脸的线性组合来精确地表示，另外，也可以只使用那些具有最大特征值的特征脸来近似人脸。在这个方法框架内，自动学习和以后识别新面孔是可行的。另外，可以通过训练有限数量的特征视图（如直视视图、45°视图和轮廓试图）来实现识别。而且该方法在速度、简单性、学习能力以及对人脸图像的小变化或持续变化不敏感性方面具有较大的优势。

此类型的人脸识别技术是通过将新图像投射到由特征脸所组成的子空间，该子空间亦称为"人脸空间"（Face Space），然后将人脸在人脸空间中的位置与已知人脸在人脸空间的位置进行比较来进行分类。在具体操作流程方面，初始化人脸识别系统的操作流程为：①获取一组人脸图像的初始训练集；②从训练集计算特征脸，来定义人脸空间；③通过将每个已知个体的人脸图像映射到人脸空间上，计算其在权重空间中的相应分布。另外，识别人脸图像的步骤如下：①将输入的人脸图像投影至人脸空间的每个特征脸上，并计算相应的权重分布；②通过检查图像是否足够接近人脸空间，以判定图像是否人脸；③若是一张人脸，将权重模式分类为已知人或未知人；④（可选）更新特征脸和/或权重模式；⑤（可选）如果多次看到相同的未知人脸，计算特征权重，并将该人脸收录为已知脸。

特征脸的计算。假设人脸图像 $I(x,y)$ 是一个由 8 bit 强度值（Intensity Value）构成的二维 $N \times N$ 数组。图像也可以被视为长度为 N^2 的向量，或一个在维度为 N^2 空间中的点。例如，256×256 的典型图像可被视为长度为 65 536 的向量，或一个在维度为 65 536 空间中的点。

人脸的图像在整体配置上（Overall Configuration）相似，不会随机分布在这个巨大的图像空间中，因此可以用相对低维的子空间来描述。PCA 方法主要是找到最能解释人脸图像在整个图像空间中的分布的向量。这些向量定义了人脸空间的子空间，即"人脸空间"。这些向量的长度为 N^2。因为这些向量是人脸训练集对应的协方差矩阵的特征向量，而且它们在外观上类似于人脸，所以称之为"特征脸"。

令包含 M 张人脸图像的训练集为 $\boldsymbol{\Gamma}_1, \boldsymbol{\Gamma}_2, \cdots, \boldsymbol{\Gamma}_M$，如图 2.12 所示，同时，人脸图像训练集可视为 $N^2 \times M$ 的矩阵。设定该训练集的平均脸（Average Face）为 $\boldsymbol{\psi} = \dfrac{1}{M} \sum_{n=1}^{M} \boldsymbol{\Gamma}_n$，如图 2.13 所示。将人脸图像进行中心化为 $\boldsymbol{\phi}_i = \boldsymbol{\Gamma}_i - \boldsymbol{\psi}$。接着，对人脸图像训练集进行主成分分析，以此求出一个包含相互正交的特征向量 $\boldsymbol{u}_n$ 的集合，即特征脸，如图 2.14 所示。其中，第 k 个特征向量 $\boldsymbol{u}_k$ 可由下式求得：

$$\max_{\boldsymbol{u}_k} \lambda_k = \max_{\boldsymbol{u}_k} \frac{1}{M} \sum_{n=1}^{M} (\boldsymbol{u}_k^T \boldsymbol{\phi}_n)^2$$

$$s.t. \ \boldsymbol{u}_l^T \boldsymbol{u}_k = \delta_{lk} = \begin{cases} 1, & \text{如果 } l = k \\ 0, & \text{其他} \end{cases}$$

图 2.12
用来作为训练集的
人脸图像

图 2.13
平均脸

式中：λ_k 和 $\boldsymbol{u}_k$ 分别是如下协方差矩阵的特征值与特征向量。

$$C = \frac{1}{M} \sum_{n=1}^{M} (\boldsymbol{\phi}_n \boldsymbol{\phi}_n^T)^2$$

$$= \boldsymbol{A}\boldsymbol{A}^T$$

式中：矩阵 $\boldsymbol{A} = [\,\boldsymbol{\phi}_1\,\boldsymbol{\phi}_2\cdots\boldsymbol{\phi}_M\,]$；矩阵 C 是 $N^2 \times N^2$ 的，这意味着 N^2 个特征值与特征向量的求解对于典型的图像而言通常是一个较为庞大的任务。

若图像训练集的数量 $M < N^2$，则只会存在 $M-1$ 个相应特征值为非零的特征向量。

图 2.14
根据人脸训练集计算
出来的 7 个特征脸

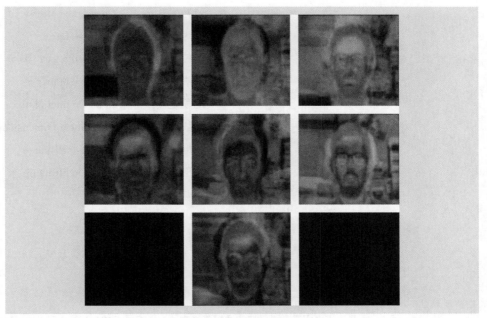

这意味着，可以通过求解 $M \times M$ 矩阵的特征向量来求解 $N^2 \times N^2$ 矩阵的特征向量。接着，对人脸图像进行适当的线性变换。考虑 $A^T A$ 的特征向量为 v_i，则有：

$$A^T A v_i = \mu_i v_i$$

左乘矩阵 A，得到：

$$AA^T A v_i = \mu_i A v_i$$

由此可知，$C = AA^T$ 的特征向量为 $A v_i$。该特征向量与人脸图像训练集的线性组合组成了特征脸 u_l，即：

$$u_l = \sum_{k=1}^{M} v_{lk} \phi_k, \quad l = 1, 2, \cdots, M$$

关键术语

- 数据维度归约　　　　Data Dimension Reduction
- 主成分分析　　　　　Principal Components Analysis
- 奇异值分解　　　　　Singular Value Decomposition
- 多维缩放　　　　　　Multidimensional Scaling
- 等度量映射　　　　　Isometric Mapping
- 局部线性嵌入　　　　Local Linear Embedding
- 特征值分解　　　　　Eigenvalue Decomposition
- 线性变换矩阵　　　　Linear Transformation Matrix
- 主成分方向　　　　　Principal Component Direction

- 协方差矩阵　　　Covariance Matrix
- 酉矩阵　　　　　Unitary Matrix
- 单位正交基　　　Unit Orthogonal Basis
- 距离矩阵　　　　Distance Matrix
- 内积矩阵　　　　Inner Product Matrix
- 非线性降维　　　Non-Linear Dimensionality Reduction
- 测地线距离　　　Geodesic Distance
- 流形结构　　　　Manifold Structure

本章小结

　　本章重点介绍了几类经典的数据降维方法，包括主成分分析（PCA）、奇异值分解（SVD）、多维缩放（MDS）、等度量映射（Isomap）和局部线性嵌入算法（LLE）。主成分分析（PCA）方法是一种常用的线性数据降维方法。其主要思想是寻找一种将高维空间中的数据样本投影到较低维空间中的线性变换，并使得降维之后能够最大化地保留数据本身所具有的信息，即选择数据样本投影方差大的坐标方向作为主成分方向。其中，主成分的选择是基于样本数据协方差矩阵的特征值分解来得到的。奇异值分解方法是一种应用广泛的矩阵分解算法，可以用来提取出数据集中的重要特征信息，去除不重要的特征信息以及噪声。而且 SVD 方法具有更强的普适性，相较于特征值分解方法而言，SVD 方法并不局限于方阵的分解，它可以针对一般形式的矩阵来进行分解。

多维缩放方法的思想是使原始高维空间中样本之间的欧氏距离在降维后的低维空间中得以保持。该方法可以有效缓解"维数灾难"所带来的样本稀疏、样本间距离计算困难等问题。等度量映射方法是一种考虑到高维空间中嵌入的低维流形中两点之间在流形上实际距离的非线性降维方法，它是一种常用的流形学习（Manifold Learning）方法，借鉴了拓扑流形的概念来达到降维的目的。等度量映射对多维缩放方法进行改造，关注以测地线距离作为原始高维空间中的两点距离，而非欧氏距离。局部线性嵌入算法是另一种常用的流形学习方法，它能够使降维后的数据较好地保持原有流形结构。与等度量映射方法不同的是，局部线性嵌入试图保持的是邻域内样本之间的线性关系。本章的最后还提供了基于 PCA 方法的人脸特征提取的案例分析，供读者参考。

即测即评

参考文献

[1] Kalman Dan. A singularly valuable decomposition：The SVD of a matrix ［J］. College Mathematics Journal，1996.

[2] Garcia S，Luengo J，Herrera F. Data preprocessing in data mining ［M］. Springer Publishing Company，Incorporated，2016.

[3] Turk M，Pentland A. Eigenfaces for recognition ［J］. Journal of Cognitive Neuroscience，1991.

[4] Peter Harrington. 机器学习实战 ［M］. 李锐，李鹏，曲亚东，等译 . 北京：人民邮电出版社，2013.

[5] 周志华 . 机器学习 ［M］. 北京：清华大学出版社，2016.

第3章
特征选择

在机器学习实践中，对于同样的数据集，若学习任务不同，则相关特征可能也不同。假设某特征的特征值只有 0 和 1，并且在所有输入样本中，95% 的实例在该特征上的取值都是 1，那就可以认为这个特征作用不大；如果 100% 都是 1，那这个特征就没意义了。所以，在获得数据之后通常要先进行特征选择，再训练学习器。特征选择不仅可以减轻过拟合、减少特征数量（降维）、提高模型泛化能力，还可以使模型获得更好的解释性，加快模型的训练速度。因此，特征选择是个重要的数据预处理过程，本章将重点介绍特征选择的相关概念和主要方法。

3.1 特征选择概述

3.1.1 特征选择的概念

特征选择（Feature Selection），也称特征子集选择（Feature Subset Selection，FSS），或属性选择（Attribute Selection），是指从数据集中已有的 M 个特征（Feature）中选择 N 个最有效特征（$N \leqslant M$），使得系统的特定指标最优并且降低数据集维度的过程。简单说，就是从原始特征空间中遴选"好的"特征，剔除"不好的"特征的过程。其中，特征（Feature）是指数据集中的属性。"好的"特征指对当前学习任务有用的属性，称为"相关特征"（Relevant Feature）；"不好的"特征指无关特征和冗余特征等。对当前学习任务没什么用的属性，称为"无关特征"（Irrelevant Feature）；能从其他特征中推演出来的特征，称为冗余特征（Redundant Feature）。选择特征时，通常从特征是否发散和特征与目标的相关性两个方面考虑。

（1）特征是否发散。可以采用方差选择法进行特征选择。方差选择法使用方差作为特征评分标准，如果某个特征的取值差异不大，通常认为该特征对区分样本的贡献度不大，因此在构造特征的过程中去掉方差小于阈值的特征。该方法通常作为特征选择的预处理步骤，适用于离散型特征，连续型特征需要离散化后使用。

（2）特征与目标的相关性。对于与目标相关性高的特征，应当优先选择。可以采用卡方检验法、皮尔森相关系数法、互信息法等进行特征选择。卡方检验法使用卡方统计量作为特征评分标准，卡方值越大，相关性越强。皮尔森相关系数法使用 Pearson 系数作为特征评分标准，相关系数绝对值越大，相关性越强。互信息法利用互信息从信息熵的角度分析相关性。

3.1.2　特征选择的一般过程

传统的特征选择过程如<u>图 3.1</u> 所示。

图 3.1
特征选择的一般
过程框架

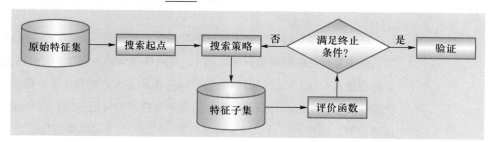

该框架主要包括产生过程（Generation Procedure）、评价函数（Evaluation Function）、停止准则（Stopping Criterion）和验证过程（Validation Procedure）四个部分。首先，使用空集（或全集）当作搜索起点，即原始的已选特征子集；然后，使用前向搜索策略从未选特征中选择一个特征加入已选特征子集中（或使用后向搜索策略从已选特征子集中删除一个特征）；接下来，对已选特征子集加入（或删除）的每一个特征都进行评估；如果终止条件成立，则停止搜索并用学习算法验证其性能，否则继续使用前向搜索（或后向搜索）进行特征选择。

产生过程是搜索特征子集的过程，负责为评价函数提供特征子集，可以看作一个搜索寻优问题。搜索寻优的方法可以分为穷举法（Exhaustive）、启发式方法（Heuristic）、智能优化方法（Intelligent）等。穷举法是一种最直接的优化策略。数据集中的每个原始特征都有两种状态：保留或剔除。因此，对大小为 n 的特征集合，搜索空间由 2^n-1 种可能的状态构成。对于最小特征子集的搜索，除了穷举式搜索外，不能保证找到最优解。但实际应用中，当特征数目较多的时候，穷举式搜索因为计算量太大而无法应用，因此人们致力于用启发式搜索算法寻找次优解。启发式方法的优点在于计算复杂度低，实现过程比较简单且快速，在实际中应用非常广泛，如决策树、Relief 法等。智能优化方法一般通过模拟自然界中生物的进化原理或生物集群行为，或者常见的物理变化过程来实现搜索的优化问题，具有跳出局部最小的能力，实际中常能得到最优解，可分为遗传算法、蚁群算法、粒子群算法、模拟退火算法等。

评价函数是评价一个特征子集好坏程度的准则。不同的评价函数产生不同的结果。评价函数可分为过滤式（Filters）、包裹式（Wrappers）和嵌入式（Embedded）三类。过滤式不计算模型，而是直接计算特征子集的某种度量，包括距离度量（欧式距离、马氏距离、巴氏距离等）、信息度量（香农熵、条件熵、信息增益、互信息等）、依赖性度量（相关性、相似性）以及一致性度量四类。包裹式通过建立在子集上的一个模型来计算子集得分，一般可采用基于该子集的后续学习器作为模型。嵌入式是一种结合学习器来评价特征子集的特征选择模型，同时具有包裹式特征选择模型的精度和过滤式特征选择模型的效率。

3.2 过滤式特征选择

3.2.1 过滤式方法概述

过滤式方法是先对数据集进行特征选择，然后对过滤之后的特征进行学习器训练。因此，过滤式的特征选择算法和学习算法互不相干，特征选择是后者的预处理过程，学习算法是前者的验证过程。该方法一般使用评价准则来增强特征与目标的相关性，削减特征之间的相关性。过滤式特征选择依照其特征选择框架不同，又可以分为两类：基于特征排序和基于搜索策略。

1. 基于特征排序

基于特征排序的过滤式特征选择算法框架如图 3.2 所示。

图 3.2
基于特征排序的过滤式特征选择算法框架

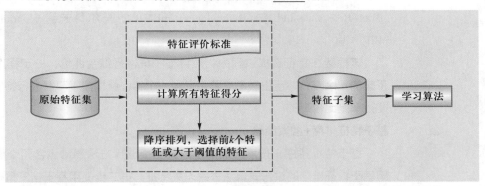

它采用具体的评价准则给每个特征打分，根据得分对特征降序排序，选择前 k 个特征作为特征子集（或者设置一个阈值，选择所有大于阈值的特征作为特征子集），最后用特征子集训练学习器验证子集的优劣。

BIF（Best Individual Feature）算法就是典型的基于特征排序的过滤式特征选择算法。它的评价函数为：

$$J(f)=I(C;f) \tag{3-1}$$

其中：$I(C;f)$ 为类别 C 与候选特征 f 之间的互信息。

它的基本思想是对于每一个候选特征 f 计算评价函数 $J(f)$，并按评价函数值降序排列，取前 k 个作为所选择的特征子集。

使用该框架的特征选择算法效率高，因此在处理高维数据时，可在短时间内去除大量的无关特征。但是并非所有得分高的特征（强相关特征）组合在一起所得到的特征子集的整体性能就一定好，其中常有很多高度冗余特征，冗余特征对特征子集的整体性能有负面影响。另外，少量的弱相关特征是必要的。

2.　基于搜索策略

基于搜索策略的过滤式特征选择算法框架如图 3.3 所示。

图 3.3

基于搜索策略的过滤
式特征选择算法框架

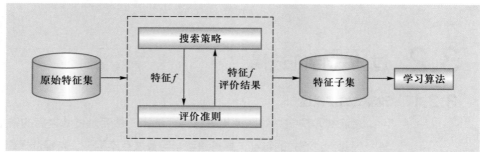

它不单单使用简单的排序方式挑选子集，还会运用一些启发式规则，有些结合前向搜索策略，每选择一个特征都对已选特征子集进行评价。但它有自己独特的准则衡量已选特征子集，如基于相关性的特征选择（Correlation based Feature Selection，CFS）算法用 Merits 得分评价候选特征子集，若加入该特征使 Merits 得分降低，那该特征便可剔除。基于搜索策略的过滤式特征选择算法还有最大相关最小冗余（Max-Relevance and Min-Redundancy，mRMR）、马尔科夫毯（Markov Blanket Filter，MBF）等。

该框架在特征选择过程中，对特征子集进行综合评价，一定程度上减少了特征子集的冗余度，并且由于不需要每增加一个特征就构建学习器进行特征子集评价，因此效率是比较高的。

3.　基于特征排序+搜索策略

基于特征排序 + 搜索策略的过滤式特征选择方法通常包含两个步骤：第一步使用基于特征排序的过滤式算法去除无关特征，第二步使用基于搜索策略的过滤式算法删除冗余特征，如图 3.4 所示。这类框架通常用于处理高维数据集，可较迅速地获取高性能的特征子集。

图 3.4

基于特征排序 + 搜索
策略的过滤式特征
选择框架

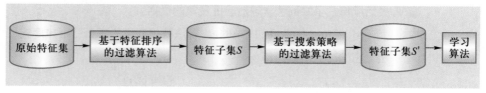

3.2.2　典型的过滤式特征选择算法 Relief 和 Relief-F

Relief 算法是著名的过滤式特征选择算法，它最早由 Kira 于 1992 年提出，主要用于二分类问题的特征选择。该方法是一种典型的根据权重选择特征的随机搜索方法，通过考察特征在同类近邻样本与异类近邻样本之间的差异来度量特征的区分能力。若特征在同类样本之间差异小，而在异类样本之间差异大，则该特征就具有较强的区分能力。由于 Relief 算法比较简单，运行效率高，并且能有效地去掉无关特征，结果比较令人满意，因此得到了广泛应用。

设有样本集合 $X=\{x_1, x_2, \cdots, x_i, \cdots, x_p\}$，$1 \leqslant i \leqslant p$；其中每个样本有 q 个特征，则样本 x_i 的特征集合可表示为 $x_i=\{x_{i1}, x_{i2}, \cdots, x_{ij}, \cdots, x_{iq}\}$，$1 \leqslant j \leqslant q$；样本 x_i 所属的类 $c_i \in C$，C 为类别集合，且 $C=\{C_1, C_2\}$。首先，在它的同类样本中寻找其最近邻 $x_{i,nh}$，称为"猜中近邻"（near-hit）；然后，从它的异类样本中寻找其最近邻 $x_{i,nm}$，称为"猜错近邻"（near-miss）。可以根据以下规则确定特征 j 的权重：若 x_i 与其猜中近邻 $x_{i,nh}$ 在特征 j 上的距离小于 x_i 与其猜错近邻 $x_{i,nm}$ 的距离，则说明特征 j 对区分同类与异类样本是有益的，于是增大特征 j 的权重；反之，则说明特征 j 起负面作用，于是减小特征 j 的权重。由此构造出特征 j 的权重计算公式如下：

$$w^j = \frac{1}{r} \sum_i \left(-diff(x_i^j, x_{i,nh}^j)^2 + diff(x_i^j, x_{i,nm}^j)^2 \right) \tag{3-2}$$

式中：w^j 为特征 j 的权重；r 为抽样次数；x_i^j 为样本 x_i 的第 j 个特征的值；$x_{i,nh}^j$ 为样本 x_i 的第 j 个特征的猜中近邻值；$x_{i,nm}^j$ 为样本 x_i 的第 j 个特征的猜错近邻值。

对于任意两个样本 x_a 和 x_b，它们在特征 j 上的距离用 $diff(x_a^j, x_b^j)$ 表示。

当 x_a^j 为离散型变量时：

$$diff(x_a^j, x_b^j) = \begin{cases} 0 & x_a^j = x_b^j \text{时} \\ 1 & x_a^j \neq x_b^j \text{时} \end{cases} \tag{3-3}$$

当 x_a^j 为连续型变量时：

$$diff(x_a^j, x_b^j) = \frac{x_a^j - x_b^j}{max_j - min_j} \tag{3-4}$$

式中：max_j 和 min_j 分别为特征 j 在样本集中的最大值和最小值。

可见，特征的权重越大，其分类能力就越强；反之，该特征分类能力越弱。可以指定一个阈值 τ，当 $w^j \geqslant \tau$ 时，将 j 视为相关特征，加入选择的特征集；否则，当 $w^j < \tau$ 时，将 j 视为不相关特征，不能加入选择的特征集。也可以指定想要选择的特征个数 k，然后将所有特征的权重由大至小进行排序，取权重最大的 k 个特征加入选择的特征集。

Relief 算法只能直接处理二分类问题，但实际应用中存在大量的多类问题，因此出现了能够处理多类数据的 Relief-F 算法。该方法的本质是把多类问题分解为多个一对多的二类问题，从而将 Relief 算法推广到多类数据特征选择问题中。

设有样本集合 $X=\{x_1, x_2, \cdots, x_i, \cdots, x_p\}$，$1 \leqslant i \leqslant p$；其中每个样本有 q 个特征，则样本 x_i 的特征集合可表示为 $x_i=\{x_{i1}, x_{i2}, \cdots, x_{ij}, \cdots, x_{iq}\}$，$1 \leqslant j \leqslant q$；该样本集一共包含

l 个类别，样本 x_i 所属的类 $c_i \in C$，C 为类别集合，且 $C = \{C_1, C_2, \cdots, C_k, \cdots, C_l\}$。对示例 x_i，若它属于第 u 类（$u = 1, 2, \cdots, l$），则 Relief-F 算法先在第 u 类的样本中寻找 x_i 的最近邻 $x_{i,u,nh}$ 作为样本 x_i 的猜中近邻；然后在第 u 类之外的每个类别的样本中寻找 x_i 的最近邻 $x_{i,v,nm}$（$v = 1, 2, \cdots, l$，且 $v \neq u$）作为样本 x_i 的猜错近邻。则相关统计量对应于属性 j 的分量为：

$$w^j = \frac{1}{r} \sum_i (-diff(x_i^j, x_{i,u,nh}^j)^2 + \sum_v (p_v \times diff(x_i^j, x_{i,v,nm}^j)^2)) \tag{3-5}$$

式中：w^j 为特征 j 的权重；x_a^j 为样本 x_a 的第 j 个特征的值；r 为抽样次数；p_v 为第 v 类样本在异类样本集中所占的比例；$v \neq u$。

3.3 包裹式特征选择

3.3.1 包裹式方法概述

包裹式方法也称封装法。该方法将特征选择的过程与学习算法封装在一起，根据它在特征子集上的预测精度评价所选特征的优劣，并采用搜索策略调整子集，最终获得近似的最优子集，如图 3.5 所示。

图 3.5
包裹式方法的
一般框架

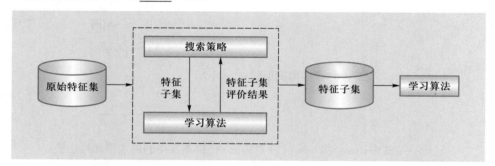

包裹式特征选择方法由两部分组成，即搜索策略和学习算法。搜索策略前面已经介绍了，不再复述。学习算法主要用来评判特征子集的优劣，学习算法的选取不受限制，分类问题可使用支持向量机、K 近邻等。该框架使用特定的学习算法得到的特征子集效果非常好。但是特征子集的选择受特定的学习算法影响，使用不同的学习算法，得到的特征子集也不一样，所以特征子集的稳定性和适应性较差；另外，由于每增加一个特征就要构造学习器对特征子集进行评价，因此该框架时间复杂度高，不适合高维数据集。

包裹式特征选择通常用贪心算法完成，如前向搜索（在最优的子集上逐步增加特征，直到增加特征并不能使模型性能提升为止）、后向搜索、双向搜索（将前向搜索和后向搜索相结合）。常见的算法包括递归特征消除（Recursive Feature Elimination，

RFE）和稳定性选择（Stability Selection）等。

递归特征消除是一种后向搜索方法，采用了贪心算法，旨在找到性能最佳的特征子集。该方法使用一个基模型（如 SVM 或者回归模型）进行多轮训练，每轮训练后移除若干特征，再基于新的特征集进行下一轮训练，直到所有特征都已遍历。特征被剔除的顺序，即它的重要性排序。

稳定性选择方法又称为随机稀疏模型（Randomized Sparse Models），主要思想是在不同的数据子集和特征子集上运行特征选择算法（可以是回归、SVM 或其他类似的方法），不断地重复，最终汇总特征选择结果。比如，可以统计某个特征被认为是重要特征的频率（被选为重要特征的次数除以它所在的子集被测试的次数）。理想情况下，重要特征的得分会接近 100%。稍微弱一点的特征得分会是非 0 的数，而最无用的特征得分将会接近于 0。

3.3.2　典型的包裹式特征选择算法 LVW

拉斯维加斯包裹法（Las Vegas Wrapper，LVW）是包裹式方法中产生特征子集的常用方法。该方法在拉斯维加斯方法（Las Vegas Method）框架下使用随机策略进行搜索，每次评价特征子集都需要训练学习器，因此计算开销很大。如果初始特征数很多，算法可能运行很长时间都达不到停止条件；若有运行时间限制，可能无法给出近似的最优子集。LVW 算法如图 3.6 所示。

图 3.6
LVW 算法

【LVW 算法】：

输入：数据集 D；

特征集 A；

学习算法 $\mathcal{L}$；

停止条件控制参数 T。

过程：

1. 初始化误差 E，$E = \infty$；

2. $d = |A|$；

3. $A^* = A$；

4. $t = 0$；

5. While $t < T$；

6. 随机产生特征子集 A'；

7. 设置特征数 $d' = |A'|$；

8. $E' = Cross\ Validation(\mathcal{L}(D^{A'}))$；　　　//*选择特征子集对应部分的数据集 $D^{A'}$，
　　　使用交叉验证法来估计学习器 $\mathcal{L}$ 在特征子集 A' 上的误差*//

```
9. If (E'<E)∨((E'=E) ∧d'<d)) Then                    //*若它比当前特征子集
   A上的误差更小，或误差相当但A'中包含的特征数更少*//
10. t=0;
11. (E= E');
12. d= d';
13. A*=A';
14. Else
15. t=t+1;
16. End If
17. End While
输出：特征子集A*。
```

可以看到，每次特征子集的评价都需要训练新的学习器，遍历所有特征子集是不可能的。因此，给出 T 这一参数来停止循环。值得注意的是，应根据特征的数量来调整 T 的大小，使算法既能输出近似最优子集，也不会耗费过长的时间。

3.4 嵌入式特征选择

3.4.1 嵌入式方法概述

在过滤式和包裹式特征选择方法中，特征选择过程与学习器训练过程有明显的分别，而嵌入式特征选择方法将特征选择算法嵌入学习算法当中，与学习器训练过程融为一体，在学习器训练过程中自动地进行特征选择。该方法首先使用某些机器学习算法和模型（学习器）进行训练，得到各个特征的权值系数，再根据系数的值从大到小选择特征。嵌入式选择可以看作过滤式和包裹式的结合体，先通过一些特殊的模型拟合数据，将模型自身的某些对于特征的评价的属性作为评价指标，再使用包裹式的特征选择方法来选择。这种方法可解决基于特征排序的过滤式算法结果冗余度过高的问题，还可以解决包裹式算法时间复杂度过高的问题，速度快，也易出效果，但需较深厚的先验知识调节模型。

嵌入式特征选择算法没有统一的流程框架图，不同的算法框架各异。例如，分类决策树的特征选择框架如图 3.7 所示。

决策树算法在树增长过程的每个递归步都必须选择一个特征，将样本划分成若干较小的子集。树模型在学习时以纯度为评价基准，选择最好的分裂属性进行分裂，划分后子节点越纯，则说明划分效果越好。可见，决策树生成的过程也就是特征选择的

图 3.7

分类决策树的特征
选择框架

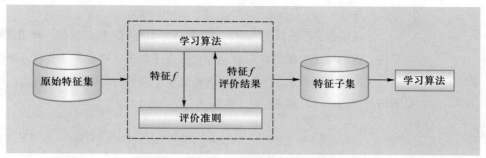

过程，树节点的划分特征所组成的集合就是选择出的特征子集。分类决策树是经典的嵌入式特征选择算法，包括 Quinlan 的 ID3、C4.5 以及 Bregman 的 CART 等。

3.4.2 基于正则化项的特征选择法

在学习的过程中当样本特征很多，样本数相对较少时，模型容易陷入过拟合（Overfitting）的情况，即对于训练集和验证集有着优秀的拟合预测能力，但是对于测试集或未见过的样本，拟合预测能力很差，即泛化能力较差。正则化（Regularization）常用于防止过拟合的发生并提高模型的泛化能力，其思想是在已有模型（损失函数）上加上额外的约束或者惩罚项，称为正则化项。正则化项一般是模型复杂度的单调递增函数。正则化项越大，模型越简单，系数越小。

以线性回归为例，对于数据集 $\{(x_1, y_1), (x_2, y_2), \cdots, (x_m, y_m)\}$，其损失函数为：

$$\sum_{i=1}^{m} (y_i - \omega^T x_i)^2 \tag{3-6}$$

式中：ω 为模型系数组成的向量，也称参数（Parameter）或系数（Coefficients）。

优化目标函数为：

$$\min_{\omega} \sum_{i=1}^{m} (y_i - \omega^T x_i)^2 \tag{3-7}$$

当样本特征很多而样本数相对较少时，式 3-7 很容易陷入过拟合。为了缓解过拟合问题，可对式 3-7 引入正则化项作为惩罚项。

$$\min_{\omega} \sum_{i=1}^{m} (y_i - \omega^T x_i)^2 + \lambda \|\omega\|_1 \tag{3-8}$$

式 3-8 引入了 L_1 范数正则化项，称为最小绝对收缩选择算子（Least Absolute Shrinkage and Selection Operator，LASSO）。L_1 正则项是权值向量的绝对值之和。由于正则项非零，这就迫使那些弱相关的特征所对应的系数变成 0。因此 L_1 正则化往往会使学到的模型特征稀疏。所谓稀疏（Sparse），即其中有些权重系数 ω 的值为 0，这些权重系数为 0 的特征对最终的结果无贡献，那么就可以把这些特征去除掉。也就是说，只有那些权重系数不为 0 的特征才会在最终模型中。由此可见，基于 L_1 正则化的学习方法就是一种嵌入式特征选择方法，其特征选择过程与模型的训练融为一体，同时完成。

在很多实际的数据当中，往往存在多个互相关联的特征，即特征间存在多重共线性。这时候线性模型与 L_1 正则就会变得不稳定，对噪声很敏感，数据中细微的变化就可能导致模型的巨大变化，这会让模型的预测变得困难。因此，可以考虑引入 L_2 范数正则化项，即岭回归（Ridge Regression），如下式所示。

$$\min_{\omega} \sum_{i=1}^{m} (y_i - \omega^T x_i)^2 + \lambda \|\omega\|_2^2 \qquad (3-9)$$

L_2 正则项是平方项之和，它不会使特征稀疏，但对大数的惩罚力度大，因此可以使各项权值趋于平均，从而解决线性模型与 L_1 正则无法解决的不稳定问题。因此，可以同时使用 L_1 范数和 L_2 范数降低过拟合风险，既获得稀疏解，筛选出相应的特征，又可解决模型的稳定性问题。

3.5 案例分析：Lending Club 信贷违约预测的特征集选择

3.5.1 案例背景

与传统的金融借贷方法相比，P2P 网络借贷具有更方便、更快捷、更透明的优点。它可以实现投资者和借款人的直接联系，并确保双方都能从中获益。许多有抱负的企业家可以因此开启他们的商业构想，许多求知若渴的学生因此可以获得接受高等教育的机会，而这一切都不需要朋友或亲戚的支持，很多普通人也因此获得了短期的经济援助。与传统的固定利率相比，它还可以降低信贷成本，提供更便捷的渠道和更高的回报。但与此同时，较高的违约风险是如今 P2P 平台普遍存在的问题。

造成贷款违约的原因可能是重大疾病也可能是恶意诈骗等。随着科技的发展，一些学者在不断完善基于个人信息的综合信用系统，用于筛选出高质量的借款人。同时，随着 P2P 行业数据不断累积，通过分析历史违约情况，可以在类似的用户历史数据的基础上预测信贷违约情况是否会在某些特定情况下发生。机器学习是数据挖掘研究中最有效的方法之一，它可以利用大数据为分析师提供更多信息。因此，将机器学习方法应用于 P2P 行业的风险管理控制是该领域体系完善过程中重要的一环。

3.5.2 Lending Club 信贷数据的说明

Lending Club 是美国最大的 P2P 平台，它为全球的 P2P 出借者和借款者提供了一个良好的平台，占据了全球 P2P 中介行业的大部分市场。自 2007 年成立以来，Lending Club 的每一条交易数据都完整地保存在平台的数据库中并透明公开，所有数据未解压前能达到近百兆的体量。

　　本节使用的数据均来自 Lending Club 平台的官方网站，包括该平台从 2007 年成立至 2018 年的所有信贷数据。数据集中的交易总数量为 2 257 935 次，特征个数为 145 个，每年的交易数据情况如表 3.1 所示。

	年交易数量（笔）	特征数（个）
2007	251	145
2008	1 562	145
2009	4 716	145
2010	11 536	145
2011	21 721	145
2012	53 367	145
2013	134 814	145
2014	235 629	145
2015	421 095	145
2016	434 407	145
2017	443 587	145
2018	495 250	145
总计	2 257 935	—

　　数据字段的说明如表 3.2 所示。

字段名称	字段说明
acc_now_delinq	未结清账户数量
acc_open_past_24mths	过去 24 个月内交易数量
addr_state	借款人申请贷款时提供的陈述
all_util	所有交易的信用额度与余额
annual_inc	借款人在注册期间自行报告的年收入
annual_inc_joint	合并借款人在注册期间提供的综合自报年度收入
application_type	贷款是单独申请还是两个共同借款人的联合申请
avg_cur_bal	所有账户的当前平均余额
bc_open_to_buy	周转银行卡的可购买总额
bc_util	所有银行卡账户的总流动余额与信用额度之比
chargeoff_within_12_mths	12 个月内的冲账次数

字段名称	字段说明
collection_recovery_fee	销账后收取费用
collections_12_mths_ex_med	12 个月内的收款次数，不包括医疗收款
debt_settlement_flag	借款人是否与债务清算公司合作
debt_settlement_flag_date	已设置 Debt_Settlement_Flag 的最近日期
deferral_term	借款人预计支付金额低于合同月支付金额的月数
delinq_2yrs	过去两年借款人信用档案中逾期 30 天以上的拖欠事件数量
delinq_amnt	拖欠借款人欠款的账户所欠的逾期款项
desc	借款人提供的贷款说明
disbursement_method	借款人收取贷款的方法
dti	用借款人的总债务偿还总额（不包括抵押贷款和所申请的 LC 贷款）除以借款人自我报告的月收入计算的比率
dti_joint	用共同借款人每月支付的总债务（不包括抵押贷款和所申请的 LC 贷款）除以共同借款人的自我报告月收入总和计算的比率
earliest_cr_line	借款人最早报告的信贷额度开启的月份
emp_length	就业年限，可能的值介于 0 和 10 之间，其中 0 表示少于 1 年，10 表示 10 年或更多年
emp_title	借款人在申请贷款时提供的职称
fico_range_high	贷款开始时借款人的 FICO 所属的上限范围
fico_range_low	贷款开始时借款人的 FICO 所属的下限范围
funded_amnt	当时对该贷款承诺的总金额
funded_amnt_inv	投资者当时对该贷款承诺的总金额
grade	LC 指定贷款的等级
home_ownership	借款人在注册时提供的或从信用报告中获得的房屋所有权状态：出租、自有、抵押、其他
id	贷款清单的唯一 LC 分配的 ID
il_util	所有分期付款账户的当前总余额与高信用 / 信用额度的比率
initial_list_status	贷款的初始上市状态，可能的值为 –W、F
inq_fi	个人理财查询数量
inq_last_12m	过去 12 个月的信用查询次数
inq_last_6mths	过去 6 个月的查询次数（不包括汽车及抵押贷款查询）
installment	如果贷款发放，借款人每月所欠的款项

字段名称	字段说明
int_rate	贷款利率
issue_d	贷款获得资助的时间
last_credit_pull_d	最近一个月，LC 为这笔贷款提取的信用额度
last_fico_range_high	FICO（美国个人消费信用评估公司）最后一次提取的借款人信用上限
last_fico_range_low	FICO 最后一次提取的借款人信用下限
last_pymnt_amnt	最后收到的总付款金额
last_pymnt_d	上个月收到的付款
loan_amnt	借款人申请的贷款金额。如果在某个时间点，信贷部门减少贷款金额，那么它将反映在该值中
loan_status	贷款的现状
max_bal_bc	所有循环账户的最大当前欠款余额
mo_sin_old_il_acct	自最早的银行分期付款账户开通以来的月数
mo_sin_old_rev_tl_op	自最早的循环账户开通以来的月数
mo_sin_rcnt_rev_tl_op	自最近的循环账户开通以来的月数
mo_sin_rcnt_tl	自最近开户以来的月数
mort_acc	抵押贷款账户数量
mths_since_last_delinq	自借款人最后一次拖欠以来的月数
mths_since_last_major_derog	自最近 90 天或更差评级以来的月数
mths_since_last_record	自上次公开记录以来的月数
mths_since_rcnt_il	自最近分期付款账户开通以来的月数
mths_since_recent_bc	自最近一次开立银行卡账户以来的月数
mths_since_recent_bc_dlq	自最近一次银行卡违法行为以来的月数
mths_since_recent_inq	自最近一次调查以来的月数
mths_since_recent_revol_delinq	自最近的循环犯罪以来的月数
next_pymnt_d	下一个预定付款日期
num_accts_ever_120_pd	逾期 120 天或以上的账户数量
num_actv_bc_tl	当前有效的银行卡账户数量
num_actv_rev_tl	当前活跃的循环交易数量
num_bc_sats	符合要求的银行卡账户数量
num_bc_tl	银行卡账户数量

字段名称	字段说明
num_il_tl	分期付款账户数量
num_op_rev_tl	开放循环账户的数量
num_rev_accts	循环账户数量
num_rev_tl_bal_gt_0	余额 > 0 的循环交易数量
num_sats	符合要求的账户数量
num_tl_120dpd_2m	当前逾期 120 天的账户数量（过去 2 个月更新）
num_tl_30dpd	当前逾期 30 天的账户数量（过去 2 个月更新）
num_tl_90g_dpd_24m	过去 24 个月内逾期 90 天或以上的账户数量
num_tl_op_past_12m	过去 12 个月内开立的账户数量
open_acc_6m	过去 6 个月的未结信用额度的数量
open_act_il	当前有效的分期付款交易数量
open_il_12m	过去 12 个月内开立的分期付款账户数量
open_il_24m	过去 24 个月内开立的分期付款账户数量
open_rv_12m	过去 12 个月内开立的循环交易数量
open_rv_24m	过去 24 个月内开立的循环交易数量
orig_projected_additional_accrued_interest	最初预计的自困难支付计划开始日期起的额外利息金额。如果借款人中断了他们的困难支付计划，此字段将为空
out_prncp	资助总额的剩余未偿本金
out_prncp_inv	由投资者资助的总金额的剩余未偿还本金
payment_plan_start_date	第一笔困难计划付款到期的日子。例如，如果借款人的困难计划期为 3 个月，则开始日期是借款人可以只付利息的 3 个月期的开始日期
pct_tl_nvr_dlq	交易中从未违约的比例
percent_bc_gt_75	所有银行卡账户的百分比 > 限额的 75%
policy_code	政策编码。公开的 policy_code=1，新产品不公开 policy_code=2
pub_rec	贬损的公共记录数
pub_rec_bankruptcies	破产的公共记录数
purpose	借款人为贷款申请提供的类别
pymnt_plan	标示是否已为贷款实施付款计划
recoveries	冲销后的回收总额
revol_bal	信贷循环余额总额

字段名称	字段说明
revol_bal_joint	共同借款人的循环信贷余额总和,扣除重复余额
revol_util	循环额度利用率,或借款人相对于所有可用循环信贷使用的信贷额度
sec_app_chargeoff_within_12_mths	申请时次贷人过去 12 个月内的冲销次数
sec_app_collections_12_mths_ex_med	过去 12 个月内的收款次数(不包括申请时次贷人的医疗收款)
sec_app_earliest_cr_line	申请时次贷人的最早信用额度
sec_app_fico_range_high	次贷人的 FICO 范围(低)
sec_app_fico_range_low	次贷人的 FICO 范围(高)
sec_app_inq_last_6mths	在申请时次贷人过去 6 个月内进行的信用查询
sec_app_mort_acc	申请时次贷人的抵押账户数量
sec_app_mths_since_last_major_derog	次贷人自最近 90 天或更差评级以来的月数
sec_app_num_rev_accts	申请时次贷人的循环账户数量
sec_app_open_acc	申请时次贷人的未平仓交易数量
sec_app_open_act_il	申请时次贷人当前有效的分期付款交易数量
sec_app_revol_util	所有循环账户的总流动余额与高信用 / 信贷限额之比
settlement_amount	借款人同意结算的贷款金额
settlement_date	借款人同意结算计划的日期
settlement_percentage	结算金额占贷款支付余额的百分比
settlement_status	借款人结算计划的状态。可能的值有:COMPLETE, ACTIVE, BROKEN, CANCELLED, DENIED, DRAFT
settlement_term	借款人在结算计划中的月数
sub_grade	LC 分配的贷款子信用等级
tax_liens	税收留置权数量
term	贷款的付款次数。值以月为单位,可以是 36 或 60
title	借款人提供的贷款所有权凭证
tot_coll_amt	欠款总额
tot_cur_bal	所有账户的当前总余额
tot_hi_cred_lim	最高信用额总额 / 信用限额总额
total_acc	借款人信用档案中当前信用额度的总数

字段名称	字段说明
total_bal_ex_mort	贷款总额（不包括抵押贷款）
total_bal_il	所有分期付款账户的当前总余额
total_bc_limit	总银行卡信用额度 / 信用额度
total_cu_tl	融资交易数量
total_il_high_credit_limit	总分期付款高额信贷 / 信贷额度
total_pymnt	迄今为止收到的付款总额
total_pymnt_inv	迄今为止收到的由投资者资助的部分总金额
total_rec_int	迄今为止收到的利息
total_rec_late_fee	迄今为止收到的滞纳金
total_rec_prncp	迄今为止收到的本金
total_rev_hi_lim	总循环高信用 / 信用额度
url	带有列表数据的 LC 页面的 URL
verification_status	标示收入是否经过 LC 核实，或收入来源是否经过验证
verified_status_joint	标示共同借款人的共同收入是否经过 LC 核实，或收入来源是否经过核实
zip_code	借款人在贷款申请中提供的邮政编码的前 3 个数字

3.5.3　Lending Club 信贷数据的预处理

1.　特征的初步选取

在进行特征选取的工作时，选择与信贷违约预测相关性高的主要影响因素：周期性因素、品质、能力、资本、抵押和条件等。这与选取的 Lending Club 数据集所包含的大部分特征相契合，而与信贷违约预测领域无关的特征，例如 id、member_id、desc 以及 url，不纳入考虑范围。

2.　缺失值处理

在处理缺失值时，一般先需要判定缺失的数据是否有意义。所以，首先查看缺失比例大于 20% 的属性，如表 3.3 所示。

表 3.3　字段缺失情况

字段名称	缺失值比例
orig_projected_additional_accrued_interest	0.999 48
deferral_term	0.999 43
settlement_percentage、settlement_term、settlement_status、settlement_amount、debt_settlement_flag_date、settlement_date	0.999 31

字段名称	缺失值比例
sec_app_mths_since_last_major_derog	0.951 35
mths_since_last_record	0.866 63
verification_status_joint	0.859 9
sec_app_revol_util	0.858 41
sec_app_earliest_cr_line、annual_inc_joint、revol_bal_joint、dti_joint、sec_app_inq_last_6mths、sec_app_num_rev_accts、sec_app_mort_acc、sec_app_chargeoff_within_12_mthsl、sec_app_open_acc、sec_app_collections_12_mths_ex_med、sec_app_open_act_i	0.855 77
mths_since_recent_bc_dlq	0.800 89
mths_since_last_major_derog	0.766 08
mths_since_recent_revol_delinq	0.711 59
mths_since_last_delinq	0.557 62

从上面信息可以发现，数据集缺失值较多的属性对模型预测意义不大，例如 id 和 member_id 以及 url 等。因此，可以直接删除这些对违约预测没有意义且缺失值较多的属性。之后，进行分类类型特征和数值型特征缺失值的专门处理。例如，将分类类型特征的缺失值设置为"Unknown"；将数值型特征中的缺失值采用特征值的平均值填充等。

3. 数据过滤

对于一些没有意义或区分度不大的数据采取人工剔除的方式。例如，zip_code 是邮编但是显示不全，对于借款人的偿债能力并没有任何意义，可以剔除。具体情况如表 3.4 所示。

表 3.4
字段过滤原因

字段名称	过滤原因
zip_code	邮编且显示不全
policy_code	特征信息全为 1，没有意义
title	与 purpose 的信息重复
collection_recovery_fee	全为 0，没有意义
emp_title	分类太多，区分程度差

4. 数据类型转换

首先，把贷款状态 loan_status 编码为"违约 =1"，"正常 =0"。

事实上，loan_status 共有 7 种状态，将 Current、Fully Paid 视为正常，In Grace Period、Late（31–120days）、Late（16–30days）、Charged Off、Default 视为违约，这样就完成了对目标事件的编码，将信贷违约预测问题转化成了计算机领域的二分类问

题。贷款状态分布情况如图 3.8 所示。

图 3.8
借款状态分布

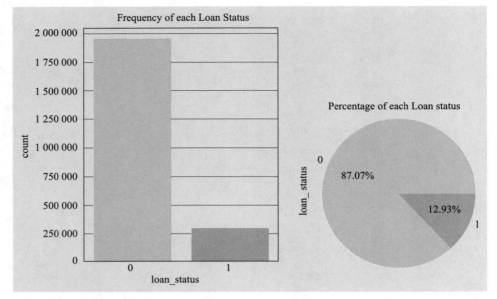

之后，进行有序定性特征、无序定性特征及时间特征的处理。有序定性特征包括信誉等级"grade"、参加工作时间"emp_length"等，以特征 emp_length、grade 为例，具体的转化方式如表 3.5 及表 3.6 所示。

表 3.5
emp_length 特征抽象

转换前	转换后	转换前	转换后
10+ years	10	4 years	4
9 years	9	3 years	3
8 years	8	2 years	2
7 years	7	1 years	1
6 years	6	< 1 year	0
5 years	5	n/a	0

表 3.6
grade 特征抽象

转换前	转换后	转换前	转换后
A	1	E	5
B	2	F	6
C	3	G	7
D	4		

无序定性特征包括贷款还款期"term"、房屋所有权方式"home_ownership"、贷款目的"purpose"、申请方式"application_type"等。对这些特征进行虚拟特征的设置。

以特征 home_ownership 为例进行说明。该特征经过处理后如表 3.7 所示，即对

home_ownership 每一个分类均创建了一个新的虚拟特征，虚拟特征的每一列代表特征 home_ownership 的一个值。

表 3.7
home_ownership 虚拟
变量的设置

home_ownership	home_MORTGAGE	home_NONE	home_OWN	home_RENT
MORTGAGE	1	0	0	0
RENT	0	0	0	1
OWN	0	0	1	0

时间特征包括 issue_d、earliest_cr_line 等，将其划分为年份、月份两个维度，如 issue_d 划分为 issue_d_month 和 issue_d_year，这样有利于周期性特征的挖掘，同时也可以将日期型数据转换成数值型数据，得以将其放入机器学习模型中训练。以 "issue_d" 为例进行说明，日期型数据的转换方式如表 3.8 所示。

表 3.8
issue_d 日期型
数据的转换

issue_d	issue_d_month	issue_d_year
2012−10−26	10	2012
2015−12−22	12	2015
2018−08−21	8	2018

5. 数据抽样及标准化

之后，对整体的数据集进行抽样，每次抽取 10% 的数据作为数据样本，连续抽样 6 次，得到 6 个不同的数据集样本后，对于数据集的自变量特征部分进行标准化，将特征数据经过处理之后限定到一定的范围之内可以达到去量纲的目的。

为了选出与用户违约情况相关性较高的特征以降维，采用包裹方法，通过递归特征消除方法筛选出 30 个特征。在递归特征消除时，通过反复构建 Logistic 回归模型，筛选出与用户违约情况相关性最强的特征。把选出来的特征剔除之后，在剩余的特征子集上重复这个过程，直到遍历所有特征。这个过程中特征被消除的次序就是特征的排序。最终，将自变量特征从 139 个降到 30 个，这 30 个特征如表 3.9 所示。

表 3.9
初步降维后的
30 个特征

特征名称	特征含义
acc_open_past_24mths	过去 24 个月内交易数量
collection_recovery_fee	销账后收取费用
funded_amnt	当时对该贷款承诺的总金额
funded_amnt_inv	投资者在当时对该贷款承诺的总金额
installment	如果贷款发放，借款人每月所欠的款项
int_rate	贷款利率
issue_d_month	贷款获得资助的月份
issue_d_year	贷款获得资助的年份

特征名称	特征含义
last_pymnt_amnt	最后收到的总付款金额
loan_amnt	借款人申请的贷款金额
num_actv_rev_tl	当前活跃的循环交易数量
num_rev_tl_bal_gt_0	余额 >0 的循环交易数量
num_sats	符合要求的账户数量
open_acc	借款人信用档案中的未结信用额度的数量
out_prncp	资助总额的剩余未偿本金
out_prncp_inv	由投资者资助的总金额的剩余未偿还本金
purpose_car	借款人为贷款申请提供的类别——买车
purpose_credit_card	借款人为贷款申请提供的类别——信用卡还账
purpose_debt_consolidation	借款人为贷款申请提供的类别——债务整合
purpose_home_improvement	借款人为贷款申请提供的类别——房屋修缮
purpose_vacation	借款人为贷款申请提供的类别——度假
purpose_wedding	借款人为贷款申请提供的类别——结婚
recoveries	冲销后的回收总额
sub_grade	LC 分配的贷款子信用等级
total_bc_limit	总银行卡信用额度 / 信用额度
total_pymnt	迄今为止收到的付款总额
total_pymnt_inv	迄今为止收到的由投资者资助的部分总金额
total_rec_int	迄今为止收到的利息
total_rec_late_fee	迄今为止收到的滞纳金
total_rec_prncp	迄今为止收到的本金

关键术语

- 特征　　　　Feature
- 相关特征　　Relevant Feature
- 无关特征　　Irrelevant Feature
- 冗余特征　　Redundant Feature
- 特征选择　　Feature Selection
- 过滤式　　　Filter
- 包裹式　　　Wrapper
- 嵌入式　　　Embedded

本章小结

特征选择是从已有的特征集中选择最有效的特征子集的过程，该过程必须确保不能丢失重要的信息，否则后续学习过程会因为重要信息的缺失而无法获得好的性能。特征选择的过程框架包括产生过程、评价函数、停止准则和验证过程四个部分。其中，产生过程是搜索特征子集的过程，负责为评价函数提供特征子集；评价函数是评价一个特征子集好坏程度的准则；停止准则通常是一个与评价函数相关的阈值，当评价函数值达到这个阈值后就可停止搜索；验证过程是在验证数据集上验证选出来的特征子集的有效性。

特征选择目前已经有了很多成熟的方法，根据评价函数不同可分为过滤式、包裹式和嵌入式等。通常情况下，过滤式方法的时间复杂度低、速度快，但是特征子集的选取依赖具体的度量标准，相对粗糙。包裹式方法和嵌入式方法更精确，特征子集性能较好，但是特征子集的选择依赖具体的学习算法且可能出现过拟合的问题。包裹式方法不适合高维数据集，嵌入式方法可以处理高维数据集。在实际应用过程中，需要根据数据集和选用模型的不同来选择适当的方法进行特征选择。

尽管特征选择方法已经有很多，但如何针对特定问题给出有效的方法仍是一个需要进一步解决的问题。例如，如何解决高维特征选择问题，如何设计小样本问题的特征选择方法，如何针对不同问题设计特定的特征选择方法，针对新数据类型的特征选择方法等问题都需要进一步探索。

即测即评

参考文献

[1] Arauzo Azofra A，Benitez J M，Castro J L. Consistency measures for feature selection [J]. Journal of Intelligent Information System，2008，30: 273–292.

[2] Battiti R. Using mutual information for selecting features in supervised neural net learning [J]. IEEE Transactions on Neural Networks，1994，5（4）: 537–550.

[3] Blum A L，Langley P. Selection of relevant features and examples in machine learning [J]. Artificial Intelligence，1997: 245–271.

[4] Liu C.Gabor–based kernel PCA with fractional power polynomial models for face recognition [J]. IEEE Transactions on Pattern Analysis and Machine Intelligence，2004，26（5）: 572–581.

[5] Baudat G，Anouar F. Generalized discriminant analysis using a kernel approach [J]. Neural Computation，2000，12: 2385–2404.

[6] Bach F R，Jordan M I. Kernel independent component analysis [J]. Journal of Machine Learning Research，2002，3: 1–48.

[7] Dash M , Liu Huan. Feature selection for classification [J]. Intelligent Data Analysis，1997，1（3）: 131–156.

［8］Dash M，Liu H. Consistency–based search in feature selection ［J］. Artificial Intelligence，2003，151（1/2）：155–176.

［9］Fisher R A. The use of multiple measurements in taxonomic problems ［J］. Annals of Eugenics，1936，7：179–188.

［10］Fleuret F. Fast binary feature selection with conditional mutual information ［J］. Journal of Machine Learning Research，2004，5：1531–1555.

第 4 章
决策树

4.1 决策树概述

俗话说："物以类聚，人以群分。"分类问题自古就存在于人类的日常生活当中。假如我们有以往是否出去打篮球的记录，如何据此判断今天是否出去打篮球呢？决策树可以轻松解决这类根据现有数据判断未知样本所属类别的问题。它是一种非常符合人的思维逻辑的图模型，是由结点和有向边构成的树形结构，具有极强的可读性，常常被用于解决分类和回归问题。

4.1.1 决策树及相关概念

决策树是一种基本的分类方法，模型呈树形结构，在分类问题中，表示基于特征对实例进行分类的过程。在学习决策树之前，首先要明确以下几个概念：

（1） 特征属性。特征属性是用来对数据对象进行描述的一个数据字段。它可以是离散的，也可以是连续的。例如，表 4.1 是以往是否出去打篮球的数据集，其中的特征属性包括天气、湿度和风力，均为离散属性。

（2） 类别。类别是决策树模型对根据特征属性进行分类所得出的不同结果的区分。表 4.1 中的类别为是、否两类。

（3） 结点。决策树中的结点有三种类型，分别为根结点、内部结点和叶结点。其中：根结点包含样本全集；内部结点表示一个特征属性；叶结点表示一个类，标记为样本的类别标签。

（4） 有向边。决策树中的有向边表示属性测试的输出，每个输出分支对应着划分特征属性的不同取值。

决策树分类过程被描述为基于特征属性对实例的分类，即当有一个新的未知类别的实例时，只需根据其特征属性进行判断，即可得到其所属类别。例如，基于表 4.1 构建如图 4.1 所示的决策树模型，其中矩形表示内部结点，椭圆形表示叶结点。若想知道今天是否出去打篮球，只需要根据天气（晴朗 / 多云 / 雨天）、湿度（高 / 正常）、风力（强 / 弱）这几个特征属性进行判断即可得出结果。

表 4.1
是否出门打篮球
数据集

序号	天气	湿度	风力	是否去打篮球（是 / 否）
1	晴朗	正常	弱	是
2	雨天	正常	弱	否
3	多云	高	弱	是
4	多云	高	弱	是
5	多云	高	强	否
6	晴朗	高	强	是
7	晴朗	正常	强	是
8	雨天	正常	强	否
9	雨天	高	强	否
10	晴朗	高	弱	否
11	多云	正常	弱	否
12	雨天	正常	强	否
13	多云	高	弱	是
14	雨天	高	强	否

图 4.1
是否出去打篮球决策
树模型

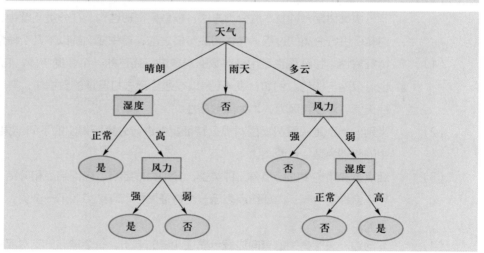

4.1.2 *if-then* 规则

决策树模型也可以被看作一个 *if-then* 规则的集合，从决策树根结点到叶结点的每条路径对应着一条决策规则，可用形如 *if-then* 的规则表示，其中路径上各内部结点的特征对应着规则的条件，叶结点的类别标签对应着规则的结论。

例如，在图 4.1 所示的决策树中，*if* 天气 = 晴朗 ∧ 湿度 = 正常 *then* 是否去打篮球 = 是，*if* 天气 = 多云 ∧ 风力 = 强 *then* 是否去打篮球 = 否。值得注意的是，这些规则集合是互斥且完备的，也就是说每个实例都一定会被一条路径覆盖，且这条路径是唯一的。

决策树学习就是根据给定的训练数据集构建一个决策树模型，或者归纳得到一个 *if-then* 规则集合。从树的根结点开始，每次用"最好的属性"划分结点，直到所有结点只含有一类例子为止，后续即可利用学习得到的决策树模型对未知样本进行分类。

4.2 特征选择

根据以上决策树概念和是否出去打篮球决策实例问题的描述，这里便有了如下问题：在每个属性测试结点上属性是如何确定的？什么时候将结点标记为叶结点为其打标签？整个决策树又是如何构建得到的？

为此首先引入最佳划分属性的选择策略，也就是决策过程中每个问题应当如何设计，这一过程叫做特征选择。顾名思义，特征选择就是选取对划分当前训练数据具有最好分类能力的特征属性，使得利用该特征属性对训练数据进行分类的结果和随机分类的结果具有较大差异，因而特征选择能够快速提高决策树学习的效率。

在决策树学习过程中通常使用的特征选择的指标有信息增益、信息增益率以及基尼系数。

4.2.1 信息增益

在香农信息论中，变量的不确定性可由熵来描述，变量的不确定性越大，熵也就越大，把它搞清楚所需要的信息量也就越大。一个系统越是有序，信息熵就越低；反之，一个系统越混乱，信息熵就越高。因此，信息熵也可以说是系统有序化程度的一个度量。

香农信息熵的公式如下：

$$Entropy(X) = -\sum_{i=1}^{n} p_i \log p_i \text{①} \tag{4-1}$$

熵是随机变量 X 各事件信息量的数学期望，也可称作随机变量 X 的平均自信息，其中离散型随机变量 X 的分布为：

---

① （1）式中若 $p_i=0$，则定义 $0\log 0=0$。

（2）当熵的单位为 bit 时，式中对数以 2 为底，即 $Entropy(X) = -\sum_{i=1}^{n} p_i \log_2 p_i$；当熵的单位为 nat 时，式中对数以 e 为底，即 $Entropy(X) = -\sum_{i=1}^{n} p_i \ln p_i$。

$$\begin{bmatrix} X \\ p(x) \end{bmatrix} = \begin{bmatrix} x_1 & x_2 & \cdots & x_{n-1} & x_n \\ p_1 & p_2 & \cdots & p_{n-1} & p_n \end{bmatrix}, \quad 0 < p_i < 1, \quad \sum_{i=1}^{n} p_i = 1$$

当 $p_1 = p_2 = \cdots = p_n$，即事件发生的可能性相同时，熵取得最大值 $Entropy(X) = \log n$。[①]

假设共有 k 个类，在特征选择的过程中，数据集 D 的熵为：

$$Entropy(D) = -\sum_{i=1}^{k} p_i \log p_i \tag{4-2}$$

式中：$p_i = \dfrac{c_i}{\sum\limits_{i=1}^{k} c_i}$；$c_i$ 为各个类别的样本的个数；$\sum\limits_{i=1}^{k} c_i =$ 数据集 D 的样本容量。

将表 4.1 中数据代入式（4-2），具体计算过程如下：

$$Entropy(D) = -\left(\frac{6}{14} \times \log_2 \frac{6}{14} + \frac{8}{14} \times \log_2 \frac{8}{14} \right) = 0.985\,2$$

而在给定特征条件下数据集的条件熵为：

$$Entropy(D \mid A) = \sum_{i=1}^{m} \frac{n_i}{n} \times Entropy(i) \tag{4-3}$$

$Entropy$（$D|A$）为使用 A 属性对数据集 D 进行划分后的信息熵。其中 m 为 A 特征取值个数，n_i 为 A 特征各取值对应子结点 i 包含的样本个数，$Entropy$（i）为子结点 i 所覆盖的数据集对应的信息熵。

对于表 4.1 数据集，在天气特征下的数据集 D 的条件熵计算过程如下：

$$Entropy(D \mid 天气) = \frac{4}{14} \times Entropy(天气 = 晴朗) + \frac{5}{14} \times Entropy(天气 = 多云) + \frac{5}{14} \times$$

$$Entropy(天气 = 雨天) = \frac{4}{14} \times 0.811\,3 + \frac{5}{14} \times 0.971\,0 + \frac{5}{14} \times 0 = 0.578\,6$$

其中天气特征取值为晴朗的数据集所对应的信息熵为：

$$Entropy(天气 = 晴朗) = -\left(\frac{3}{4} \times \log_2 \frac{3}{4} + \frac{1}{4} \times \log_2 \frac{1}{4} \right) = 0.811\,3$$

天气特征取值为多云的数据集所对应的信息熵为：

$$Entropy(天气 = 多云) = -\left(\frac{3}{5} \times \log_2 \frac{3}{5} + \frac{2}{5} \times \log_2 \frac{2}{5} \right) = 0.971\,0$$

天气特征取值为雨天的数据集所对应的信息熵为：

$$Entropy(天气 = 雨天) = -\left(\frac{0}{5} \times \log_2 \frac{0}{5} + \frac{5}{5} \times \log_2 \frac{5}{5} \right) = 0$$

信息增益被定义为原始分割的熵与划分以后各分割的熵累加得到的总熵之间的差，即划分前后进行正确预测所需的信息量之差。用信息增益这种信息论的理论方

---

① 证明：当事件发生的可能性相同时，即：

$$p_1 = p_2 = \cdots = p_n = \frac{1}{n}$$

此时，$Entropy(X) = -\sum\limits_{i=1}^{n} p_i \log p_i = -\left(n \times \frac{1}{n} \log \frac{1}{n} \right) = \log n$。

法，选择最大的信息增益的属性作为分割属性，容易得到纯度更高的子集，能够让完成对象分类所需的信息量最小，从而使得对一个对象分类所需要的期望测试数目达到最小，并确保找到一棵简单的树。简单来说，信息增益表示的就是得知特征 A 的信息而使得类别信息的不确定性减少的程度。

信息增益的公式如下：

$$Gain(A) = Entropy(D) - Entropy(D \mid A) = -\sum_{i=1}^{k} p_i \log p_i - \sum_{i=1}^{m} \frac{n_i}{n} Entropy(i) \quad (4\text{--}4)$$

特征的信息增益越大表明该特征能够消除的分类不确定性越多，因而具有更好的分类能力，所以按照信息增益准则会将信息增益最大的特征作为最优划分属性。

在本例中，$Entropy（D）=0.985\ 2$，$Entropy（D \mid 天气）=0.578\ 6$，因此 $Gain（天气）=Entropy（D）-Entropy（D \mid 天气）=0.406\ 6$。

4.2.2 信息增益率

在特征选择的实践过程当中，利用信息增益最大准则选择最佳的划分属性存在一个问题，信息增益最大准则偏向于选择属性取值更多的特征。为了消除这一倾向，在信息增益作为特征选择准则的基础上还可以使用信息增益率作为特征选择准则。

信息增益率的公式如下：

$$GainRatio(A) = \frac{Gain(A)}{Entropy(A)} \quad (4\text{--}5)$$

其中：

$$Entropy(A) = -\sum_{i=1}^{m} p_i \log p_i \quad (4\text{--}6)$$

式中：p_i 为属性 A 的每个取值覆盖的样本占样本集的比例；m 为属性 A 的可能取值个数。

$Entropy（A）$ 反映了特征取值个数引起的不确定性，也称作特征 A 的固有值。一般来说，特征取值越多，该值越大。

在表 4.1 实例中，有：

$$Entropy（天气） = -\left(\frac{4}{14} \times \log_2 \frac{4}{14} + \frac{5}{14} \times \log_2 \frac{5}{14} + \frac{5}{14} \times \log_2 \frac{5}{14} \right) = 1.577\ 4,$$

$$Gain（天气） = 0.406\ 6, 故\ GainRatio（天气） = \frac{0.406\ 6}{1.577\ 4} = 0.257\ 8$$

4.2.3 基尼系数

基尼系数也是一种衡量系统分布不均匀程度的方法，系统包含的类别越杂乱，对应的基尼系数就越大。基尼系数主要用于度量数据集的纯度。基尼系数越小，意味着样本归属于同一类的概率越大，样本的纯度越高。

当属性取值对应的各内部结点包含的数据子集中的样本都为同一类别时，数据集的纯度最高，对应的不纯度为 0，故使用数据集在不同特征条件下的基尼系数也可衡量特征对于数据划分所起的作用。

假设共有 k 个类，基尼系数的公式如下：

$$Gini(D) = \sum_{i=1}^{k} p_i(1 - p_i) = 1 - \sum_{i=1}^{k} p_i^2 \tag{4-7}$$

式中：p_i 为数据集 D 中各个不同类别样本占样本集的比例。

数据集 D 在特征 A 条件下的基尼系数为：

$$Gini(D \mid A) = \sum_{i=1}^{m} \frac{n_i}{n} Gini(i) \tag{4-8}$$

式中：m 为特征 A 取值个数；n_i 和 $Gini(i)$ 分别为特征 A 各取值对应子结点 i 的大小和基尼系数。

基尼系数越小意味着特征的选择使得划分之后的各数据子集内部的纯度更高，也可以理解为各数据子集内部之间类别不一致的概率更低。因此在使用基尼系数为特征选择的指标时，会在候选属性集合中选择使得划分后 $Gini$ 指数最小的属性作为最佳划分属性。

在表 4.1 实例中，有：

$$Gini(湿度 = 高) = 1 - \left(\left(\frac{4}{8} \right)^2 + \left(\frac{4}{8} \right)^2 \right) = 0.500\,0$$

$$Gini(湿度 = 正常) = 1 - \left(\left(\frac{2}{6} \right)^2 + \left(\frac{4}{6} \right)^2 \right) = 0.444\,4$$

$$Gini(湿度) = \frac{8}{14} \times 0.500\,0 + \frac{6}{14} \times 0.444\,4 = 0.476\,2$$

4.3 决策树生成

有了以上进行特征选择的准则之后，决策树生成就对应于递归地选择最优特征，并根据该特征对训练数据进行划分，使得划分得到的每个数据子集都对应着一个最好的分类过程。决策树生成算法主要有 ID3 算法、C4.5 算法和 CART 算法。

4.3.1 ID3 算法

1. ID3 算法介绍

ID3 算法是利用信息增益最大准则来选择最优的划分属性。首先，从根结点开始每次选择信息增益最大的特征作为结点的测试属性，并将该测试属性从属性集合中删去。然后对于测试属性的每个取值，新建一个结点，对应于当前父结点包含的数据集在该取值上覆盖的数据子集。若对应的数据子集的类标记均为同一类别，则将该结点标记为叶结点，叶结点的标签为该同一类别；若当前属性集合为空，同样标记该结点为叶结点，此时叶结点标签为当前数据子集中样本类别的大多数；否则以测试属性取值覆盖的数据子集和当前属性集合递归构建一棵子树，直到不存在未被划分的内部结点。

ID3 算法伪代码如下：

```
输入：训练数据集 trainsets，属性集合 Attributes
输出：决策树 root
ID3（trainsets，Attributes）:
    创建一个结点 root
    if trainsets 中的样本都属于同一类
        标记 root 为叶结点，标签为样本所属的同一类别
    else if 可选属性集合 Attributes 为空
    标记 root 为叶结点，标签为 trainsets 中样本类别的多数
    else
        best_attribute 为 max_{A∈Attributes}（Gain（A））对应的特征属性
        将 best_attribute 作为 root 的测试属性
        Attributes=Attributes-best_attribute
        for each value in best_attribute 的取值集合
            examples=trainsets 中被 best_attribute 的取值 value 覆盖的样本子集
            ID3（examples，Attributes）
return root
```

2. ID3 算法实例

针对表 4.1 数据集，ID3 算法执行过程如下：

（1）确定根结点的最佳划分属性。

对于特征天气：

$$Gain(天气) = Entropy(D) - \left(\frac{4}{14} \times Entropy(天气=晴朗) + \frac{5}{14} \times Entropy(天气=多云) + \frac{5}{14} \times Entropy(天气=雨天) \right)$$

$$= 0.406\ 6$$

对于特征湿度：

$$Gain(湿度) = Entropy(D) - \left(\frac{8}{14} \times Entropy(湿度=高) + \frac{6}{14} \times Entropy(湿度=正常) \right)$$

$$= 0.020\ 2$$

对于特征风力：

$$Gain(风力) = Entropy(D) - \left(\frac{7}{14} \times Entropy(风力=弱) + \frac{7}{14} \times Entropy(风力=强)\right)$$
$$= 0.061\ 0$$

根据信息增益值最大原则，在根结点采用特征天气作为当前最佳属性进行数据划分，对应如图 4.2 所示过程决策树：

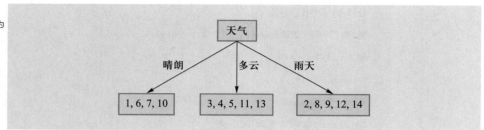

图 4.2
ID3 算法利用天气作为根结点测试属性对数据集划分

（2）　对于最佳特征天气的每个取值生成分支子结点，递归构造决策树。

对于此时最佳属性天气的每个取值晴朗、多云和雨天分别覆盖数据集 D 中的样本子集如表 4.2、表 4.3、表 4.4 所示，其中特征天气列作为根结点属性从数据表中删去不再考虑作为后续测试属性。

表 4.2
天气属性取值为晴朗对应子结点包含的数据子集 $ID3\_D_1$

序号	湿度	风力	是否去打篮球（是 / 否）
1	正常	弱	是
6	高	强	是
7	正常	强	是
10	高	弱	否

表 4.3
天气属性取值为多云对应子结点包含的数据子集 $ID3\_D_2$

序号	湿度	风力	是否去打篮球（是 / 否）
3	高	弱	是
4	高	弱	是
5	高	强	否
11	正常	弱	否
13	高	弱	是

表 4.4
天气属性取值为雨天对应子结点包含的数据子集 $ID3\_D_3$

序号	湿度	风力	是否去打篮球（是 / 否）
2	正常	弱	否
8	正常	强	否
9	高	强	否
12	正常	强	否
14	高	强	否

① 对于天气属性取值为晴朗覆盖的数据子集 $ID3\_D_1$（见表 4.2）重复以上决策树生成过程。

对于特征湿度：

$$Gain(湿度) = Entropy(ID3\_D_1) - \left(\frac{2}{4} \times Entropy(湿度=高) + \frac{2}{4} \times Entropy(湿度=正常)\right)$$

$$= 0.311\ 3$$

对于特征风力：

$$Gain(风力) = Entropy(ID3\_D_1) - \left(\frac{2}{4} \times Entropy(风力=弱) + \frac{2}{4} \times Entropy(风力=强)\right)$$

$$= 0.311\ 3$$

根据信息增益最大原则，此时特征湿度和风力均对应于最大信息增益值，若特征属性的信息增益相同，则任选一个特征属性进行划分。本次选用特征湿度再次对表 4.2 中样本进行划分，此时对应过程的决策树如下：

图 4.3
ID3 算法对天气属性取值为晴朗覆盖的数据子集进一步划分

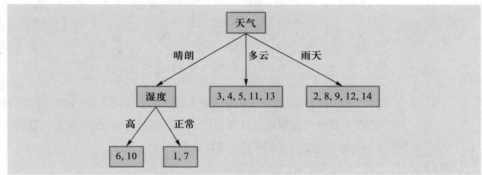

② 对于天气属性取值为多云覆盖的数据子集 $ID3\_D_2$（见表 4.3）重复以上决策树生成过程。

对于特征湿度：

$$Gain(湿度) = Entropy(ID3\_D_2) - \left(\frac{4}{5} \times Entropy(湿度=高) + \frac{1}{5} \times Entropy(湿度=正常)\right)$$

$$= 0.321\ 9$$

对于特征风力：

$$Gain(风力) = Entropy(ID3\_D_2) - \left(\frac{4}{5} \times Entropy(风力=弱) + \frac{1}{5} \times Entropy(风力=强)\right)$$

$$= 0.321\ 9$$

根据信息增益最大原则，此时特征湿度和风力均对应于最大信息增益值，可任选一个作为当前结点的测试属性。这里选择特征风力，此时对应过程决策树如图 4.4 所示。

③ 对于天气属性取值为雨天覆盖的数据子集 $ID3\_D_3$（见表 4.4）重复以上决策树生成过程，可以发现天气属性取值为雨天对应的内部结点包含的样本均为同一类别，因此将该结点标记为叶结点，标签为样本的同一类别。此时对应决策树如图 4.5 所示。

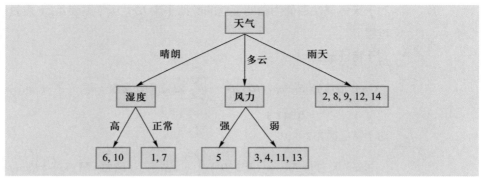

图 4.4
ID3 算法对天气属性
取值为多云覆盖的
数据子集进一步划分

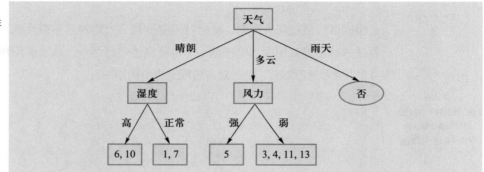

图 4.5
ID3 算法对天气属性
取值为雨天覆盖的
数据子集进行标记

（3）　后续利用 ID3 算法根据信息增益最大原则对未标记为叶结点的未划分的内部结点对应的数据子集继续重复以上计算过程，直到不存在未被划分的内部结点。

最终得到如图 4.6 所示决策树模型。

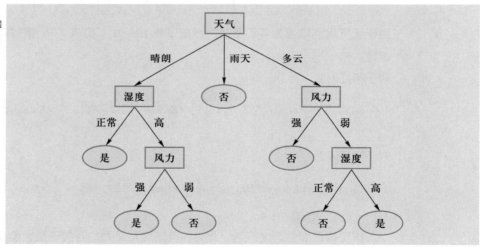

图 4.6
ID3 算法对表 4.1 数据
集生成的决策树模型

4.3.2　C4.5 算法

1.　C4.5 算法介绍

鉴于 ID3 算法采用信息增益最大作为最优划分属性的选取准则，而信息增益最大准则倾向于选择属性取值更多的属性，因此 Quinlan 在 1993 年提出的 C4.5 算法在

ID3 算法的基础上做了改进，选用信息增益率作为最优划分属性的确定准则。同时 ID3 算法只能解决离散变量特征，而不能处理连续属性变量，但 C4.5 算法可用于处理连续属性变量。

C4.5 算法的过程和 ID3 算法大致相同，值得关注的是 C4.5 算法对于连续属性变量的处理，其采取的策略就是将连续属性离散化，通过找到连续属性取值的一个最佳切分点，将连续属性变量做二分离散，基于此构建决策树。由于 C4.5 算法以二分离散为连续属性值的划分策略，因此二分离散的划分点的选择尤为重要，C4.5 算法基于信息增益率采用试点策略进行最佳属性二分离散点及其最佳划分属性的选取。

对于数据集 D 和属性 A，假定 A 为连续属性变量，对 A 的所有取值进行排序得到（a_1, a_2, a_3, $\cdots$, a_m），则切分点可有（$m-1$）种取法。当切分点为 t 时（t 一般为两个实际取值的平均数），连续属性取值即被划分为两个部分，在连续属性上取值 ≤t 的训练数据对应于一个数据集，在连续属性上取值 >t 的对应于一个数据集。当存在连续属性变量时，连续属性的最佳划分点为所有连续属性的可行划分情况下信息增益最大的那个连续属性划分情况。

连续属性变量的信息增益率计算公式如下：

$$GainRatio(A,t') = \frac{Gain(A,t')}{Entropy(A)} \tag{4-9}$$

其中，$Gain(A,t') = max_{t \in T}\left(Entropy(D) - \sum_{i=1}^{2} \frac{n_i}{n} Entropy(i)\right)$，$Entropy(A) = -\sum_{i=1}^{2} p_i \times \log_2 p_i$

式中：t' 为连续属性 A 最佳划分点；T 为属性 A 划分点集合；n_i 和 $Entropy(i)$ 为属性 A 在 t' 划分下各取值对应子结点 i 包含的样本个数和信息熵。

确定了连续属性变量的最佳划分点之后，连续属性变量计算和处理过程同离散属性变量一致。至此 C4.5 算法解决了 ID3 算法存在的不能处理连续属性变量的不足。C4.5 算法生成决策树的过程和 ID3 算法在逻辑上一致，每次选取信息增益率最大的属性作为测试属性对训练数据进行划分，不断迭代直到所有训练数据被正确分类或没有特征可以被选择。

2. C4.5 算法实例

为了体现 C4.5 算法在生成决策树过程中对于连续属性变量的处理操作，在表 4.1 是否出门打篮球的样本数据集的基础上增加一列特征属性温度，得到新的样本数据集，如表 4.5 所示。

表 4.5
新增温度特征属性的
是否打篮球数据集

序号	天气	湿度	风力	温度	是否去打篮球（是 / 否）
1	晴朗	正常	弱	32	是
2	雨天	正常	弱	30	否

序号	天气	湿度	风力	温度	是否去打篮球（是/否）
3	多云	高	弱	30	是
4	多云	高	弱	32	是
5	多云	高	强	30	否
6	晴朗	高	强	27	是
7	晴朗	正常	强	32	是
8	雨天	正常	强	30	否
9	雨天	高	强	35	否
10	晴朗	高	弱	34	否
11	多云	正常	弱	28	否
12	雨天	正常	强	28	否
13	多云	高	弱	25	是
14	雨天	高	强	27	否

针对表 4.5 数据集，C4.5 算法执行过程如下：

（1） 确定根结点的最佳划分属性。

对于特征天气：

$$Entropy(天气) = -\left(\frac{4}{14} \times \log_2 \frac{4}{14} + \frac{5}{14} \times \log_2 \frac{5}{14} + \frac{5}{14} \times \log_2 \frac{5}{14} \right) = 1.577\ 4$$

$Gain$（天气）=0.406 6，信息增益率为 GainRatio（天气）=0.257 8

对于特征湿度：

$$Entropy(湿度) = -\left(\frac{6}{14} \times \log_2 \frac{6}{14} + \frac{8}{14} \times \log_2 \frac{8}{14} \right) = 0.985\ 2$$

$Gain$（湿度）=0.020 2，信息增益率为 GainRatio（湿度）=0.020 5

对于特征属性风力：

$$Entropy(风力) = -\left(\frac{7}{14} \times \log_2 \frac{7}{14} + \frac{7}{14} \times \log_2 \frac{7}{14} \right) = 1$$

$Gain$（风力）=0.061 0，信息增益率为 GainRatio（风力）=0.061 0

以上离散属性的信息增益计算过程同 ID3 算法一致，增加了对于信息增益率的计算。需要重点关注的是以下 C4.5 算法对于连续属性温度的处理。

对于特征温度，将温度属性的取值按升序进行排列得到 25、27、28、30、32、34、35。对连续属性确定切分点时一般选取任意相邻两个取值的平均数。首先确定第一个切分点，考虑到温度属性取值为 25 的记录只有一项，而取值为 27 的记录有两项，因此，第一个切分点为：

$$\frac{1}{3} \times 25 + \frac{2}{3} \times 27 = 26.33$$

$$Entropy(D \mid Temperature, t=26.33)$$

$$= \frac{1}{14} \times Entropy(温度 \leqslant 26.33) + \frac{13}{14} \times Entropy(温度 > 26.33) = 0.892\ 6$$

对于第二个切分点:

$$\frac{2}{4} \times 27 + \frac{2}{4} \times 28 = 27.50$$

$$Entropy(D \mid Temperature, t=27.50)$$

$$= \frac{3}{14} \times Entropy(温度 \leqslant 27.50) + \frac{11}{14} \times Entropy(温度 > 27.50) = 0.939\ 8$$

同理可以得到温度属性对应的所有的切分点的条件熵如表 4.6 所示。

表 4.6
温度属性对应的所有的切分点的条件熵

序号	1	2	3	4	5	6
切分点	26.33	27.50	29.33	30.86	32.50	34.50
条件熵	0.892 6	0.939 8	0.983 9	0.937 1	0.857 1	0.924 6

根据以上计算得到的条件熵,进一步计算得到各切分点对应的信息增益如表 4.7 所示。

表 4.7
各切分点对应的信息增益

序号	1	2	3	4	5	6
切分点	26.33	27.50	29.33	30.86	32.50	34.50
信息增益	0.092 6	0.045 4	0.001 3	0.048 1	0.128 1	0.060 6

根据信息增益最大原则,对于连续属性温度,切分点 32.50 对应的信息增益值最大,为 0.128 1。

$$Entropy(Temperature, t=32.50) = -\left(\frac{12}{14} \times \log_2 \frac{12}{14} + \frac{2}{14} \times \log_2 \frac{2}{14}\right) = 0.591\ 7$$

$$Gain(Temperature) = 0.128\ 1$$

信息增益率为 GainRatio(温度) =0.216 5

根据信息增益率最大原则,在根结点采用特征天气作为当前最佳属性进行划分,对应如图 4.7 所示初步决策树。

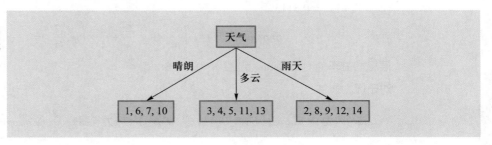

图 4.7
C4.5 算法采用特征天气作为根结点测试属性对数据集划分

（2）　对于最佳特征天气的每个取值生成分支子结点，递归构造决策树。

对于此时最佳属性天气的取值晴朗、多云和雨天分别覆盖数据集 D 中的样本子集如表 4.8~表 4.10 所示，其中特征天气列作为根结点属性从数据表中删去不再考虑作为后续测试属性。

表 4.8
天气属性取值晴朗对应子结点包含的数据子集 $C4.5\_D_1$

序号	湿度	风力	温度	是否去打篮球（是 / 否）
1	正常	弱	32	是
6	高	强	27	是
7	正常	强	32	是
10	高	弱	34	否

表 4.9
天气属性取值多云对应子结点包含的数据子集 $C4.5\_D_2$

序号	湿度	风力	温度	是否去打篮球（是 / 否）
3	高	弱	30	是
4	高	弱	32	是
5	高	强	30	否
11	正常	弱	28	否
13	高	弱	25	是

表 4.10
天气属性取值雨天对应子结点包含的数据子集 $C4.5\_D_3$

序号	湿度	风力	温度	是否去打篮球（是 / 否）
2	正常	弱	30	否
8	正常	强	30	否
9	高	强	35	否
12	正常	强	28	否
14	高	强	27	否

① 对于天气属性取值晴朗覆盖的数据子集 $C4.5\_D_1$（见表 4.8）重复以上决策树生成过程。

对于湿度属性：

$$Gain(湿度) = Entropy(C4.5\_D_1) - \left(\frac{2}{4} \times Entropy(湿度 = 正常) + \frac{2}{4} \times Entropy(湿度 = 高)\right)$$
$$= 0.3113$$

$$Entropy(湿度) = -\left(\frac{2}{4} \times \log_2 \frac{2}{4} + \frac{2}{4} \times \log_2 \frac{2}{4}\right) = 1$$

信息增益率为 GainRatio（湿度）=0.311 3

对于风力属性：

$$Gain(风力) = Entropy(C4.5\_D_1) - \left(\frac{2}{4} \times Entropy(风力 = 弱) + \frac{2}{4} \times Entropy(风力 = 强)\right)$$
$$= 0.311\ 3$$

$$Entropy(风力) = -\left(\frac{2}{4} \times \log_2 \frac{2}{4} + \frac{2}{4} \times \log_2 \frac{2}{4}\right) = 1$$

信息增益率为 GainRatio（风力）=0.311 3

对于温度属性，第一个切分点为：

$$\frac{1}{3} \times 27 + \frac{2}{3} \times 32 = 30.33$$

$$Entropy(D \mid Temperature, t = 30.33)$$

$$= \frac{1}{4} \times Entropy(温度 \leqslant 30.33) + \frac{3}{4} \times Entropy(温度 > 30.33) = 0.688\ 7$$

对于第二个切分点：

$$\frac{2}{3} \times 32 + \frac{1}{3} \times 34 = 32.67$$

$$Entropy(D \mid Temperature, t = 32.67)$$

$$= \frac{3}{4} \times Entropy(温度 \leqslant 32.67) + \frac{1}{4} \times Entropy(温度 > 32.67) = 0$$

同理可以得到温度属性对应的所有切分点的条件熵，如表 4.11 所示。

表 4.11
温度属性对应的所有
的切分点的条件熵

序号	1	2
切分点	30.33	32.67
条件熵	0.688 7	0

根据以上计算得到的条件熵，进一步计算得到各切分点对应的信息增益，如表 4.12 所示。

表 4.12
各切分点对应的信息
增益

序号	1	2
切分点	30.33	32.67
信息增益	0.122 6	0.811 3

根据信息增益最大原则，对于连续属性温度，切分点 32.67 对应的信息增益值最大，为 0.811 3。

$$Entropy(Temperature, t = 32.67) = -\left(\frac{3}{4} \times \log_2 \frac{3}{4} + \frac{1}{4} \times \log_2 \frac{1}{4}\right) = 0.811\ 3$$

$$Gain(Temperature) = 0.811\ 3$$

信息增益率为 GainRatio（温度）=1

根据信息增益率最大原则，在当前结点采用特征温度继续进行划分，对应如图 4.8 所示过程决策树。

② 对于天气属性取值多云覆盖的数据子集 C4.5_D_2（见表 4.9）重复以上决策树生成过程。

对于湿度属性：

图 4.8

C4.5 算法对天气属性
取值晴朗覆盖的数据
子集进一步划分

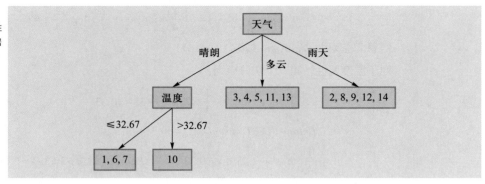

$$Gain(湿度) = Entropy(C4.5\_D_2) - \left(\frac{1}{5} \times Entropy(湿度 = 正常) + \frac{4}{5} \times Entropy(湿度 = 高)\right)$$

$$= 0.321\ 9$$

$$Entropy(湿度) = -\left(\frac{1}{5} \times \log_2 \frac{1}{5} + \frac{4}{5} \times \log_2 \frac{4}{5}\right) = 0.721\ 9$$

信息增益率为 GainRatio（湿度）=0.445 9

对于风力属性：

$$Gain(风力) = Entropy(C4.5\_D_2) - \left(\frac{4}{5} \times Entropy(风力 = 弱) + \frac{1}{5} \times Entropy(风力 = 强)\right)$$

$$= 0.321\ 9$$

$$Entropy(风力) = -\left(\frac{4}{5} \times \log_2 \frac{4}{5} + \frac{1}{5} \times \log_2 \frac{1}{5}\right) = 0.721\ 9$$

信息增益率为 GainRatio（风力）=0.445 9

对于温度属性，第一个切分点为：

$$\frac{1}{2} \times 25 + \frac{1}{2} \times 28 = 26.50$$

$$Entropy(D \mid Temperature, t = 26.50) = \frac{1}{5} \times Entropy(温度 \leqslant 26.50) + \frac{4}{5} \times$$

$$Entropy(温度 > 26.50) = 0.800\ 0$$

对于第二个切分点：

$$\frac{1}{3} \times 28 + \frac{2}{3} \times 30 = 29.33$$

$$Entropy(D \mid Temperature, t = 29.33) = \frac{2}{5} \times Entropy(温度 \leqslant 29.33) + \frac{3}{5} \times$$

$$Entropy(温度 > 29.33) = 0.951\ 0$$

同理，可以得到温度属性对应的所有的切分点的条件熵，如表 4.13 所示。

表 4.13

温度属性对应的所有
的切分点的条件熵

序号	1	2	3
切分点	26.50	29.33	30.67
条件熵	0.800 0	0.951 0	0.800 0

根据以上计算得到的条件熵，进一步计算得到各切分点对应的信息增益，如表4.14所示。

序号	1	2	3
切分点	26.50	29.33	30.67
信息增益	0.171 0	0.020 0	0.171 0

根据信息增益最大原则，对于连续属性温度，切分点 26.50 和 30.67 对应的信息增益值最大，为 0.171 0，任选其中之一作为切分点，如 26.50。

$$Entropy\left(Temperature, t=26.50\right) = -\left(\frac{1}{5} \times \log_2 \frac{1}{5} + \frac{4}{5} \times \log_2 \frac{4}{5}\right) = 0.721\ 9$$

$$Gain\left(Temperature\right) = 0.171\ 0$$

信息增益率为 GainRatio（温度）=0.236 9

根据信息增益率最大原则，在当前结点采用特征风力（或湿度）继续进行划分，对应如图 4.9 所示过程决策树。

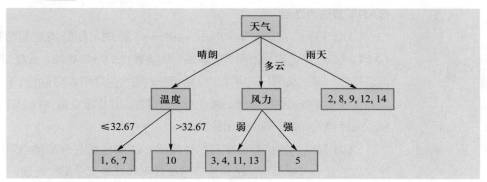

③ 对于天气属性取值雨天覆盖的数据子集 $C4.5\_D_3$（见表 4.10）重复以上决策树生成过程。

可以发现天气属性取值为雨天对应的内部结点包含的样本均为同一类别，因此将该结点标记为叶结点，标签为样本的同一类别，此时对应决策树如图 4.10 所示。

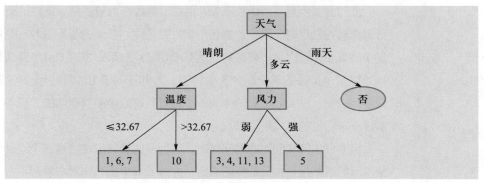

（3） 后续利用 C4.5 算法，根据信息增益率最大原则对未标记为叶结点的未进行划分的内部结点对应的数据子集继续重复以上计算过程，直到不存在未被划分的内部结点。

C4.5 算法针对表 4.5 数据集最终生成的决策树模型如图 4.11 所示。

图 4.11

C4.5 算法对表 4.5 数据
集生成的决策树模型

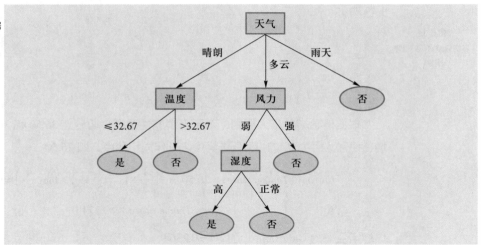

4.3.3　CART 算法

1.　CART 算法的介绍

CART（Classification and Regression Tree）算法，即分类与回归树。顾名思义，CART 算法不仅能实现上面 ID3 算法、C4.5 算法的分类功能，还能进行回归。CART 算法构造一棵二叉树，树中除了叶结点外，每个内部结点均有两个分支。CART 也能够对连续属性变量进行处理，通过对离散变量以及连续变量进行二分离散处理，每个测试属性便只有两个测试输出分支。

CART 算法对连续数值变量的处理同 C4.5 算法的二分离散相同，由于 CART 算法生成的是一棵二叉树，故对于离散属性同样要做二分离散处理，如离散属性天气可取值为晴朗、多云和雨天，离散时需要分别计算当前训练数据在 ｛晴朗｝ 和 ｛多云，雨天｝、｛多云｝ 和 ｛晴朗，雨天｝ 以及 ｛雨天｝ 和 ｛晴朗，多云｝ 三种不同划分情况下天气属性的基尼系数，从而确定离散属性的最佳划分情况。

面对分类问题，CART 算法采用基尼系数作为最优划分属性的确定依据。每次进行最佳属性选取时，需要计算各个属性在不同划分下的基尼系数，从中选取基尼系数最小的某个属性以及该属性对应的某个切分点。可以发现 CART 算法每次进行特征选择是以某个特征的某个划分为单位的，因此不同于 ID3 算法和 C4.5 算法的每个特征只使用一次，在 CART 算法中同一个特征是可以被多次使用的，只不过在重复使用时对应于该特征的不同划分情况。

当 CART 算法面对回归问题时，因为回归的结果往往是多个连续值，此时便不能使用基尼系数作为特征选择的准则，为此 CART 回归树算法采用平方误差最小准则来生成一棵二叉决策树，通过计算每一次特征划分后的结果与实际结果值之间的均方误差，采用均方误差最小的划分作为最佳划分，而叶结点的标签相应转变为该叶结点中所有样本标签值的均值。

2. CART 算法的实例

  同样是针对表 4.5 数据集，此时样本标记为类别，因此 CART 算法执行过程如下：

（1）确定根结点的最佳划分属性。CART 算法为了得到一棵二叉决策树，对于离散属性同样要作二分离散处理，当离散属性的取值多于两个时，往往通过人为地创建二取值序列来实现。在这种策略下，具有 n 个取值的离散属性就对应于有（2^n-2）/2 种划分的方式。对于特征天气，当采用第一种划分方式 {晴朗}、{多云，雨天} 时：

$$Gini(天气1) = \frac{4}{14} \times \left(1-\left(\left(\frac{3}{4}\right)^2+\left(\frac{1}{4}\right)^2\right)\right) + \frac{10}{14} \times \left(1-\left(\left(\frac{3}{10}\right)^2+\left(\frac{7}{10}\right)^2\right)\right) = 0.407\,1$$

当采用第二种划分方式 {多云}、{晴朗，雨天} 时：

$$Gini(天气2) = \frac{5}{14} \times \left(1-\left(\left(\frac{3}{5}\right)^2+\left(\frac{2}{5}\right)^2\right)\right) + \frac{9}{14} \times \left(1-\left(\left(\frac{3}{9}\right)^2+\left(\frac{6}{9}\right)^2\right)\right) = 0.457\,1$$

当采用第三种划分方式 {雨天}、{晴朗，多云} 时：

$$Gini(天气3) = \frac{5}{14} \times \left(1-\left(\left(\frac{0}{5}\right)^2+\left(\frac{5}{5}\right)^2\right)\right) + \frac{9}{14} \times \left(1-\left(\left(\frac{6}{9}\right)^2+\left(\frac{3}{9}\right)^2\right)\right) = 0.285\,7$$

  根据基尼系数最小原则，对于特征天气应采用第三种划分方式 {雨天}、{晴朗，多云}，对应的基尼系数为 $Gini$（天气）=0.285 7。

对于特征湿度：

$$Gini(湿度) = \frac{6}{14} \times \left(1-\left(\left(\frac{2}{6}\right)^2+\left(\frac{4}{6}\right)^2\right)\right) + \frac{8}{14} \times \left(1-\left(\left(\frac{4}{8}\right)^2+\left(\frac{4}{8}\right)^2\right)\right) = 0.476\,2$$

对于特征属性风力：

$$Gini(风力) = \frac{7}{14} \times \left(1-\left(\left(\frac{4}{7}\right)^2+\left(\frac{3}{7}\right)^2\right)\right) + \frac{7}{14} \times \left(1-\left(\left(\frac{2}{7}\right)^2+\left(\frac{5}{7}\right)^2\right)\right) = 0.449\,0$$

对于特征温度，CART 算法对于连续型属性的处理和 C4.5 算法的思路一致，首先将温度属性的取值按升序进行排列，得到 25、27、28、30、32、34、35。确定第一个切分点为：

$$\frac{1}{3} \times 25 + \frac{2}{3} \times 27 = 26.33$$

$$Gini(Temperature, t=26.33)$$

$$= \frac{1}{14} \times \left(1-\left(\left(\frac{1}{1}\right)^2+\left(\frac{0}{1}\right)^2\right)\right) + \frac{13}{14} \times \left(1-\left(\left(\frac{5}{13}\right)^2+\left(\frac{8}{13}\right)^2\right)\right) = 0.439\,6$$

确定第二个切分点为：

$$\frac{2}{4} \times 27 + \frac{2}{4} \times 28 = 27.50$$

$$Gini(Temperature, t=27.50)$$

$$= \frac{3}{14} \times \left(1-\left(\left(\frac{2}{3}\right)^2+\left(\frac{1}{3}\right)^2\right)\right) + \frac{11}{14} \times \left(1-\left(\left(\frac{4}{11}\right)^2+\left(\frac{7}{11}\right)^2\right)\right) = 0.458\,9$$

同理可以得到温度属性对应的所有的切分点的 GINI 值，如表 4.15 所示。

序号	1	2	3	4	5	6
切分点	26.33	27.50	29.33	30.86	32.50	34.50
GINI 值	0.439 6	0.458 9	0.488 9	0.457 1	0.428 6	0.461 5

表 4.15
切分点的 GINI 值

根据基尼系数最小原则，对于特征温度应采用第五种分裂方式 {≤32.50}、{>32.50}，对应的基尼系数为 $Gini$（温度）=0.428 6。

此时四个特征属性中，天气对应于最小的 GINI 值，因此在根结点采用特征天气作为当前最佳属性对数据集进行划分，对应如图 4.12 所示初步的决策树。

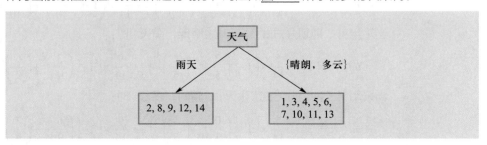

图 4.12
CART 算法利用特征
天气作为根结点测试
属性对数据集划分

（2）对于最佳特征天气的每个取值生成分支子结点，递归构造决策树。对于此时最佳属性天气的取值雨天和 {晴朗，多云} 分别覆盖数据集中的样本子集，如表 4.16 和表 4.17 所示。不同于 ID3 与 C4.5 算法对于同一分支路径上每个属性最多使用一次的要求，CART 算法仍考虑将已作为测试属性的特征用于后续数据划分，此时对应于该同一特征的不同划分方式。

表 4.16
天气属性取值为雨天
对应子结点包含的
数据子集 $CART\_D_1$

序号	天气	湿度	风力	温度	是否去打篮球（是／否）
2	雨天	正常	弱	30	否
8	雨天	正常	强	30	否
9	雨天	高	强	35	否
12	雨天	正常	强	28	否
14	雨天	高	强	27	否

表 4.17
天气属性取值为晴朗
或多云对应子结点
包含的数据子集
$CART\_D_2$

序号	天气	湿度	风力	温度	是否去打篮球（是／否）
1	晴朗	正常	弱	32	是
3	多云	高	弱	30	是
4	多云	高	弱	32	是
5	多云	高	强	30	否
6	晴朗	高	强	27	是
7	晴朗	正常	强	32	是
10	晴朗	高	弱	34	否
11	多云	正常	弱	28	否
13	多云	高	弱	25	是

① 对于天气属性取值为雨天覆盖的数据子集 $CART\_D_1$（见表 4.16），重复以上决策树生成过程。可以发现此时数据子集包含的样本均为同一类别，因此将此结点标记为叶结点，叶结点的标签为否，对应的过程决策树如图 4.13 所示。

图 4.13
CART 算法对天气属性取值为雨天覆盖的数据子集标记

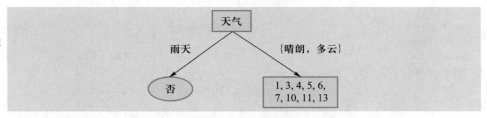

② 对于天气属性取值为晴朗或多云覆盖的数据子集 $CART\_D_2$（见表 4.17），重复以上决策树生成过程。

对于特征天气：

$$Gini(\text{天气}) = \frac{4}{9} \times \left(1 - \left(\left(\frac{3}{4}\right)^2 + \left(\frac{1}{4}\right)^2\right)\right) + \frac{5}{9} \times \left(1 - \left(\left(\frac{3}{5}\right)^2 + \left(\frac{2}{5}\right)^2\right)\right) = 0.433\ 3$$

对于特征湿度：

$$Gini(\text{湿度}) = \frac{3}{9} \times \left(1 - \left(\left(\frac{2}{3}\right)^2 + \left(\frac{1}{3}\right)^2\right)\right) + \frac{6}{9} \times \left(1 - \left(\left(\frac{4}{6}\right)^2 + \left(\frac{2}{6}\right)^2\right)\right) = 0.444\ 4$$

对于特征属性风力：

$$Gini(\text{风力}) = \frac{6}{9} \times \left(1 - \left(\left(\frac{4}{6}\right)^2 + \left(\frac{2}{6}\right)^2\right)\right) + \frac{3}{9} \times \left(1 - \left(\left(\frac{2}{3}\right)^2 + \left(\frac{1}{3}\right)^2\right)\right) = 0.444\ 4$$

对于特征温度，确定第一个切分点为：

$$\frac{1}{2} \times 25 + \frac{1}{2} \times 27 = 26.00$$

$$Gini(Temperature, t = 26.00)$$

$$= \frac{1}{9} \times \left(1 - \left(\left(\frac{1}{1}\right)^2 + \left(\frac{0}{1}\right)^2\right)\right) + \frac{8}{9} \times \left(1 - \left(\left(\frac{5}{8}\right)^2 + \left(\frac{3}{8}\right)^2\right)\right) = 0.416\ 7$$

对于第二个切分点：

$$\frac{1}{2} \times 27 + \frac{1}{2} \times 28 = 27.50$$

$$Gini(Temperature, t = 27.50)$$

$$= \frac{2}{9} \times \left(1 - \left(\left(\frac{2}{2}\right)^2 + \left(\frac{0}{2}\right)^2\right)\right) + \frac{7}{9} \times \left(1 - \left(\left(\frac{4}{7}\right)^2 + \left(\frac{3}{7}\right)^2\right)\right) = 0.381\ 0$$

同理可以得到温度属性对应的所有的切分点的 GINI 值，如表 4.18 所示。

表 4.18
温度属性对应的所有的切分点的 GINI 值

序号	1	2	3	4	5
切分点	26.00	27.50	29.33	31.20	32.50
GINI 值	0.416 7	0.381 0	0.444 4	0.433 3	0.333 3

根据基尼系数最小原则，对于特征温度应采用第五种切分方式 {≤32.50}、

{>32.50}，对应的基尼系数为 *Gini*（温度）=0.333 3。

此时四个特征属性中，温度对应最小的 GINI 值，因此在当前结点采用特征温度作为最佳属性对数据子集进行划分，对应如图 4.14 所示过程决策树。

图 4.14
CART 算法对天气
属性取值为晴朗或
多云覆盖的数据
子集进一步划分

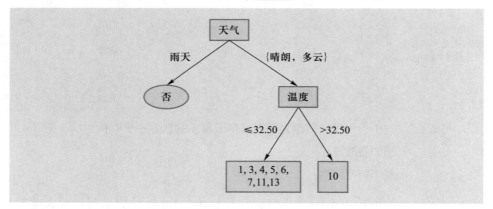

（3）同 ID3 算法一样，当 CART 算法在执行过程中选择的划分特征属性的不同取值对应的数据子集中的样本为同一类时，将该数据子集对应的结点标记为叶结点，叶结点的类标记为样本对应的类别，当没有更多的特征属性可以用于划分数据子集时，将该数据子集对应的结点标记为叶结点，叶结点的类标记为数据子集中样本的多数类。对所有未标记为叶结点的未进行划分的内部结点对应的数据子集重复以上计算过程，直到不存在内部结点未被划分。

使用 CART 算法对表 4.5 数据集构造分类决策树，最终生成的决策树模型如图 4.15 所示。

图 4.15
CART 算法对表 4.5
数据集生成决策树

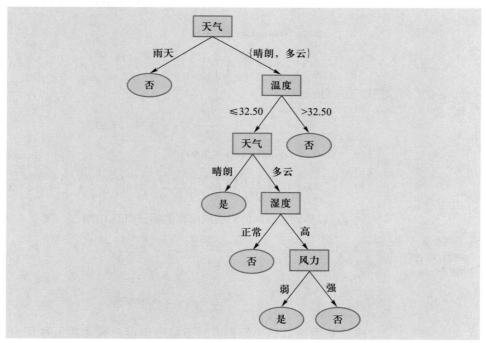

4.4　树的修剪

　　由训练数据生成的决策树模型对于训练数据来说误差率极低，而且能够正确地对训练数据集中的样本进行分类。但是，训练数据中的错误和噪声也会被决策树模型学习，或者由于训练数据过少导致巧合规律，因此直接由训练数据学习得到的决策树模型一般存在过拟合的现象，即决策树模型在训练集上的精度较高，在测试集上的精度反而降低了，存在其他决策树模型对训练数据的拟合比生成的决策树模型差，但是在训练数据集以外的其他实例集上表现得更好的情况。

　　针对过拟合问题，往往需要剪去某些结点使得模型变得简单。树的修剪通常有两种策略：一种是预剪枝，即在决策树生成过程中通过及早停止分裂来控制生成树的规模。预剪枝往往通过限定树的高度、结点的训练样本数、分裂所带来的纯度提升的最小值来实现。在预剪枝策略中精确地估计何时停止树增长是很困难的，因此可能又会造成欠拟合现象。另一种策略是后剪枝。后剪枝即首先由训练数据构建一棵完整的决策树，然后对生成的完整的决策树进行修剪，通过对部分结点的消除来解决原来完整决策树模型存在的过拟合问题。后剪枝常用错误率降低剪枝方法。

　　在错误率降低剪枝方法（Reduced-Error Pruning，REP）中，可用的数据被分成两个样本集合：一个是训练集用来学习以生成一棵完整的决策树，另一个是分离的验证集用来评估决策树在训练数据集以外的数据集上的精度，在树的修剪过程当中就是用来评估修剪决策树带来的影响。错误率降低剪枝方法考虑将决策树上的每一个结点作为修剪的候选对象。对于树上的每个结点，删除以此结点为根的所有子树使其变为叶结点，叶结点的类别标签为与该结点关联的所有训练样本类别的大多数，只有当删除该结点后得到的修剪后的树在测试集上的性能不比原来的树差时才删除该结点。反复修剪结点，每次总选取那些修剪后可以最大程度提高决策树在测试集上精度的结点，直到进一步修剪反而使得修剪后的树在测试集上的精度降低为止。REP 是最简单的后剪枝方法之一，但是由于使用独立的测试集，与原始决策树相比，修改后的决策树可能偏向于过度修剪。

4.5　案例分析：电信行业客户流失分析

4.5.1　案例背景

　　随着移动信息技术的快速发展，电信行业竞争日趋激烈。目前，我国已经形成了中国电信、中国联通、中国移动三大运营商全面竞争的局面，在竞争不断加剧下，客户成为企业最重要的资源。已有研究表明，一个公司开发一个新客户的费用是维持一个老客户成本的几倍，而一个公司若将其客户的流失率降低，那么其利润就能大幅增加。因此，如何在客户流失前有效地发现、挽留他们，提高用户的忠诚度，避免客户流失，是电信行业面临的一个重要问题。目前，解决此问题较为常用的方法是利用数据挖掘的各种算法进行分析，如决策树、神经网络等，每种算法各有优势，如决策树模型分析结果的表述方式更易于理解。下面就决策树在电信行业客户流失分析上的应用做简单介绍。

4.5.2 案例分析

1. 客户流失概述

在分析之前，首先要明确电信行业中客户流失的具体含义。一般来说，客户流失分为被动流失和主动流失。其中，被动流失是指客户由于欠费等原因被运营商终止业务。主动流失则主要包括以下几种情况：① 客户转而使用其他运营商；② 客户月平均消费降低，由高价值用户转为低价值用户；③ 客户使用套餐发生变化，由高价值套餐转为低价值套餐。在这些客户流失的情况中，主动流失的第一种情况往往是客户流失分析关注的重点。

2. 决策树分析过程

对于客户流失分析，首先要考虑哪些数据可以用于分析。一般情况下，受获取成本等的影响，能够用于数据分析的数据仅包括一些客户的基本信息数据和行为数据。其中，客户的基本信息数据包括客户的姓名、身份证号（可转化为年龄、性别属性）、入网时长等，这些数据在电信行业加强对用户实名制的管理后均可得到；客户的行为数据包括客户业务记录、客户的通话记录等，这些数据一般存放在业务系统中，容易获取且质量较高。

然而，上述数据往往不适合直接用于挖掘，还需要进行数据的预处理，一般包括数据选择（选择相关性强的属性，删除不相关或弱相关属性）、净化（消除冗余数据）、转换（构造新的衍生特征信息）等。经上述预处理操作后得到可用于数据分析的客户信息表，表 4.19 所示即为部分可用于分析的客户信息。

表 4.19
客户信息

序号	变量	变量类型
1	入网时长（月）	连续
2	本月话费（元）	连续
3	本月通话次数（次）	连续
4	上月平均通话时长（分钟）	连续
5	本月活跃天数（天）	连续

序号	变量	变量类型
6	是否开通互联网服务（是／否）	离散
…	…	…
n	是否流失（是／否）	离散

接下来只需利用数据，根据 C4.5 算法的原理进行决策树建模即可。假设某电信公司客户流失的决策树模型如图 4.16 所示，则由图可知：

图 4.16
某电信公司客户流失
决策树

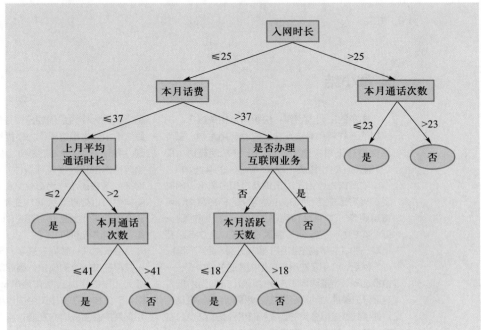

（1）　入网时长小于等于 25 个月 and 本月话费小于等于 37 元 and 上月平均通话时长小于等于 2 分钟的客户容易流失。

（2）　入网时长小于等于 25 个月 and 本月话费小于等于 37 元 and 上月平均通话时长大于 2 分钟 and 本月通话次数小于等于 41 次的客户容易流失。

（3）　入网时长小于等于 25 个月 and 本月话费大于 37 元 and 未办理上网业务 and 本月活跃天数小于等于 18 天的客户容易流失。

（4）　入网时长大于 25 个月 and 本月通话次数小于等于 23 次的客户容易流失。

当然，在电信行业的实际工作中，用于客户流失分析的数据和决策树模型远比这复杂，需要根据实际情况具体分析。

关键术语

- 决策树　　　Decision Tree
- 信息熵　　　Information Entropy
- 信息增益　　Information Gain
- 信息增益率　Information Gain Ratio
- 基尼系数　　Gini Index
- ID3 算法　　ID3 Algorithm
- C4.5 算法　 C4.5 Algorithm
- CART 算法　 CART Algorithm

本章小结

本章的主要内容有：决策树及相关概念、决策树的三种常用算法及决策树的应用案例。重点及难点在于对决策树生成的三种常用算法（即 ID3 算法、C4.5 算法、CART 算法）的掌握。

本章首先介绍了决策树及其相关概念，明确了决策树是由结点和有向边构成的树形结构，可将其看作一个互斥且完备的 *if-then* 规则的集合，每个实例都一定会被一条路径覆盖，且这条路径是唯一的。决策树常被用于解决分类和回归问题。

然后，介绍了决策树模型构建的关键步骤——特征选择。特征选择即选取对划分当前训练数据具有最好分类能力的特征属性，使得利用该特征属性对训练数据进行分类的结果和随机分类的结果具有较大差异。接着提出了常用于特征选择的指标：信息增益、信息增益率、基尼系数，以及上述三种指标的具体含义和计算方法。

基于上述内容，本章对决策树生成的三种常用算法，即 ID3 算法、C4.5 算法、CART 算法做了具体介绍，并一一举例说明。ID3 算法采用信息增益最大作为最优划分属性的选取准则。C4.5 算法选用信息增益率作为最优划分属性的确定准则，同时在 ID3 算法的基础上做了改进，利用连续属性离散化处理连续属性变量。CART 算法采用基尼系数最小作为最优划分属性的确定原则，同样也可以处理连续属性变量；另外，CART 算法不仅能实现上面 ID3 算法、C4.5 算法的分类功能，还能进行回归。

由于由训练数据直接学习得到的决策树模型一般存在过拟合的现象，因此需要对决策树进行修剪。树的修剪通常有预剪枝和后剪枝两种策略。预剪枝即在决策树生成过程中通过及早停止分裂来控制生成树的规模；后剪枝即首先由训练数据构建一棵完整的决策树，然后在生成的完整的决策树的基础上对其进行修剪。

最后，本章分析了决策树在电信行业客户流失分析中的应用案例，以帮助学生更好地理解、掌握所学知识。

即测即评

参考文献

［1］王维佳，缪柏其，魏国省.数据挖掘——电信客户流失分析预测［J］.数理统计与管理，2006（4）：419-425.

［2］Halibas A S，Matthew A C，Pillai I G，et al. Determining the intervening effects of exploratory data analysis and feature engineering in telecoms customer churn modelling［C］. 2019 4th Mec International Conference on Big Data and Smart City（ICBDSC），2019：59-65.

［3］AlOmari D，Hassan M M. Predicting telecommunication customer churn using data mining techniques［C］. Internet and Distributed Computing Systems（IDCS），2016（9864）：167-178.

［4］Petkovski A J，Stojkoska B L R，Trivodaliev K V，et al. Analysis of churn prediction：a case study on telecommunication services in macedonia［C］. 24th Telecommunications Forum（TELFOR），2016：806-809.

第 5 章
K 近邻学习

K 近邻算法（K-Nearest Neighbor，KNN）于 1967 年由 Cover 和 Hart 提出，是具有成熟理论支撑的一种基本分类方法，是较为简单的机器学习算法之一，属于常用的监督学习算法。其内在思想是：要确定一个样本所属的类别，可以观察其邻近的样本类别，即所谓的"观其友而识其人"。

5.1 基本概念及原理

图 5.1 为使用 K 近邻思想进行分类的一个例子。图中深蓝色点和浅蓝色点表示两类样本，黑色点为待分类样本，需要解决的问题是给这个黑色点分类。要解决这一问题，可以从它最邻近的点入手，寻找距离该样本最近的一部分样本。统计图中以待分类样本点为圆心的某一圆形范围内的样本所属的类别，计数得到该范围内有浅蓝色样本 5 个，深蓝色样本 3 个，因此把待分类样本判定为浅蓝色点这一类。上面的例子是二分类的情况，在实际应用中 K 近邻算法也支持多分类问题。因此，当无法判定待分类点属于已知分类中的哪一类时，可以依据统计学理论看它所处的位置特征，对其周围邻近点的类别进行计数，进而把它归类为出现次数最多的那个类别。

图 5.1
K 近邻算法分类
示意图

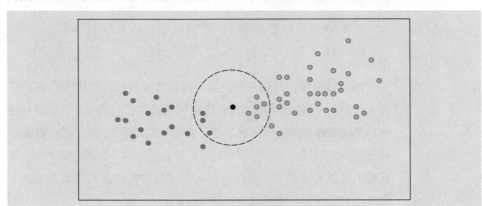

K 近邻算法简单又直观：给定一个训练数据集，其中的样本类别已定，对新输入样本，在训练数据集中找到与该输入样本最邻近的 K 个样本，并将该输入样本的类别设置为这 K 个样本中出现次数最多的类别。

5.2 预测算法

本节用一个实例讲解如何利用 K 近邻算法预测某景区的空气质量等级。

假设空气质量等级由空气中污染物浓度和负氧离子浓度决定，使用 K 近邻算法可对某景区空气质量等级进行判断。

输入：训练数据集和待预测数据集，如表 5.1、表 5.2 所示。

表 5.1
训练数据集

景区名称	污染物浓度	负氧离子浓度	空气质量等级
茶卡盐湖	8	23	优
洱海	12	20	优
虎丘	9	18	优
西湖	13	24	优
乐山大佛	11	21	优
趵突泉	19	10	良
上海迪士尼	29	8	良
龙门石窟	28	11	良
东方明珠	23	10	良
鼓浪屿	22	7	良

表 5.2
待预测数据集

景区名称	污染物浓度	负氧离子浓度	空气质量等级
故宫	27	16	?

观察数据集，共有 4 列，第一列是景区名称，其后两列表示空气质量特征（属性），最后一列表示目标变量，即空气质量等级。根据空气质量特征，将训练数据集与待预测数据集中的景区在二维平面中制成如图 5.2 所示的散点图。使用 K 近邻算法预测时，先计算出待预测景区与已知景区的距离，按照距离大小，选出距离待预测景区最近的前 K 个景区，再统计这 K 个景区中各类空气质量等级的个数，将出现次数最高的类别作为最终的预测结果输出。

距离的计算可以采用二维平面上点与点之间的欧氏距离公式：

图 5.2

KNN 预测算法实例

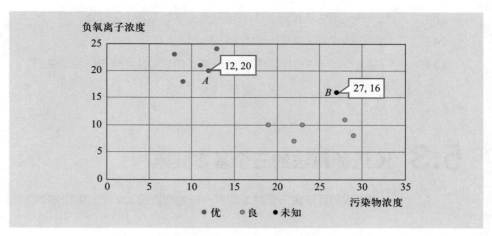

$$d(A,B)=\sqrt{(x_1-x_2)^2+(y_1-y_2)^2}$$

以图 5.2 中的 A、B 两点为例进行计算（A 为已知景区 "洱海"，B 为待预测景区 "故宫"），分别代入 A（12，20），B（27，16）两点坐标，计算得到 A、B 两点间的距离约为 15.52。以此类推，分别计算待预测景区与已知景区的距离，将所得距离按从小到大的顺序排列，如表 5.3 所示。

表 5.3

待预测景区与已知
景区的距离

序号	距离	景区名称	空气质量等级
1	5.10	龙门石窟	良
2	7.21	东方明珠	良
3	8.25	上海迪士尼	良
4	10.00	趵突泉	良
5	10.30	鼓浪屿	良
6	15.52	洱海	优
7	16.12	西湖	优
8	16.76	乐山大佛	优
9	18.11	虎丘	优
10	20.25	茶卡盐湖	优

假定 K=3，由表 5.3 可知，与待预测景区距离最近的三个景区的空气质量等级均为良，因此该待预测景区的空气质量等级也为良。

输出：故宫的空气质量等级为良。

由此，K 近邻预测算法的流程如下：

（1）　计算待预测样本与训练数据集中每个样本的距离；

（2）　将计算得出的距离从小到大排序；

（3）　从排序结果中选择前 K 个与待预测样本距离最小的样本；

（4）　统计前 K 个样本中每一类样本的个数；

（5）　将前 K 个样本中出现次数最多的类别作为待预测样本的预测类别。

5.3 K 近邻算法的三个基本要素

K 近邻算法由三个基本要素——距离度量、K 值选择和分类决策规则决定。

5.3.1 距离度量

K 近邻算法的实现依赖于样本之间的距离度量，特征空间中两个样本点之间的距离能够反映它们之间的相似程度。K 近邻模型的特征空间一般是 n 维实数向量空间 $\pmb{R}^n$，距离度量通常使用欧氏距离（Euclidean Distance），也可以使用曼哈顿距离（Manhattan Distance）、切比雪夫距离（Chebyshev Distance），而 L_p 距离（L_p Distance）是对这三种距离的一般性推广。在度量之前，若各特征值域相差较大，应该将每个特征的值规范化，这样可防止具有较大初始值域的特征比具有较小初始值域的特征权重大的问题。

设特征空间 $\chi \subseteq \pmb{R}^n$，x_i，$x_j \in \chi$，表示 χ 中的两个向量。$x_i = (x_i^{(1)}, x_i^{(2)}, \cdots, x_i^{(n)})^{\mathrm{T}}$，$x_j = (x_j^{(1)}, x_j^{(2)}, \cdots, x_j^{(n)})^{\mathrm{T}}$，则 x_i、x_j 的 L_p 距离定义为：

$$L_p(x_i, x_j) = \left(\sum_{l=1}^{n} \left| x_i^{(l)} - x_j^{(l)} \right|^p \right)^{\frac{1}{p}}, \quad p \geq 1$$

当 $p=1$ 时，成为曼哈顿距离，即：

$$L_1(x_i, x_j) = \sum_{l=1}^{n} \left| x_i^{(l)} - x_j^{(l)} \right|$$

当 $p=2$ 时，成为欧氏距离，即：

$$L_2(x_i, x_j) = \left(\sum_{l=1}^{n} \left| x_i^{(l)} - x_j^{(l)} \right|^2 \right)^{\frac{1}{2}}$$

当 $p=\infty$ 时，成为切比雪夫距离，它代表两个点在任意维度上坐标值之差绝对值的最大值，即：

$$L_\infty(x_i, x_j) = \lim_{p \to \infty} \left(\sum_{l=1}^{n} \left| x_i^{(l)} - x_j^{(l)} \right|^p \right)^{\frac{1}{p}} = \max_l \left| x_i^{(l)} - x_j^{(l)} \right|$$

5.3.2 K 值的选择

选择一个合适的 K 值对 K 近邻算法至关重要。如果选择的 K 值较小，即仅使用距离待预测样本较近的训练样本进行预测，模型对噪声点会比较敏感，容易出现过拟合；如果选择的 K 值较大，即距离待预测样本较远的训练样本也会被考虑，则容易出现误分类的情况，造成模型欠拟合。

在实际应用中，K 值一般是不超过 20 的整数，通常根据经验或采用交叉验证的方法来选取。

5.3.3　分类决策规则

K 近邻算法中的分类决策规则通常使用多数表决规则（Majority Voting Rule），即输入样本的类别由它邻近的 K 个训练样本中出现次数最多的类别决定。为何使用多数表决规则来作为分类决策规则，可以有以下解释：

首先，应了解损失函数与经验风险的概念。损失函数被用于估量模型的预测值 $f(x)$ 与真实值 Y 的不一致程度；经验风险则表示模型关于训练数据集的平均损失，一个模型的经验风险越小，代表这个模型的预测能力越好。如果分类的损失函数为 0–1 损失函数：

$$L(Y,f(x)) = \begin{cases} 0, & Y=f(x) \\ 1, & Y \neq f(x) \end{cases}$$

则对于一个样本容量为 N 的训练数据集，模型 $f(x)$ 的经验风险 $R(f)$ 可以表示为：

$$R(f) = \frac{1}{N} \sum_{i=1}^{N} L(y_i, f(x_i))$$

已知 K 近邻算法的分类函数为：

$$f: R^n \rightarrow \{c_1, c_2, \cdots, c_k\}$$

那么对给定的样本 $x \in X$，设前 K 个与其最邻近的训练样本构成的集合为 $N_{K(x)}$，如果根据多数表决规则将 x 的类别预测为 c_j，那么该模型的经验风险 $R(f)$ 为：

$$R(f) = \frac{1}{K} \sum_{x_i \in N_{K(x)}} L(y_i, f(x_i))$$

$$= \frac{1}{K} \sum_{x_i \in N_{K(x)}} I(y_i \neq c_j)$$

$$= 1 - \frac{1}{K} \sum_{x_i \in N_{K(x)}} I(y_i = c_j)$$

式中：$I(X)$ 表示事件函数，代表事件 X 出现的次数。由上式可知，要使模型的经验风险最小，就要使 $\sum_{x_i \in N_{K(x)}} I(y_i = c_j)$ 最大，即类别 c_j 在集合 $N_{K(x)}$ 中出现的次数最多，故 K 近邻算法采用多数表决规则能使模型达到经验风险最小化。

5.4 K 近邻算法的特点

K 近邻算法优点显著，具体表现为：

（1）　简单有效，无须参数估计，无须训练。

（2）　对异常值和噪声具有较高的容忍度。

（3）　主要靠周围有限的邻近样本，而不是靠判别类域的方法来确定待预测样本类别，更适合于类域的交叉或重叠较多的待预测样本集。

（4）　适用于多分类问题。

但 K 近邻算法同时也有以下缺点：

（1）　对于训练样本数大、特征向量维数高的数据集，计算复杂度很高。

（2）　没有显式的学习过程，可解释性差。

（3）　当训练样本不均衡时对稀有类别的预测准确率低。

（4）　分类效果受 K 值的影响较大。

5.5 K 近邻算法的改进

K 近邻算法在运行时，样本的所有属性都会参与计算，然而这些属性中往往会包含一些不相关属性或相关性较低的属性，此时使用标准的距离度量公式会影响预测的结果。且样本的特征越多，维数越大，数据集会越稀疏，使得看似相近两个样本间的距离变得很大，K 近邻模型就会变得低效，当出现这种情况时称为维数灾难。对此，可做出如下改进：

（1）　去除不相关属性，即特征选择。该步骤在数据预处理时进行。

（2）　属性加权，即将属性权值引入 K 近邻算法中，通过引入权重可以起到属性均衡的作用，类似于规范化处理。

基于 KNN 算法的特点，针对其缺点，研究者不断地进行改善，衍生出一系列算法，如快速 KNN 算法（Fast KNN，FKNN）、k-d 树 KNN 算法（K-Dimensional Tree KNN）等。

5.5.1　快速 KNN 算法

快速 KNN 算法（Fast KNN，FKNN）的主要目的是提高计算速度，防止在计算大样本数据时产生计算爆炸的现象。FKNN 算法的主要思想是将样本进行排序，在有序的样本队列中搜索 K 个邻近样本，减少了大量关于待预测样本与已知样本间距离的计算，从而减少搜索时间，在保证精度的前提下提高了算法的效率。

仍以空气质量等级划分的实例进行讲解。将各景区数据在二维平面上制成如图 5.3 所示的散点图，首先确定一个基准点 A（12，20），然后计算其余已知景区到点 A 的距离，并从小到大进行排序，建立索引表，如表 5.4 所示。

图 5.3
FKNN 算法实例

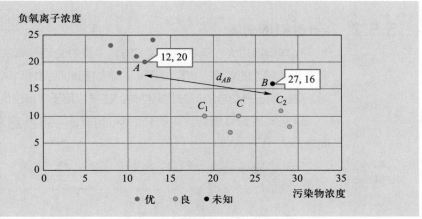

表 5.4
快速 KNN 算法索引表

序号	景区名称	距离
1	乐山大佛	1.41
2	虎丘	3.61
3	西湖	4.12
4	茶卡盐湖	5.00
5	趵突泉	12.21
6	东方明珠	14.87
7	鼓浪屿	16.40
8	龙门石窟	18.36
9	上海迪士尼	20.81

计算待预测景区 B 到基准点 A 的距离 d_{AB}=15.52，在索引表中查找距离 A 最接近 d_{AB} 的景区，是距离为 14.87 的 "东方明珠"，将该景区设为 C，以 C 为中心，确定 C 在索引表中的前后景区 C_1（趵突泉）、C_2（鼓浪屿），然后截取有序队列中 C_1、C_2 间 的所有样本，如图 5.3 所示。计算它们与待预测景区 B 的距离，最终选取 C_1、C_2 间 所有样本中的 K 个最邻近的样本，便可确定待预测景区的空气质量等级。

由此，快速 KNN 算法的流程如下：

（1） 随机选择一个已知样本为基准点 R。

（2） 计算每个样本到 R 的距离 d，排序并形成一个有序的队列 L。

（3） 为了提高搜索的快速性，在大样本情况下，建立有序的索引表，索引表并不包含所有 样本，而是每间隔一段距离选取一个样本。

（4） 计算待预测样本 x 到 R 的距离 d_{xR}，在索引表中查找与 R 的距离最接近 d_{xR} 的样本 q，

以样本 q 为中心，确定 q 在索引表中的前后样本 q_1 和 q_2，截取 L 中这两个样本间的所有样本，并计算它们与待预测样本 x 的距离，最终选取 K 个距离最近的样本，确定样本 x 的类别。

5.5.2 k-d 树 KNN 算法

当样本量较大、样本特征较多时，传统的 K 近邻算法计算复杂度很高。为了提高 K 近邻搜索的效率，可以使用 k-d 树来存储训练数据。k-d 树是一种利用已知数据对 k 维空间进行切分的树形数据结构，主要应用于多维空间关键数据的搜索。

以空气质量等级划分实例介绍 k-d 树算法。如图 5.4 所示，样本点位于二维空间内。

图 5.4
特征空间的划分

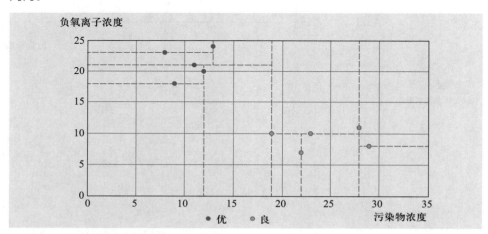

首先将已知景区的数据使用 k-d 树进行存储。通常依次选择坐标轴对特征空间切分，选择样本在选定坐标轴上的中位数为切分点，构造 k-d 树的流程如下：

（1）确定切分域。一般从方差大的维度开始切分，方差较大，表明在该维度上样本的分散程度较高，按该维度切分的分辨率较高。统计训练数据在每个维度上的方差，方差最大的维度即切分维度。在本例中，x 方向上的方差为 55.04，y 方向上的方差为 39.36，所以选定 x 轴为切分维度，先对 x 轴方向进行切分。

（2）确定结点值，构造根结点。根据 x 轴方向上样本点的值排序（8、9、11、12、13、19、22、23、28、29），选出中位数为 19，即结点值为（19，10），该结点的分割超平面为过（19，10）并垂直于 x 轴的直线 $x=19$。

（3）确定左子空间和右子空间。以超平面 $x=19$ 将特征空间分为左、右两个子空间，左子空间中的点在切分维度上的坐标值小于切分点，右子空间中的点在切分维度上的坐标值大于切分点。左子空间包含 5 个结点 {（8，23），（9，18），（11，21），（12，20），（13，24）}，右子空间包含 4 个结点 {（22，7），（23，10），（28，11），（29，8）}。

（4）递归。分别对左、右子空间内的数据重复上述过程，将空间和数据进一步细分，如此反复直到空间中只包含一个数据点。最后生成的 k-d 树如图 5.5 所示。

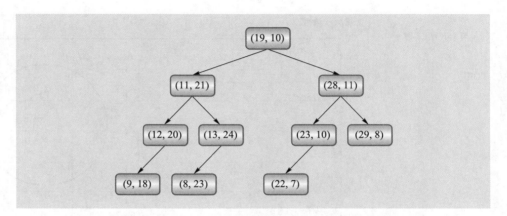

图 5.5
k-d 树示例

k-d 树 KNN 算法的思想是用 k-d 树快速找到邻近点。设待分类点为 a，使用 k-d 树搜寻最近邻的过程是：

（1）寻找包含 a 的叶结点。即从根结点出发，在特征空间中找到某个叶结点，使待分类点处于该结点的超矩形区域内，并以此结点为"当前最近点"，记为 b，记 a 与 b 之间的距离为 d_{ab}。

（2）递归地从 b 开始向上回溯至其父结点 c，并依次进行如下判断：

① 判断 c 与待分类点 a 的距离 d_{ac} 是否小于 d_{ab}，若 $d_{ac} < d_{ab}$，则令 $b=c$，并更新 d_{ab} 的值。

② 查找 c 的另一子结点对应区域是否有距离更近的点，即判断以 a 为圆心、以 d_{ab} 为半径的超球体是否与 c 的另一子结点对应的区域相交。若相交，则进入另一子结点对应区域递归地进行最近邻搜索，更新找到的"当前最近点"为 b、"当前最近点"与待分类点之间的距离为 d_{ab}。

（3）若已经回溯至根结点并查找完毕，此时的 b 即为待分类点 a 的最近邻点。

在本例中，使用 k-d 树寻找最近邻的流程如下：

（1）黑色圆点表示待分类点（27，16），在 k-d 树中找到包含该点的叶结点，即从点（19，10）开始递归地向下访问，通过比较待分类点与结点在切分维度上坐标的大小，先到达子结点（28，11），再到达结点（23，10）。

（2）由于结点（23，10）与待分类点之间的距离小于其叶结点（22，7）与待分类点之间的距离，因此将结点（23，10）作为"当前最近点"。

（3）计算当前最近点（23，10）与待分类点（27，16）的距离，为 7.21，如图 5.6 所示，以待分类点（27，16）为圆心，以 7.21 为半径画圆，如果拥有更近邻点，那么它一定在该圆内部。然后向上回溯到其父结点（28，11），计算待分类点与父结点之间的距离为 5.10，小于 7.21，故更新"当前最近点"为（28，11），以待分类点（27，16）为圆心，以 5.10 为半径画圆，判断在该父结点的另一子结点空间中是否有距离待分类点更近的数据点。由图 5.6 可见，发现该圆与另一子结点（29，8）所在区域不相交，故在另一子结点的区域不存在更邻近的点。递归地向上回溯至根结点，最终搜索结果是点（28，11）为待分类点（27，16）的最近邻点。

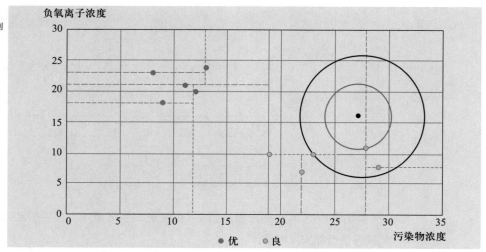

图 5.6
k-d 树 KNN 算法实例

由此可见，使用 k-d 树搜寻最近邻点的过程可以减少对已知样本点与待分类样本点距离计算的次数，进而提高 K 近邻搜索的效率。

5.6 案例分析：基于 K 近邻算法预测明天是否会降雨

5.6.1 案例背景

众所周知，引起降雨的因素有很多。一般来说，沿海地区受海洋的影响较大，降雨比内陆多；平原地形有利于海洋水汽的进入，降雨概率较大；气压带导致气流下沉或上升，水汽的饱和含量发生变化也会引起降雨差异。此外，风带、风向、洋流以及人类活动等都会对降雨产生重要影响，因此可以看出某地是否降雨有一定的规律可循。在人类生产生活中，降水量变化对地表河流的径流量有直接影响，预测降雨可以为洪涝灾害的预测和防治提供参考。尤其是在诸如喜马拉雅山脉等极端天气条件的地区，传统气象观测较困难，且一天之内的气象变化莫测，这给降雨的预测带来极大困难。如果能够利用有限的气象观测数据对特定地点、特定时间的降雨概率和降水量进行预测，可为自然灾害（如雪崩、洪水）的防范提供重要依据，对人类活动的预警管理具有重要的指导意义。

K 近邻算法便可实现这一目的。K 近邻算法主要靠周围有限、邻近的样本来确定所属类别，新数据可直接加入数据集，不必重新进行训练。它支持二分类以及多分类问题，理论简单易于实现，对噪声数据有较高的容忍度。"明天是否降雨"问题可描述为一个二分类问题，即基于已知的气象数据样本，把待预测样本"明天是否降雨"事件分到"是"或"否"当中。首先应根据当天的温度、光照、风速等特征，计算待预测样本与每一个已知样本的距离，并按距离对已知样本从小到大排序，然后挑出距离待预测样本最近的前 K 个样本，最后根据多数表决规则将待预测样本分到确切的类别中。

5.6.2 案例分析

本案例使用悉尼的历史气象数据来预测第二天是否降雨，数据集来自 kaggle 网站，共有 711 个样本。数据集包含 2015—2017 年悉尼气象站收集的当天的温度、降水量、日照时长、风速等 17 个特征数据及目标变量"明天是否降雨"。将其中的 546 个样本作为训练集，165 个样本作为测试集，数据集中的部分数据如表 5.5 所示，表 5.6 是对数据集中特征与目标变量的详细描述。

	Min Temp	Max Temp	Rain fall	Evaporation	Sunshine	Wind Gust Speed	Wind Speed 9am	Wind Speed 3pm	Humidity 9am
1	21.4	28.4	0	6.8	11	43	15	24	68
2	21.2	28.5	0	9.2	3.6	37	17	17	78
3	22	28.8	0	4	12	48	15	22	76
4	22.4	30.4	0	10.2	8.9	52	11	15	69
5	20.5	26.3	0.2	10	3.4	35	9	15	82

	Humidity 3pm	Pressure 9am	Pressure 3pm	Cloud 9am	Cloud 3pm	Temp 9am	Temp 3pm	Rain Today
1	69	1 014.5	1 011.4	1	3	25.5	27.5	No
2	76	1 018.8	1 017.7	7	7	23.2	26.3	No
3	70	1 020.2	1 017.5	3	1	26.3	27.7	No
4	66	2 015.9	1 012.8	1	7	26.9	27.1	No
5	66	1 019.4	1 018.7	7	7	21.8	25.9	No

	名称	描述
特征	MinTemp	最低温度（℃）
	MaxTemp	最高温度（℃）
	Rainfall	降水量（mm）
	Evaporation	蒸发量（mm）
	Sunshine	日照时长（h）
	WindGustSpeed	最强风速（km/h）
	WindSpeed9am	上午 9 点前风速平均值（km/h）
	WindSpeed3pm	下午 3 点前风速平均值（km/h）
	Humidity9am	上午 9 点的湿度（百分比）

	名称	描述
特征	Humidity3pm	下午 3 点的湿度（百分比）
	Pressure9am	上午 9 点的平均大气压（hpa）
	Pressure3pm	下午 3 点的平均大气压（hpa）
	Cloud9am	上午 9 点的云层遮蔽程度
	Cloud3pm	下午 3 点的云层遮蔽程度
	Temp9am	上午 9 点的温度（℃）
	Temp3pm	下午 3 点的温度（℃）
	Rain Today	今天是否降雨
目标变量	Rain Tomorrow	明天是否降雨

5.6.3　算法过程

1.　数据预处理

观察表 5.5 中数据可以发现，不同特征的值域相差较大，在进行距离计算时，可能使得初始值域大的特征对计算结果的影响较大。但在预测"明天是否降雨"时，这些特征值是同等重要的。因此，首先要将数据进行规范化处理，使各个特征的权重一致。

2.　设置算法参数

K 近邻算法的三个基本参数是距离度量、K 值选择及分类决策规则。一般选择的距离度量为欧氏距离，K 值一般根据经验或采用交叉验证的方式来选取。在本例中，采用 N 折交叉验证（此处取 N=5）的方式来选取最优 K 值，即对于不同的 K 值，首先将数据集划分为 5 等份，然后将模型重复训练 5 次，每次训练都选取一份不同的数据作为测试样本，剩余的 4 份数据用来训练模型，然后计算模型评价指标的均值，在这里选择 F1 值[①] 作为 K 近邻模型的评价指标，最后选择使得模型 F1 值最高的 K 值作为模型的参数。通过计算得到，本例中 K=5 时模型的 F1 值最大，故选择的 K 值为 5。K 近邻模型的分类决策规则默认使用多数表决规则。

3.　分类预测

K 近邻算法的距离计算使用欧氏距离：

---

① F1 值是常用的模型评价指标，它能够综合评判一个模型的精确率和召回率，F1 值越高，代表模型越好。模型对数据的预测结果有真正例（TP，预测为正，实际也为正）、假正例（FP，预测为正，实际为负）、假负例（FN，预测为负，实际为正）、真负例（TN，预测为负，实际也为负）四种情况，则 F1=$\dfrac{2TP}{2TP+FP+FN}$。

$$L(x_i, x_j) = \left(\sum_{l=1}^{n} |x_i^{(l)} - x_j^{(l)}|^2 \right)^{\frac{1}{2}}$$

用训练样本进行模型训练，再用该模型对测试样本进行预测，检验模型的预测效果。测试样本也是已知分类的数据集，将预测的分类结果与其实际分类进行对比可得知模型的准确度。假设以 2017 年 3 月 24 日的样本作为测试样本，首先利用欧氏距离公式计算该样本点与每个训练样本点之间的距离，再将训练样本按距离从小到大的顺序排列。选取的 K 值是 5，查看距离该样本最近的前 5 个样本"明天是否降雨"的分类，分别为 {是、是、否、是、否}。最后根据多数表决规则将该样本点"明天是否降雨"的类别预测为 {是}。下一步可对数据集中的特征进行处理，或者调节算法的参数来提高模型预测的准确度，在此不再赘述。在本案例中，有 8 个实际下雨的样本被错误地预测为不下雨，有 28 个实际不下雨的样本被误预测为下雨，预测准确率约为 78%。

关键术语

- K 近邻   K–Nearest Neighbor，KNN
- 监督学习   Supervised Learning
- 目标变量   Target Variable
- 欧式距离   Euclidean Distance
- 快速 KNN 算法   Fast KNN
- k-d 树 KNN 算法   k-dimensional tree KNN

本章小结

本章主要介绍了 K 近邻学习及应用 K 近邻思想的相关内容。首先，介绍了 K 近邻学习的基本概念和原理，并用简单实例对预测算法进行了详细说明。K 近邻是一种基本的分类与回归算法，它基于某种距离度量找出训练集中与待预测样本最近的 K 个样本，将这 K 个样本中出现次数最多的类别作为待预测样本的类别。其次，概括了 K 近邻学习的三要素及算法特点。三要素包括距离度量、K 值选择和分类决策规则。算法的特点包括简单有效、没有显式的学习过程、没有相关参数的训练、可解释性差、是"懒惰学习"的代表等。最后介绍了 K 近邻学习的改进算法：快速 KNN 算法和 k-d 树 KNN 算法。

参考文献

［1］李航 . 统计学习方法［M］. 北京：清华大学出版社，2012.

［2］陈明等 . MATLAB 神经网络原理与实例精解［M］. 北京：清华大学出版社，2013.

［3］史蒂芬·马斯兰 . 机器学习：算法视角［M］. 高阳，高玉林，等译 . 北京：机械工业出版社，2019.

［4］雷明 . 机器学习：原理、算法与应用［M］. 北京：清华大学出版社，2019.

［5］冷雨泉，张会文，张伟，等 . 机器学习入门到实战：MATLAB 实践应用［M］. 北京：清华大学出版社，2019.

第 6 章
支持向量机

在大数据时代，数据成为一种重要需求。本章我们将学习支持向量机，这是一种对线性和非线性数据进行分类的方法。它通过非线性映射将原训练数据变换到高维空间中，使用支持向量和边缘确定分离数据的最优超平面，具有广泛的应用。本章将重点介绍支持向量机的相关概念和主要设计过程。

6.1 支持向量机概述

6.1.1 SVM 简介

机器学习中有一大部分的问题属于有监督学习的范畴。简单来讲，就是在这类问题中，根据给定的训练样本，每个样本的输入都对应一个确定的结果，我们需要训练出一个模型，在未知的样本给定后，可以根据这个模型对结果做出预测。依据预测结果的不同，可以将这些问题划分为两类：如果预测结果是离散值，比如类别（用户购买产品还是用户不购买产品），这类问题叫做分类问题（Classification Problem）；如果预测结果是连续值，比如股票价格，这类问题叫做回归问题（Regression Problem）。本章要讲述的支持向量机就是与相关的学习算法有关的监督学习模型，可以分析数据并识别模式，用于分类和回归分析。

20 世纪 90 年代中期，有限样本情况下的机器学习理论研究逐渐成熟起来，并形成了一个较为完善的理论体系——统计学习理论（Statistical Learning Theory，SLT）。随后，在统计学习理论的基础上发展出了一种新的方法——支持向量机（Support Vector Machine，SVM）。Vladimir Vapnik 和 Bernhard Boser 及 Isabelle Guyon 等人于 1992 年发表了第一篇关于支持向量机的论文，研究有限样本情况下的机器学习问题。由于支持向量机准确性高，在解决小样本、非线性及高维模式分类问题中表现出许多特有的优势，可以用于数值预测和分类。SVM 目前已经在多个领域使用，包括手写识别、对象识别和基准时间序列检测检验等。

6.1.2 相关概念

在学习 SVM 的具体方法和理论之前，首先要明确以下几个概念：

1. 线性可分

在二维空间上，两类点被一条直线完全分开叫做线性可分。

线性可分严格的数学定义是：D_0 和 D_1 是 n 维欧氏空间中的两个点集。如果存在 n 维向量 w 和实数 b，使得所有属于 D_0 的点 x_i 都有 $wx_i+b>0$，而对于所有属于 D_1 的点 x_j 则有 $wx_j+b<0$，则我们称 D_0 和 D_1 线性可分。

为了解释线性可分，先考虑最简单的两类问题，其中两个类是线性可分的。设给定一个数据 D 为（X_1，y_1），（X_2，y_2），…，（X_N，y_N），其中 X_i 为训练样本，具有类标号 y_i，$i=1$，2，…，N。每个 y_i 可以取值为 1 或 –1，分别对应类"蓝色"和"灰色"。为了便于可视化，我们采用了一个基于两个输入属性的例子，如图 6.1 所示。从该图可以看出，该二维数据是线性可分的，因为可以找到一条直线，将灰色的样本和蓝色的样本完全分开。在图中还可以画出好多条分离直线，那么哪一条能够最有效地降低分类误差呢？如何才能找到那条最好的分离线呢？特别地，数据不仅仅是二维的，从二维扩展到多维又应该如何寻找答案呢？

图 6.1
线性可分示意图

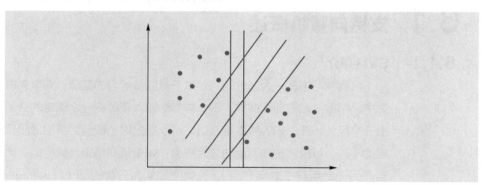

2. 最优超平面

从二维扩展到三维空间时，需要找出最佳的分离平面；扩展到多维空间中时，将 D_0 和 D_1 完全正确地划分开的不再是简单的一条直线或者一个平面，而是一个超平面。"超平面"表示寻找的决策边界，而对线性可分的数据可以找出无限多个超平面，为了使决策的超平面更具鲁棒性，需要找出具有最小分类误差的那一个，即最优超平面（Optimal Hyperplane）。

例如图 6.2，可以看到三个可能的分离超平面和它们的边缘（Margin），三个超平面对所有的数据样本的分类都是正确的。那么，哪一个超平面更好呢？

SVM 通过寻找最大边缘超平面（Maximum Marginal Hyperplane，MMH）来处理这个问题。直观地看，能够发现图 6.2（b）具有最大边缘的分离超平面，其在对未来数据样本分类上比具有较小边缘的超平面更准确。

用图 6.3 来描述二维空间中最优超平面的几何结构。超平面和最近的数据点之间

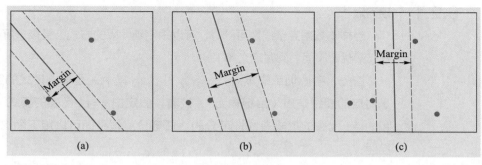

图 6.2
超平面示意图

(a)　　　　　　(b)　　　　　　(c)

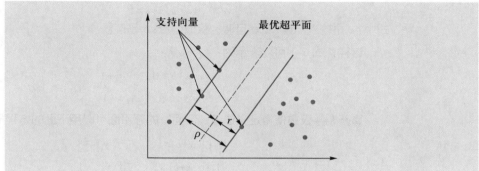

图 6.3
最优超平面思想
示意图

的间隔称为边缘，关于边缘的非形式化定义，可以理解为从超平面到其边缘的一个侧面的最短距离等于从该超平面到其边缘的另一个侧面的最短距离，其中边缘的"侧面"平行于超平面。其在图 6.3 中用 ρ 表示，且 $\rho=2r$。在多个分离超平面中，以最大边缘把两类样本分开的超平面是最优超平面，也可称作最大边缘超平面。如图 6.3 所示，样本中存在距离最优超平面最近且平行于边缘的一些点，这些点叫做支持向量。用概念性的术语来讲，支持向量就是那些最靠近决策边界的数据点，因为这些数据点是最难分类的。

3.　　SVM 最优化问题

支持向量机的主要思想是建立一个超平面作为决策曲面，使得正例和反例之间的分离边缘最大化。简单地讲，支持向量机的目标就是找到最大边缘超平面。下面两节就线性可分和线性不可分两种类型对 SVM 的最优化问题进行分析与讨论。

6.2　数据线性可分的情况——线性 SVM

数据线性可分可细化为两种情况：一种为数据完全线性可分；另一种为数据不完全线性可分，也可称为近似可分。下面分别探讨在这两种不同情况下如何找出最优超平面。

6.2.1　硬间隔

当样本数据完全线性可分时，可以采用硬间隔的方式，直接求解最大隔离边缘，找出最优超平面。问题定义如下：

首先，考虑训练样本 $D= \{(x_i, y_i)\} \mid_{i=1}^{N}$，其中 x_i 是输入模式的第 i 个例子，d_i 是对应的期望响应（目标输出），接着，假定由 $y_i=+1$ 代表的模式（或者称为类）和 $y_i=-1$ 代表的模式是线性可分的。任意分离超平面可以用下面这个线性方程来描述：

$$w^T x+b=0 \tag{6-1}$$

式中：x 是输入向量；w 是可调的权值向量；b 是偏置。

这样，式 6-1 可以表示为：

$$w^T x+b \geqslant 0, \quad y_i=+1$$
$$w^T x+b<0, \quad y_i=-1 \tag{6-2}$$

重新调整权重使得定义边缘"侧面"的超平面可以用下面的方程描述为：

$$H_1:w^T x+b \geqslant 1, \quad 对于 \, y_i=+1$$
$$H_2:w^T x+b<1, \quad 对于 \, y_i=-1 \tag{6-3}$$

可以理解为，落在 H_1 上及其上方的元组都属于类 +1，落在 H_2 上及其上方的元组都属于类 -1，综合两个不等式，可以得到：

$$y_i(w^T x+b) \geqslant 1, \quad 对于 \, \forall i \tag{6-4}$$

由此可以更好地理解支持向量的定义。使等号成立的、落在 H_1 或 H_2 上的任意数据样本称为支持向量，也可以看出，它们离最大边缘超平面的距离一样近。那么，如何计算最大边缘呢？

设 w_0 和 b_0 分别表示权值向量和偏置的最优值。相应地，最优超平面可以表示为 $w_0^T x+b_0=0$。

为了简化过程，我们取函数：

$$g(x)=w_0{}^T x+b_0 \tag{6-5}$$

点 x 到直线 $w^T x+b=0$ 的距离为 $\dfrac{|w^T x+b|}{\|w\|}$，其中 $\|w\|$ 是欧几里得范数，$\|w\|=\sqrt{w_1^2+\cdots+w_n^2}$。

如图 6.3 所示，根据支持向量的定义可知，支持向量到超平面的距离为 r，其他点到超平面距离大于 r，因此：

$$r=\frac{g(x)}{\|w_0\|}=\frac{w_0{}^T x+b_0}{\|w_0\|} \tag{6-6}$$

另外，可知 w_0 和 b_0 满足式 6-3，由此可以得到这样一个公式：

$$H_1:w_0{}^T x+b_0 \geqslant 1, \quad 对于 \, y_i=+1$$
$$H_2:w_0{}^T x+b_0<1, \quad 对于 \, y_i=-1 \tag{6-7}$$

考虑一个支持向量 x^s 对应于 y^s。然后根据定义，我们有：

$$g[x^s] = w_0^T x^s + b_0 = \pm 1, \quad y^s = \pm 1 \tag{6-8}$$

因此，每个支持向量到超平面的代数距离为：

$$r = \frac{g[x^s]}{\|w_0\|} = \begin{cases} \dfrac{1}{\|w_0\|}, & y^s = +1 \\ \dfrac{-1}{\|w_0\|}, & y^s = -1 \end{cases} \tag{6-9}$$

其中，$\dfrac{1}{\|w_0\|}$ 表示 x^s 在最优超平面的正面，而 $\dfrac{-1}{\|w_0\|}$ 表示 x^s 在最优超平面的负面。

因此，得到最大边缘：

$$\rho^* = \frac{2}{\|w_0\|} \tag{6-10}$$

SVM 优化的目标是发展一个有效的计算过程，并通过使用训练样本数据集 $D = \{(x_i, y_i)\}\big|_{i=1}^N$ 找到最优超平面，并且满足式 6-4 的约束条件。通过上述对最大边缘的求解，可知找到最优超平面需要求出最大边缘，即最小化权值向量 w 的欧几里得范数。

那么，约束最优问题现在可陈述如下：给定训练样本找到权值向量 w 和偏置 b 的最优值，使得它们满足式 6-4 的约束条件，并且权值向量最小化代价函数为：

$$\varphi(w) = \frac{1}{2} w^T w \tag{6-11}$$

将这个约束优化问题称为原问题（Primal Problem），该问题有两个特点：一是代价函数 $\varphi(w)$ 是 w 的凸函数；二是约束条件关于 w 是线性的。所以可以使用拉格朗日（Lagrange）乘子方法解决约束最优问题，用于寻找最优超平面的二次最优化：

首先，建立 Lagrange 函数：

$$L(w, b, \alpha) = \frac{1}{2} w^T w - \sum_{i=1}^N \alpha_i [y_i(w^T x_i + b) - 1] \tag{6-12}$$

其中，w 为权值向量，定义为 n 个训练样本的展开。非负变量 α_i 称作 Lagrange 乘子。约束最优问题的解由 Lagrange 函数 L 的鞍点决定，此函数对 w 和 b 必定最小化，对 α 必定最大化。$L(w, b, \alpha)$ 对 w、b 求微分并置结果等于零，我们得到下面两个最优化条件：

条件 1：

$$\frac{\partial L(w, b, \alpha)}{\partial w} = 0$$

条件 2：

$$\frac{\partial L(w, b, \alpha)}{\partial b} = 0$$

应用最优化条件 1 到建立的 Lagrange 函数式 6-12，得到：

$$w = \sum_{i=1}^N \alpha_i y_i x_i \tag{6-13}$$

应用最优化条件 2 到建立的 Lagrange 函数式 6-12，得到：

$$\sum_{i=1}^{N} \alpha_i d_i = 0 \tag{6-14}$$

需要注意，尽管由于 Lagrange 函数的凸性，这个解是唯一的，但并不能认为 Lagrange 系数 α_i 也是唯一的。因为由最优化理论的 Karush-Kuhn-Tucker（KKT）条件，在鞍点对每一个 Lagrange 乘子 α_i，乘子与它相应约束的乘积为零，表示为：

$$\alpha_i \left[d_i (w^T x_i + b) - 1 \right] = 0 \tag{6-15}$$

因此，只有这些精确满足式 6-15 的乘子才能假定为非零值。

给定这样一个约束最优化问题，可以构造另一个问题，称为对偶问题（Dual Problem）。对偶问题与原问题有同样的最优值，但由 Lagrange 乘子提供最优解。对偶定理可以陈述为：如果原问题有最优解，对偶问题也有最优解，并且相应的最优值是相同的。使 w_0 为原问题的一个最优解和 α_0 为对偶问题的一个最优解的充分必要条件是 w_0 对原问题是可行的，并且满足：

$$\varphi(w_0) = L(w_0, b_0, \alpha_0) = \min L(w, b_0, \alpha_0) \tag{6-16}$$

为了说明对偶问题是原问题的前提，首先逐项展开拉格朗日公式如下：

$$L(w, b, \alpha) = \frac{1}{2} w^T w - \sum_{i=1}^{N} \alpha_i y_i w^T x_i - b \sum_{i=1}^{N} \alpha_i y_i + \sum_{i=1}^{N} \alpha_i \tag{6-17}$$

根据式 6-13 最优化条件 $\sum_{i=1}^{N} \alpha_i y_i = 0$，可知式 6-17 右端第三项为零，由式 6-13 可知：

$$w^T w = \sum_{i=1}^{N} \alpha_i d_i w^T x_i = \sum_{i=1}^{N} \sum_{j=1}^{N} \alpha_i \alpha_j y_i y_j x_i^T x_j \tag{6-18}$$

因此，目标函数可以设为：

$$Q(\alpha) = L(w, b, \alpha) = -\frac{1}{2} \sum_{i=1}^{N} \sum_{j=1}^{N} \alpha_i \alpha_j y_i y_j x_i^T x_j + \sum_{i=1}^{N} \alpha_i \tag{6-19}$$

因此，对偶问题就转化为：给定训练样本 D，寻找最大化目标函数 $Q(\alpha)$ 的拉格朗日乘子 $\{\alpha_i\}$（$i=1, 2, \cdots, N$），使其满足约束条件 $\sum_{i=1}^{N} \alpha_i y_i = 0$，$\alpha_i \geq 0$（$i=1, 2, \cdots, N$）。确定用 $\alpha_{0, i}$ 表示最优的拉格朗日乘子之后，我们就可以用条件公式 6-13 来求得最优权值向量 w_0，记为：

$$w_0 = \sum_{i=1}^{N} \alpha_{0, i} y_i x_i \tag{6-20}$$

至于最优偏置 b_0，可以使用获得的 w_0，对于一个正支持向量可以代入公式，得出 $b_0 = 1 - w_0^T x^s$，$y^s = +1$。w_0 和 b_0 都求出来了，就可以构造出最优超平面。

现在，总结一下求解线性可分情况下求解最优超平面的步骤，它可以分为四步：

（1） 步骤 1：构造拉格朗日函数。

（2） 步骤 2：利用对偶问题转化函数。

(3)　　步骤 3：求解出 w_0 和 b_0。

(4)　　步骤 4：构造最大间隔超平面。

　　一旦找出支持向量和最大间隔超平面，就能得到训练后的支持向量机。那么，如何用它对新的数据样本进行分类呢？根据上面求得的最大间隔超平面，代入新的数据样本，结果的符号可以确定它在超平面的哪一侧。如果符号为正，则其落在最优超平面上或者其上方，因此，SVM 预测属于类 +1；反之，落在最优超平面上或其下方，SVM 预测属于类 –1。

6.2.2　软间隔

　　在实际应用中，完全线性可分的样本是很少的。那么，遇到不能够完全线性可分的样本应该怎么办呢？

　　如图 6.4 所示，当数据点不满足式 6–4 表示的线性可分的条件时，往往是出现了以下两种违反方式：

图 6.4
数据样本点不完全可分示意图

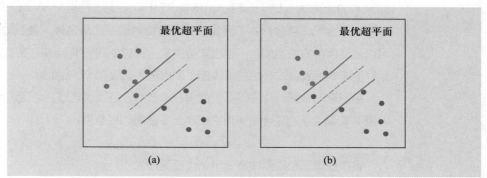

　　（1）数据点（x_i, y_i）落在了分离区域之内，但在决策面正确的一侧，如图 6.4（a）所示。

　　（2）数据点（x_i, y_i）落在了决策面错误的一侧，如图 6.4（b）所示。

　　如图 6.4 所示，由于存在线性不可分的数据样本，于是有了软间隔。相比于硬间隔的苛刻条件，在类之间的分离边缘称为是软的，因为需要找到一个对整个训练集合平均的分类误差达到最小的最优超平面。

　　为此，引入一组非负标量变量（松弛变量）$\{\xi_i\}$（i=1，2，⋯，N），它可以度量这个间隔软到什么程度，即一个数据点对模式可分的理想条件的偏离程度。当 $0 \leqslant \xi_i \leqslant 1$ 时，数据点落在分离区域的内部，但是在决策面的正确一侧；$\xi_i > 1$ 时，数据点落在决策面错误的一侧。支持向量是满足式 6–4 的特殊数据点，使得 $\xi_i > 0$。在这里需要注意的是，如果一个 $\xi_i > 0$ 的数据点被遗弃在训练集外，决策面就要改变。因此，支持向量的定义对于线性可分和不完全可分的情况都是相同的。

　　对于线性不完全可分的训练样本，目标依然是找到分离超平面，使其在训练集上的平均错误分类误差最小。为了达到这一点，对权值向量 w 最小化泛函：

$$\varphi(\xi) = \sum_{i=1}^{N} I(\xi_i - 1) \tag{6-21}$$

此泛函满足式 6-4 的约束条件和对 $\parallel w \parallel^2$ 的限制。函数 $I(\xi_i)$ 是一个指标函数，由下式定义：

$$I(\xi_i) = \begin{cases} 0, & \xi \leqslant 0 \\ 1, & \xi > 0 \end{cases} \tag{6-22}$$

但是由于 $\varphi(\xi)$ 对 w 的最小化是非凸的最优化问题，它是 NP 完全的。因此，为了使最优化问题易解，写出它的逼近泛函：

$$\varphi(\xi) = \sum_{i=1}^{N} \xi_i \tag{6-23}$$

形成对权值向量 w 的最小化公式的简化计算，即：

$$\varphi(w,\xi) = \frac{1}{2}w^T w + C\sum_{i=1}^{N} \xi_i \tag{6-24}$$

其中，C 是惩罚参数，是一个大于 0 的常数，可以理解为错误样本的惩罚程度。如果 C 为无穷大，则 ξ 无穷小，这样 SVM 又成了线性可分 SVM；只有当 C 为有限值时，才会允许部分样本不满足线性可分类时遵循约束条件。参数 C 由使用者选定，可以通过两种方法完成：一是由实验决定，通过使用标准训练的测试集获得，它是重采样的粗略形式；二是由分析决定，使得经验风险和 VC 维数最小化。

接下来对数据的线性不可分的情况的原问题可以表达成：给定训练样本找到权值向量 w 和偏置 b 的最优值使得它们满足下面的约束条件：

$$y_i(w^T x_i + b) \geqslant 1 - \xi_i \quad (i = 1, 2, \cdots, N), \quad \xi_i \geqslant 0 \tag{6-25}$$

设权值向量和松弛变量最小化代价函数为：

$$\varphi(w,\xi) = \frac{1}{2}w^T w + C\sum_{i=1}^{N} \xi_i \tag{6-26}$$

式中：C 为使用者选定的某个正数。

和第 2 节 SVM 的线性求解步骤相同，第一步采用拉格朗日乘子的方法，参考式 6-12。

第二步使用对偶问题可以得到不可分情况下对偶问题的表示，即给定样本训练，寻找最大化目标函数：

$$Q(\alpha) = \sum_{i=1}^{N} \alpha_i y_i w^T x_i = -\frac{1}{2}\sum_{i=1}^{N}\sum_{j=1}^{N} \alpha_i \alpha_j y_i y_j x_i^T x_j + \sum_{i=1}^{N} \alpha_i \tag{6-27}$$

其中，拉格朗日乘子 α_i 满足约束条件：$\sum_{i=1}^{N} \alpha_i y_i = 0$，且 $0 \leqslant \alpha_i \leqslant C$。

需要注意的是，松弛变量和拉格朗日乘子并不出现在对偶问题里。数据线性可分和不可分的简单情况（不完全线性可分）相似。在两种情况下，最大化的目标函数相同。二者的不同在于第二个限制条件 $\alpha_i \geqslant 0$ 被替代成为更强的 $0 \leqslant \alpha_i \leqslant C$。除了这个地方，不可分离情况的约束最优化问题和权值向量 w、偏置 b 的最优值求解过程与线性可分离情况一样。

第三步求解权值向量 w、偏置 b 的最优值。权值向量 w 的最优解为：

$$w_0 = \sum_{i=1}^{N} \alpha_{0,i} y_i x_i \tag{6-28}$$

确定偏置 b 的最优值所用的方法与之前类似，由 KKT 条件得出：

$$\alpha_i[y_i(w^T x_i + b) - 1 + \xi_i] = 0$$
$$\mu_i \xi_i = 0 \tag{6-29}$$

μ_i 引入的目的是对所有松弛变量为非负。在鞍点，对于原问题的拉格朗日函数对松弛变量 i 导数值为 0，计算这个值得到：

$$\alpha_i + \mu_i = C \tag{6-30}$$

故得出，如果 $\alpha_i < C$，那么 $\xi_i = 0$。

第四步，通过求出的 w 和 b 可以确定最终的最优超平面。

6.3 数据非线性可分的情况——非线性 SVM

到目前为止，我们讨论的硬间隔和软间隔都是在说样本的完全线性可分和大部分样本点的线性可分。但我们会碰到的一种情况是样本点不是线性可分，在这种情况下，不可能找到一条将这些类分开的直线，如图 6.5 所示。

图 6.5
线性不可分的数据
示意图

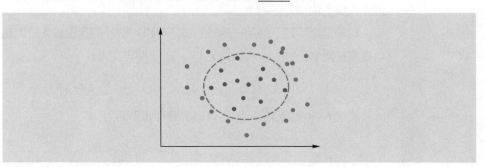

这种情况的解决方法就是扩展上面介绍的线性 SVM，为非线性可分数据的分类创造非线性的 SVM。其过程主要有两个步骤：第一步，将原输入的不可分样本用非线性映射转换到高维空间中；第二步，在高维空间中搜索分离超平面，让样本点在高维空间线性可分。这样，问题又转换为二次优化问题，可以用线性 SVM 求解。

对于在有限维度向量空间中线性不可分的样本的处理方法，可以简要地总结为，将其映射到更高维度的空间里，再通过最优超平面的方式，学习得到支持向量机，这就是非线性 SVM。在新空间中找到的最大间隔超平面对应于原空间中的非线性分离超曲面。

用 x 表示原来的样本点,它是输入空间中的向量,并假设它的维数为 m_0。用 $\{\phi(x)\}_j^{m_1}$ 表示从数据空间到特征空间的一个非线性变换的集合,$\phi(x)$ 表示映射到新的特征空间后的新向量,它的维数为 m_1。那么,分离超平面为:

$$w\phi(x) + b = \sum_j^{m_1} w_j\phi_j(x) + b = 0 \tag{6-31}$$

式中:w_j 表示特征向量连接到数据空间的线性权值的集合;b 为偏置。

定义一个在特征空间根据线性权值进行计算的决策面。假设对所有 x,$\phi_0(x)=1$,则 w_0 表示偏置 b_0。通过特征空间 $\phi_j(x)$ 表示提供给权值 w_j 的输入。根据式 6-31,这个决策面可表示为:

$$\sum_j^{m_1} w_j\phi_j(x) = 0 \tag{6-32}$$

定义向量 $\phi(x)=(\phi_0(x), \cdots, \phi_{m_1}(x))^T$,实际上它表示输入向量在特征空间转化成的新向量。那么,利用这个新的特征空间的向量,我们可以定义决策面为:

$$w^T\phi(x) = 0 \tag{6-33}$$

式 6-13 表示的拉格朗日公式中第一个最优化条件可以表示为:

$$w = \sum_{i=1}^{N} \alpha_i y_i \phi(x_i) \tag{6-34}$$

将式 6-34 代入式 6-33 后可得决策面:

$$\sum_{i=1}^{N} \alpha_i y_i \phi^T(x_i)\phi(x) = 0 \tag{6-35}$$

式中:$\phi^T(x_i)\phi(x)$ 表示特征空间中第 i 个例子的输入模式 x_i 和输入向量 x 诱导的两个向量的内积。

对于这个问题,使用核函数的技巧可以帮助我们找出最大分离超平面。引入一个自变量的对称函数——内积核 $K(x_i, x_j)$,并定义为:

$$K(x_i, x_j) = \phi^T(x_i)\phi(x) = \sum_{i=1}^{m_1} \phi_j(x)\phi_j(x_i) \tag{6-36}$$

将式 6-36 代入式 6-35 可以得出最优超平面为:

$$\sum_{i=1}^{N} \alpha_i y_i K(x_i, x_j) = 0 \tag{6-37}$$

那么,对支持向量机的受约束条件最优化的对偶问题可以表述为,给定样本训练,寻找最大化目标函数:

$$Q(\alpha) = -\frac{1}{2}\sum_{i=1}^{N}\sum_{j=1}^{N} \alpha_i\alpha_j y_i y_j K(x_i, x_j) + \sum_{i=1}^{N} \alpha_i \tag{6-38}$$

其中,拉格朗日乘子 α_i 满足约束条件:$\sum_{i=1}^{N} \alpha_i y_i=0$;$0 \leqslant \alpha_i \leqslant C$。

这里需要注意的是,第一个约束条件由式 6-32 设定的拉格朗日函数 Q 对 $\phi_0(x)=1$ 对应的 w_0 表示偏置 b_0 条件的最优化产生。在这里,可以将 $K(x_i, x_j)$ 看作 $K(x_i, x_j)$ 的对称矩阵 K 的第 ij 项元素,表示为:

$$K = \{ K(x_i, x_j) \} \tag{6-39}$$

在找到由 $\alpha_{0, i}$ 表示的拉格朗日乘子的最优值后，可以确定相应的线性权值向量最优值 w_0，根据公式可定义：

$$w_0 = \sum_{i=1}^{N} \alpha_{0,i} d_i \phi(x_i) \tag{6-40}$$

并且，w_0 的第一个分量表示最优偏置 b_0。这样就可以求解出最优超平面。

那么，该使用什么样的核函数来替换上面的点积呢？有 3 种可以使用的核函数，包括：

(1) h 次多项式核函数：$K(x_i, x_j) = (x_i \cdot x_j + 1)^h$；

(2) 高斯（径向基）核函数：$K(x_i, x_j) = e^{-\frac{\|x_i - x_j\|^2}{2\sigma^2}}$；

(3) S 形核函数：$K(x_i, x_j) = \tan h(\beta_0 x_i \cdot x_j + \beta_1)$。

这些核函数每个都导致输入空间上的不同的线性分类器。根据传统方法，模型复杂性由保持特征的最小数量所控制。支持向量机的特征空间的维数足够大，使得可以在这个空间建立超平面形式的决策面；为了一个好的泛化性能，模型的复杂性通过对所建立的超平面添加一些特定的约束条件来控制，这导致训练数据中的一小部分被抽出来作为支持向量；在高维空间的数值最优化受到维数灾难的影响。通过使用一个内积核的概念和求解在输入空间用形成的约束最优化问题的对偶形式，避免计算上的问题。

6.4 应用 SVM 进行模式分类

6.4.1 基本原理与步骤

在了解数据线性可分和非线性可分怎样求解最优超平面后，我们可以总结进行模式分类任务的支持向量机。

基本上，支持向量机的思想建立在两个数学运算上，有两个主要步骤：

(1) 输入向量到高维特征空间的非线性映射，用非线性映射把原输入数据变换到较高维空间。特征空间对输入和输出都是隐藏的。

(2) 数据变换到较高维空间后，在新的空间中搜索分离超平面，构造一个最优超平面用于分离在第 1 步中发现的特征。

上述两个步骤的基本原理有以下解释：

第一步是根据关于模式可分性的 Cover 定理执行。考虑由非线性可分模式构成的输入空间。Cover 定理陈述为：如果两个条件均满足，那么多维空间能变换为一个新的特征空间，使得在特征空间中，模式以较高的概率为线性可分的。在这里首先要明确变换是非线性的；其次，特征空间的维数是足够高的。这两个条件在第一步中体现。然而，Cover 定理没有讨论分离超平面的最优性。只有使用一个最优分离超平面使 VC 维数达到最小和获得泛化能力。

第二步利用建立最优分离超平面的思想，它与线性不可分情况的求解类似，但是有一个根本的不同，现在所求解的分离超平面被定义为从特征空间得出的向量线性函数，而不是从原始输入空间。更重要的是，这个超平面的构造与建立在 VC 维数理论上的结构风险最小化的原则是一致的。

6.4.2 支持向量机设计

SVM 问题的关键就是求出最优超平面。我们在第 2 小节和第 3 小节分别讲解了线性可分和非线性可分的最优超平面的求解过程。为了使读者更好地理解支持向量机的设计过程，下面以简单的异或问题为例，具体地描述支持向量机的设计过程。

表 6.1 给出了 4 个可能状态的输入向量和期望响应。根据所给信息设计支持向量机。

输入向量 x	期望响应 d
$(-1, -1)$	-1
$(-1, +1)$	$+1$
$(+1, -1)$	$+1$
$(+1, +1)$	-1

首先，采用多项式核函数，即：

$$K(x, x_i) = (1 + x^T x_i)^2$$

令 $x = (x_1, x_2)^T, x_i = (x_{i1}, x_{i2})^T$，内积核可表示为：

$$K(x, x_i) = 1 + x_1^2 x_{i1}^2 + 2x_1 x_2 x_{i1} x_{i2} + x_2^2 x_{i2}^2 + 2x_2 x_1 + 2x_2 x_{i2}$$

那么，输入向量 x 在特征空间中转化的新向量可表示为：

$$\phi(x) = (1, x_1^2, \sqrt{2}x_1 x_2, x_2^2, \sqrt{2}x_1, \sqrt{2}x_2)^T$$

类似地，有：

$$\phi(x) = (1, x_{i1}^2, \sqrt{2}x_{i1}x_{i2}, x_{i2}^2, \sqrt{2}x_{i1}, \sqrt{2}x_{i2})^T, \quad i = 1, 2, 3, 4$$

由内积核的公式 6-39 可得：

$$K = \begin{bmatrix} 9 & 1 & 1 & 1 \\ 1 & 9 & 1 & 1 \\ 1 & 1 & 9 & 1 \\ 1 & 1 & 1 & 9 \end{bmatrix}$$

根据式 6-38 可知，SVM 的对偶问题为：

$$Q(\alpha) = -\frac{1}{2}\sum_{i=1}^{N}\sum_{j=1}^{N}\alpha_i\alpha_j y_i y_j K(x_i,x_j) + \sum_{i=1}^{N}\alpha_i$$

$$= -\frac{1}{2}(9\alpha_1^2 - 2\alpha_1\alpha_2 - 2\alpha_1\alpha_3 + \alpha_1\alpha_4 + 9\alpha_2^2 + 2\alpha_2\alpha_3 - 2\alpha_2\alpha_4 + 9\alpha_3^2 - 2\alpha_3\alpha_4 + 9\alpha_4^2)$$

对拉格朗日乘子优化 $Q(\alpha)$ 产生下列联立方程组：

$$\begin{bmatrix} 9 & 1 & 1 & 1 \\ 1 & 9 & 1 & 1 \\ 1 & 1 & 9 & 1 \\ 1 & 1 & 1 & 9 \end{bmatrix}\begin{bmatrix} \alpha_1 \\ \alpha_2 \\ \alpha_3 \\ \alpha_4 \end{bmatrix} = \begin{bmatrix} 1 \\ 1 \\ 1 \\ 1 \end{bmatrix}$$

因此拉格朗日乘子最优值为：

$$\alpha_{0,1} = \alpha_{0,2} = \alpha_{0,3} = \alpha_{0,4} = \frac{1}{8}$$

这个结果说明，本例中所有 4 个输入变量 x_i 都是支持向量，$Q(\alpha)$ 的最优值是：

$$Q^*(\alpha) = \frac{1}{4}$$

相应地，可写出：

$$\frac{1}{2}\|w_0\|^2 = \frac{1}{4}$$

$$\|w_0\|^2 = \frac{1}{2}$$

从式 6-40，可确定最优权值向量 w_0 为：

$$w_0 = \frac{1}{8}\left[-\phi(x_1) + \phi(x_2) + \phi(x_3) - \phi(x_4)\right]$$

$$= \frac{1}{8}\left[-\begin{bmatrix} 1 \\ 1 \\ \sqrt{2} \\ 1 \\ -\sqrt{2} \\ -\sqrt{2} \end{bmatrix} + \begin{bmatrix} 1 \\ 1 \\ -\sqrt{2} \\ 1 \\ -\sqrt{2} \\ \sqrt{2} \end{bmatrix} + \begin{bmatrix} 1 \\ 1 \\ -\sqrt{2} \\ 1 \\ \sqrt{2} \\ -\sqrt{2} \end{bmatrix} - \begin{bmatrix} 1 \\ 1 \\ \sqrt{2} \\ 1 \\ \sqrt{2} \\ \sqrt{2} \end{bmatrix}\right] = \begin{bmatrix} 0 \\ 0 \\ -\frac{1}{\sqrt{2}} \\ 0 \\ 0 \\ 0 \end{bmatrix}$$

其中，w_0 的第一个分量表示偏置 b 为 0。

根据式 6-33 最优超平面的定义为：

$$w_0^T \phi(x) = 0$$

即

$$\left(0,0,-\frac{1}{\sqrt{2}},0,0,0\right)\begin{bmatrix} 1 \\ x_1^2 \\ \sqrt{2}x_1x_2 \\ x_2^2 \\ \sqrt{2}x_1 \\ \sqrt{2}x_2 \end{bmatrix}=0$$

得出:

$$x_1x_2=0$$

对于异或问题的多项式形式的支持向量机如图 6.6 所示,对于 $x_1=x_2=-1$ 和 $x_1=x_2=+1$,输出 $y=-1$;对 $x_1=-1$,$x_2=+1$,以及 $x_1=+1$,$x_2=-1$,输出 $y=+1$,至此,XOR 问题获得解。

图 6.6
解决 XOR 问题的支持
向量机

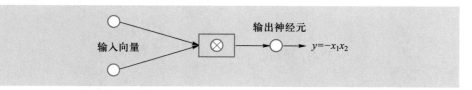

6.5 应用 SVM 进行非线性回归

6.5.1 损失函数

到目前为止,本章主要讨论了利用支持向量机求解模式分类任务。现在,我们考虑利用支持向量机求解非线性回归问题。为了更好地理解 SVM 应用于非线性回归的相关过程,我们首先讨论适合这类学习任务的最优化准则问题。

以鲁棒性作为设计目标,对于任何鲁棒性的数值度量必须考虑由于微小噪声模型中的偏差而可能产生最大性能退化。因此,一种最优鲁棒的估计过程是一种最小最大过程。而当加性噪声的概率密度函数关于原点对称时,求解非线性回归问题的最小最大过程利用绝对误差作为被最小化的量。那么,损失函数可表示为:

$$L(d,y)=|d-y| \tag{6-41}$$

式中:d 表示期望响应;L 表示估计器输出。

为了构造支持向量机的期望响应 d,利用损失函数式 6-41 可以描述为:

$$L_\varepsilon(d,y)=\begin{cases} |d-y|-\varepsilon, & |d-y|\geq\varepsilon \\ 0, & |d-y|<\varepsilon \end{cases} \tag{6-42}$$

式中：ε 是给定的参数，损失函数 $L_\varepsilon(d,y)$ 称为 ε 不敏感损失函数。特别地，当 $\varepsilon=0$ 时，损失函数回到了原有的形式。

6.5.2 用于非线性回归的支持向量机

考虑到非线性回归模型，期望响应 d 与向量 x 的关系可以用下式表示为：

$$D=f(x)+\gamma \tag{6-43}$$

式中：$f(x)$ 定义为条件期望 $E[D[x]]$；D 是一个随机变量，它的一次实现记为 d；加性噪声项 γ 是统计独立于输入向量 x 的，函数 $f(x)$ 和噪声 γ 的统计特性是未知的。现有的可用信息是一组训练数据 $\{(x_i,d_i)\}$，其中 x_i 是输入向量 x 的一个样本值，d_i 是模型输出 d 的相应值。

进一步假设 d 的估计记为 y，可得：

$$y = \sum_{j}^{m_1} w_j\phi_j(x) = w^T\phi(x) \tag{6-44}$$

和第 3 小节一样，定义向量 $\phi(x)=(\phi_0(x),\cdots,\phi_{m_1}(x))^T$，并假设对所有 x，$\phi_0(x)=1$，则 w_0 表示偏置 b_0，求解的问题就是最小化经验风险：

$$R = \frac{\sum_{i=1}^{N} L_\varepsilon(d_i,y_i)}{N} \tag{6-45}$$

且满足不等式 $\|w\|^2 \leqslant c_0$，其中 c_0 为常数。

根据式 6-42 的定义，引入两组非负的松弛变量重新表示这个约束最优化问题，松弛变量定义为：

$$\begin{cases} d_i-w^T\phi(x_i) \leqslant \varepsilon+\xi_i, \xi_i \geqslant 0, & i=1,2,\cdots,N \\ w^T\phi(x_i)-d_i \leqslant \varepsilon+\xi_i', \xi_i' \geqslant 0, & i=1,2,\cdots,N \end{cases} \tag{6-46}$$

则：

$$\Phi(w,\xi_i,\xi_i') = C\sum_{i=1}^{N}(\xi_i+\xi_i') + \frac{1}{2}w^T w \tag{6-47}$$

式中：常数 C 是给定的参数。

从而定义拉格朗日函数：

$$\begin{aligned} L(w,\xi,\xi',\alpha,\alpha',\gamma,\gamma') = {} & C\sum_{i=1}^{N}(\xi_i+\xi_i') + \frac{1}{2}w^T w - \sum_{i=1}^{N}\alpha_i[w^T\phi(x_i)-d_i+\varepsilon+\xi_i] - \\ & \sum_{i=1}^{N}\alpha_i'[d_i-w^T\phi(x_i)+\varepsilon+\xi_i'] - \sum_{i=1}^{N}(\gamma_i\xi_i+\gamma_i'\xi_i') \end{aligned} \tag{6-48}$$

求解这个最优化，得出：

$$w = \sum_{i=1}^{N}(\alpha_i-\alpha_i')\phi(x_i), \quad \gamma_i = C-\alpha_i, \gamma_i' = C-\alpha_i' \tag{6-49}$$

接下来构造其对偶问题，可描述如下：

给定训练样本，寻找拉格朗日乘子 α_i，α_i'，使其最大化目标函数。

$$Q(\alpha_i, \alpha_i') = \sum_{i=1}^{N} d_i(\alpha_i - \alpha_i') - \varepsilon \sum_{i=1}^{N}(\alpha_i + \alpha_i') -$$
$$\frac{1}{2} \sum_{i=1}^{N} \sum_{j=1}^{N}(\alpha_i - \alpha_i')(\alpha_j - \alpha_j')K(x_i, x_j) \qquad (6\text{--}50)$$

满足约束条件：

$$\begin{cases} \sum_{i=1}^{N} \alpha_i d_i = 0; \\ 0 \leqslant \alpha_i \leqslant C, 0 \leqslant \alpha_i' \leqslant C, \quad i = 1, 2, \cdots, N \end{cases} \qquad (6\text{--}51)$$

拉格朗日函数最优化问题中，对于 $\phi_0(x)=1$，则 w_0 表示偏置 b_0 产生约束条件 1。因此，获得最优 α_i、α_i' 后，对于给定的映射 $\phi(x)$，可以根据式 6–48 确定 w 的最优值。最后，和用于模式分类的支持向量机一样，根据约束条件去掉一些系数为零的项。同样地，用于非线性回归的支持向量机可以用第 4 节中提到的 3 种内积核实现。

6.6 案例分析：基于 SVM 预测鸢尾花种类

本节我们通过具体的分类案例来进一步了解支持向量机方法。下面以统计学习和机器学习领域常用的经典 Iris 鸢尾花数据集为例，基于 SVM 工具根据鸢尾花的两特征对其进行分类。该数据集包含 3 类共 150 条记录，每类 50 个数据，每条记录都有 4 项样本特征：花萼长度、花萼宽度、花瓣长度、花瓣宽度。本节通过花萼长度和花萼宽度这两个特征预测鸢尾花属于哪个种类。Iris.data 的数据格式如表 6.2 所示。共 5 列，前 4 列为样本特征，第 5 列为类别，分别有 3 种类别：Iris-setosa、Iris-versicolor、Iris-virginica。

表 6.2
鸢尾花部分数据描述

Sepal Length	Sepal Width	Petal Length	Petal Width	Species
5.1	3.5	1.4	0.2	Iris-setosa
4.9	3.0	1.4	0.2	Iris-setosa
4.7	3.2	1.3	0.2	Iris-setosa
4.6	3.1	1.5	0.2	Iris-setosa
5.0	3.6	1.4	0.2	Iris-setosa
7.0	3.2	4.7	1.4	Iris-versicolor
6.4	3.2	4.5	1.5	Iris-versicolor
6.9	3.1	4.9	1.5	Iris-versicolor
5.5	2.3	4.0	1.3	Iris-versicolor

Sepal Length	Sepal Width	Petal Length	Petal Width	Species
6.3	3.3	4.7	1.6	Iris-versicolor
7.6	3.0	6.6	2.1	Iris-virginica
4.9	2.5	4.5	1.7	Iris-virginica
6.7	2.5	5.8	1.8	Iris-virginica
7.2	3.6	6.1	2.5	Iris-virginica
6.4	2.7	5.3	1.9	Iris-virginica

　　首先，在使用 SVM 时，需先从 sklearn 包中导入 SVM 模块。接下来的主要步骤为：第一步，读取数据集，使用标签编码将 3 种鸢尾花的品种名称转换为分类值（0，1，2）；第二步，划分训练样本与测试样本，将数据集拆分为训练和测试数据集，测试样本占比 0.4，训练样本占比 0.6；第三步，训练 SVM 分类器；第四步，计算分类准确率。最后，通过 SVM 算法得出训练集 0.85，测试集 0.7。

　　当然也可以使用花瓣特征对鸢尾花种类进行预测，预测过程与前文相同，结果发现花瓣对鸢尾花的预测效果更好。

关键术语

- 支持向量机　　　　　Support Vector Machine
- 线性可分　　　　　　Linear Separated
- 最优超平面　　　　　Optimal Hyperplane
- 最大边缘超平面　　　Maximum Marginal Hyperplane
- 支持向量　　　　　　Support Vectors
- 核函数　　　　　　　Kernel Function
- 损失函数　　　　　　Loss Function

本章小结

　　支持向量机是一种二分类模型，它的目的是寻找一个最大边缘超平面来对数据样本进行分离，最终转化为一个凸二次规划问题。总地来说，SVM 的处理思路是寻找最优超平面。首先确定目标函数，在满足 KKT 条件的情况下将原始问题转化为对偶问题求解。如果出现数据不完全线性可分的情况，则采用软间隔的方式；如果出现数据非线性可分的情况，则利用高维映射将低维空间不可分的数据映射到高维空间，使得数据线性可分，再按照线性可分的方法处理。特别地，对于巨大的计算量采用核函数做映射。

支持向量机学习算法可以用于模式分类和非线性回归。无论应用方向是什么，支持向量机提供了一种独立于维数的控制模型复杂性的方法，使得模型的复杂性问题在高维空间中得到解决，并且通过把处理约束最优化问题集中于其对偶问题，避免在数据空间中定义和计算可能的高维最优超平面的参数。

即测即评

参考文献

[1] Nello Cristianini，John Shawe-Taylor. 支持向量机导论［M］. 李国正，王猛，曾华军，译. 北京：电子工业出版社，2004.

[2] Jiawei Han，Micheline Kamber. Data mining，concepts and techniques［M］. 北京：高等教育出版社，2001.

[3] Vladimir N.Vapnik. 统计学习理论的本质［M］. 张学工，译. 北京：清华大学出版社，2000.

[4] 周志华. 机器学习［M］. 北京：清华大学出版社，2016.

第 7 章
贝叶斯学习

贝叶斯算法是以经典贝叶斯概率理论为基础，通过事件的发生概率和误判损失函数来选择最优类别标记的一种分类算法的总称。主要包括朴素贝叶斯分类器、半朴素贝叶斯分类器和贝叶斯网络。

7.1 朴素贝叶斯分类器

朴素贝叶斯分类器在贝叶斯理论的基础上提出"属性条件独立性"这一假设，即在假设已知类别所有属性相互独立的基础上，分析每个属性如何独立地对分类结果产生影响。

7.1.1 贝叶斯理论

贝叶斯理论，也称为贝叶斯决策理论，是在已知先验概率和类条件概率分布形式的前提下，利用贝叶斯公式和已知样本集对先验概率进行修改完善，最后基于最小化期望损失做出最优决策。贝叶斯理论的基本原理如下。

假设训练数据集为 A，x 是 n 维特征向量的集合，类标记集合 $y = \{c_1, c_2, \cdots, c_J\}$，表示有 J 种可能的标记。$x \in x$ 为输入样本特征，$y \in y$ 为输出类别标记。X 是定义在输入空间 x 的随机向量，Y 是定义在输出空间 y 的随机变量，$P(X, Y)$ 是 X 和 Y 的联合概率分布。

假设 $f(X)$ 表示分类决策函数，$L(Y, f(X))$ 表示 0–1 损失函数，当预测值 $f(X)$ 与真实值 Y 不一致，即预测错误时，$L(Y, f(X)) = 1$。则误判损失函数为：

$$L(Y, f(X)) = \begin{cases} 0, & Y = f(X) \\ 1, & Y \neq f(X) \end{cases} \tag{7-1}$$

设 $R(f)$ 为期望损失函数，在式 7–1 中，当 $L(Y, f(X)) = 1$ 时会产生期望损失，则期望损失函数为：

$$R(f) = E[L(Y, f(X))] = \sum_{x \in x} \sum_{j=1}^{J} L(c_j, f(x)) P(x, c_j) \qquad (7\text{-}2)$$

由于式 7-2 中的期望是对联合概率分布 $P(X, Y)$ 取的，而 $P(X, Y)$ 未知，故进一步计算得：

$$R(f) = \sum_{x \in x} \sum_{j=1}^{J} L(c_j, f(x)) P(c_j \mid x) P(x) = E_X \sum_{j=1}^{J} [L(c_j, f(X))] P(c_j \mid X) \quad (7\text{-}3)$$

式中：$\sum_{j=1}^{J} L(c_j, f(x)) P(c_j \mid x)$ 为在样本 x 上的条件风险。

贝叶斯理论的判定原理是最小化期望损失，即 $R(f)$ 最小化，这等价于最大化后验概率，证明过程如下。

为使期望损失最小化，选择每个样本上能使条件风险最小的类别输出，即：

$$\begin{aligned}
f^*(x) &= \arg\min_{y \in y} \sum_{j=1}^{J} [L(c_j, y)] P(c_j \mid X = x) \\
&= \arg\min_{y \in y} \sum_{j=1}^{J} P(y \neq c_j \mid X = x) \\
&= \arg\min_{y \in y} [1 - P(y = c_j \mid X = x)] \\
&= \arg\max_{y \in y} P(y = c_j \mid X = x) \qquad (7\text{-}4)
\end{aligned}$$

式 7-4 可以这样理解：由式（7-1）可知，当 $y=c_j$ 时，$L(c_j, y)=0$，$[L(c_j, y)] \cdot P(c_j \mid X=x) = 0$；当 $y \neq c_j$ 时，$L(c_j, y)=1$，即 $[L(c_j, y)] P(c_j \mid X=x) = P(c_j \mid X=x)$，因此，$\arg\min_{y \in y} \sum_{j=1}^{J} [L(c_j, y)] P(c_j \mid X=x) = \arg\min_{y \in y} \sum_{j=1}^{J} P(y \neq c_j \mid X=x) = \arg\max_{y \in y} P(y=c_j \mid X=x)$。

该问题可以理解为训练集中的数据分类标记有 J 类标记，如果出现一个新样本 x，应该如何判断它属于哪个类别。后验概率是指利用贝叶斯公式对先验概率进行修正，而后得到的概率。后验概率分布为 $P(Y=c_j \mid X=x)$。

从概率的角度来看，这个问题就是给定 x，它属于哪个类别的概率最大，问题就转化成了求解 $P(y_1 \mid x)$，$P(y_2 \mid x)$，…，$P(y_J \mid x)$ 中的最大值，即转化成求解后验概率最大的类别输出。

此时 $f^*(x) = \arg\max_{c_j} P(y=c_j \mid X=x)$ 为贝叶斯最优分类器，即选择在每个样本上能使后验概率最大的类别作为输出，$1 - R(f^*(x))$ 为贝叶斯决策理论框架下分类器所能达到的最优性能，也是机器学习所能学习的模型精度的理论上限。

机器学习所要达到的目标是在样本集有限的情况下，实现对后验概率 $P(Y=c_j \mid X=x)$ 尽可能准确的估计。后验概率的估计思想主要有两种：判别式模型和生成式模型。判别式模型是通过观察数据对条件概率分布 $P(Y \mid X)$ 的直接建模实现对输出类别 $Y=c_j$ 的估计；生成式模型是在给定训练数据集的条件下，对 $P(X \mid Y)$ 和 $P(Y)$ 建模，由于 $P(X \mid Y) P(Y) = P(X, Y)$，即生成式模型通过计算联合概率分布实现对待预测样本输出类别的估计。朴素贝叶斯分类器属于生成式模型：

$$P(Y=c_j \mid X=x) = \frac{P(X=x, Y=c_j)}{P(X=x)} = \frac{P(Y=c_j)P(X=x \mid Y=c_j)}{P(X=x)} \tag{7-5}$$

朴素贝叶斯分类器假定类别中样本的属性特征是相互独立的,即:

$$P(X=x \mid Y=c_j) = \prod_{i=1}^{n} P(X_i=x_i \mid Y=c_j) \tag{7-6}$$

因此:

$$P(Y=c_j \mid X=x) = \frac{P(Y=c_j)P(X=x \mid Y=c_j)}{P(X=x)}$$

$$= \frac{P(Y=c_j)}{P(X=x)} \prod_{i=1}^{n} P(X_i=x_i \mid Y=c_j) \tag{7-7}$$

根据贝叶斯判定原理,即后验概率最大化原理:

$$f^*(x) = \arg\max_{c_j} P(y=c_j \mid X=x)$$

$$= \arg\max_{c_j} \frac{P(Y=c_j)\prod_{i=1}^{n} P(X_i=x_i \mid Y=c_j)}{P(X=x)} \tag{7-8}$$

在式 7-8 中,待预测样本特征条件是固定的,即对于所有 c_j 来说分母都是相同的,因此朴素贝叶斯分类器表达式如下所示:

$$f^*(x) = \arg\max_{c_j} P(Y=c_j) \prod_{i=1}^{n} P(X_i=x_i \mid Y=c_j) \tag{7-9}$$

7.1.2 极大似然估计

假定条件概率 $P(x \mid c_j)$ 服从某种特定的概率分布形式,可以利用极大似然估计方法对概率分布的参数进行估计。

设第 c_j 类样本组成的集合为 A_{c_j},假设条件概率 $P(x \mid c_j)$ 所服从的概率分布的参数向量为 θ_{c_j},将 $P(x \mid c_j)$ 记为 $P(x \mid \theta_{c_j})$,这里 $x \in A_{c_j}$。设似然函数为 $L(\theta_{c_j})$,运用极大似然估计方法对参数向量 θ_{c_j} 进行估计:

$$L(\theta_{c_j}) = P(A_{c_j} \mid \theta_{c_j}) = \prod_{x \in A_{c_j}} P(x \mid \theta_{c_j}) \tag{7-10}$$

对似然函数 $L(\theta_{c_j})$ 取自然对数,将连乘变为连加:

$$\ln L(\theta_{c_j}) = \sum_{x \in A_{c_j}} \ln P(x \mid \theta_{c_j}) \tag{7-11}$$

对 $\ln L(\theta_{c_j})$ 求导,令导数为 0,解得参数 θ_{c_j} 的极大似然估计 $\hat{\theta}_{c_j}$ 为:$\hat{\theta}_{c_j} = \arg\max_{\theta_{c_j}} \ln L(\theta_{c_j})$。

7.1.3 朴素贝叶斯分类器的算法

利用极大似然估计的方法对朴素贝叶斯分类器进行参数估计,即估计先验概率 $P(Y=c_j)$ 和条件概率 $P(X_i=x_i \mid Y=c_j)$。

用 A_{c_j} 表示训练集 A 中第 c_j 类样本的集合，如有足够的独立同分布[①]样本，则类先验概率为：

$$P(Y=c_j) = \frac{|A_{c_j}|}{|A|} \tag{7-12}$$

当随机样本属性服从离散分布时，$A_{c_j,\,x_i}$ 表示在 A_{c_j} 中 x 的第 i 个属性上取值为 x_i 的样本的集合，则条件概率 $P(X_i=x_i|Y=c_j)$ 为：

$$P(X_i=x_i \mid Y=c_j) = \frac{|A_{c_j,x_i}|}{|A_{c_j}|} \tag{7-13}$$

当随机样本属性服从连续分布时，可考虑概率密度函数。例如，假定随机样本属性服从正态分布，$P(X_i=x_i|Y=c_j) \sim N(\mu_{c_j,\,i},\ \sigma_{c_j,\,i}^2)$，$\mu_{c_j,\,i}$ 和 $\sigma_{c_j,\,i}^2$ 分别表示第 c_j 类样本在第 i 个属性上取值的均值和方差，则所求的条件概率为：

$$P(X_i=x_i \mid Y=c_j) = \frac{1}{\sqrt{2\pi}\,\sigma_{c_j,i}}\exp\left(-\frac{(x_i-\mu_{c_j,i})^2}{2\sigma_{c_j,i}^2}\right) \tag{7-14}$$

式中：$\mu = \dfrac{1}{n}\sum\limits_{i=1}^{n} x_i = \bar{x}$；$\sigma^2 = \dfrac{1}{n-1}\sum\limits_{i=1}^{n}(x_i-\bar{x})^2$。

贝叶斯算法的计算过程称为训练过程，随机数据称为训练数据。下面举一个简单的例子来训练一个朴素贝叶斯分类器。

【例 7.1】 以表 7.1 的樱桃数据集为例，表中共有 11 个训练样本，以 X_1、X_2、X_3、X_4 为特征，Y 为类别进行标记。其中 X_1、X_2、X_3 为离散数据，分别表示樱桃的颜色、大小和果肉软硬程度。其中 Ⅰ 代表紫黑色，Ⅱ 代表鲜红色，Ⅲ 代表橙黄色；甲代表大型果，乙代表中型果，丙代表中小型果，丁表示小型果；a 表示有弹性，b 表示软塌塌，c 表示软硬适中。X_4 为连续数据，表示"含糖率"。T 表示质量比较好的樱桃；F 表示质量不太好的樱桃。通过表 7.1 提供的数据学习朴素贝叶斯分类器并确定 $x=(\text{Ⅱ}，乙，b，0.4)^T$ 时的类别标记。

表 7.1
樱桃数据集

	1	2	3	4	5	6	7	8	9	10	11
X_1	Ⅰ	Ⅱ	Ⅱ	Ⅰ	Ⅱ	Ⅲ	Ⅰ	Ⅲ	Ⅱ	Ⅰ	Ⅱ
X_2	甲	乙	丙	乙	丙	丁	甲	乙	乙	甲	丙
X_3	a	b	a	b	a	b	b	a	c	c	b
X_4	0.6	0.4	0.5	0.4	0.7	0.4	0.5	0.5	0.6	0.5	0.4
Y	T	T	T	F	F	F	T	F	T	T	F

解：（1）计算先验概率：

---

① 在概率统计理论中，如果变量序列或者其他随机变量有相同的概率分布，并且互相独立，那么这些随机变量是独立同分布。

$$P(Y=T)=\frac{6}{11}\quad P(Y=F)=\frac{5}{11}$$

（2）计算条件概率：

$$P(X_1=\mathrm{II}\mid Y=T)=\frac{3}{6}\quad P(X_1=\mathrm{II}\mid Y=F)=\frac{2}{5}$$

$$P(X_2=\text{乙}\mid Y=T)=\frac{2}{6}\quad P(X_2=\text{乙}\mid Y=F)=\frac{2}{5}$$

$$P(X_3=b\mid Y=T)=\frac{2}{6}\quad P(X_3=b\mid Y=F)=\frac{3}{5}$$

$$P(X_4=0.4\mid Y=T)=\frac{1}{\sqrt{2\pi}\times0.075\,3}\exp\left(-\frac{(0.4-0.516\,7)^2}{2\times0.075\,3^2}\right)=1.59$$

$$P(X_4=0.4\mid Y=F)=\frac{1}{\sqrt{2\pi}\times0.130\,4}\exp\left(-\frac{(0.4-0.48)^2}{2\times0.130\,4^2}\right)=2.53$$

由此可得：

$$P(Y=T)P(X_1=\mathrm{II}\mid Y=T)P(X_2=\text{乙}\mid Y=T)P(X_3=b\mid Y=T)P(X_4=0.4\mid Y=T)$$

$$=\frac{6}{11}\times\frac{3}{6}\times\frac{2}{6}\times\frac{2}{6}\times1.59=0.048\,1$$

$$P(Y=F)P(X_1=\mathrm{II}\mid Y=F)P(X_2=\text{乙}\mid Y=F)P(X_3=b\mid Y=F)P(X_4=0.4\mid Y=F)$$

$$=\frac{5}{11}\times\frac{2}{5}\times\frac{2}{5}\times\frac{3}{5}\times2.53=0.110\,4$$

所以，由于 0.048 1<0.110 4，得 $y=F$，即当樱桃呈现出 $x=(\mathrm{II}$，乙，b，$0.4)^T$ 特征时，说明它是一个质量不太好的樱桃。

在训练数据中，可能存在样本的某一属性值与某一类别没有交集的情况，此时用极大似然估计所得的条件概率值为零，会对待预测样本的分类结果造成影响。例如，在例 7.1 中，当 $X_1=\mathrm{III}$ 时：

$$P(X_1=\mathrm{III}\mid Y=T)=\frac{0}{6}$$

此时，即使样本的其他数据值都是合理的，也会影响 $Y=T$ 时的计算结果，对分类结果造成影响。为了避免这种情况，可以采用拉普拉斯平滑①（Laplace）修正概率值。用 J 表示数据集 A 中的类别个数，用 J_i 表示第 i 个属性的所有可能取值个数。此时式 7–12 和式 7–13 分别转化为：

$$P(Y=c_j)=\frac{|A_{c_j}|+1}{|A|+J}\tag{7-15}$$

$$P(X_i=x_i\mid Y=c_j)=\frac{|A_{c_j,x_i}|+1}{|A_{c_j}|+J_i}\tag{7-16}$$

---

① 平滑处理的具体公式为：

$$P(y_k)=\frac{N_{y_k}+\alpha}{N+k\alpha};\quad P(x_i\mid y_k)=\frac{N_{y_k,x_i}+\alpha}{N_{y_k}+n\alpha}$$

式中：N 是样本总数，k 是总类别个数，N_{y_k} 是类别为 y_k 的样本个数，α 是平滑值，n 是某一个特征的特征个数，N_{y_k,x_i} 是类别为 y_k 的样本中第 i 维特征为 x_i 的样本个数。
当 $\alpha=1$ 时，为 Laplace 平滑；当 $0<\alpha<1$ 时，为 Lidstone 平滑；当 $\alpha=0$ 时，不做平滑。

此时运用拉普拉斯平滑估计例 7.1 中的先验概率：

$$P(Y=T) = \frac{6+1}{11+2} = \frac{7}{13} \quad P(Y=F) = \frac{5+1}{11+2} = \frac{6}{13}$$

运用拉普拉斯平滑估计后验概率为：

$$P(X_1 = \text{II} \mid Y=T) = \frac{3+1}{6+3} = \frac{4}{9} \quad P(X_1 = \text{II} \mid Y=F) = \frac{2+1}{5+3} = \frac{3}{8}$$

$$P(X_2 = \text{乙} \mid Y=T) = \frac{2+1}{6+4} = \frac{3}{10} \quad P(X_2 = \text{乙} \mid Y=F) = \frac{2+1}{5+4} = \frac{3}{9}$$

$$P(X_3 = b \mid Y=T) = \frac{2+1}{6+3} = \frac{3}{9} \quad P(X_3 = b \mid Y=F) = \frac{3+1}{5+3} = \frac{4}{8}$$

运用拉普拉斯平滑计算例 7.1 的结果为：

$$P(Y=T)P(X_1 = \text{II} \mid Y=T)P(X_2 = \text{乙} \mid Y=T)P(X_3 = b \mid Y=T)P(X_4 = 0.4 \mid Y=T)$$

$$= \frac{7}{13} \times \frac{4}{9} \times \frac{3}{10} \times \frac{3}{9} \times 1.59 = 0.038$$

$$P(Y=F)P(X_1 = \text{II} \mid Y=F)P(X_2 = \text{乙} \mid Y=F)P(X_3 = b \mid Y=F)P(X_4 = 0.4 \mid Y=F)$$

$$= \frac{6}{13} \times \frac{3}{8} \times \frac{3}{9} \times \frac{4}{8} \times 2.53 = 0.073$$

由于 0.038<0.073，得 y=F，即当樱桃呈现出 x=（II，乙，b，0.4）^{T} 特征时，说明它是一个质量不好的樱桃。

7.2　半朴素贝叶斯分类器

现实情况中，几乎不存在所有属性全部独立的数据，朴素贝叶斯分类器的假设条件难以满足。为了实现属性之间的相互关联，引入半朴素贝叶斯分类器。半朴素贝叶斯分类器承认属性之间的关联性，通过在一定程度上放松对属性之间条件独立性的假设，使得部分属性之间存在相互依赖关系。这样既考虑了完全独立的理想假设难以实现的问题，又避免了属性之间相关性过于复杂带来的计算困难。

半朴素贝叶斯分类器常常采用独依赖估计（One-Dependent Estimator）的假设，即每个属性在类别之外最多只依赖于一个其他属性。设属性 x_i 所依赖的其他属性为 pa_i，称 pa_i 为父属性，原贝叶斯判定准则可以转化为：

$$f^*(x) = \arg \max_{c_j} P(c_j) \prod_{i=1}^{n} P(x_i \mid c_j)$$

$$= \arg \max_{c_j} P(c_j) \prod_{i=1}^{n} P(x_i \mid c_j, pa_i) \tag{7-17}$$

此时若知道每个属性 x_i 的父属性 pa_i，式 7-17 中的 $P(x_i \mid c_j, pa_i)$ 可以利用式 7-16

的办法来估计，即$P(X_i = x_i \mid Y = c_j, Parent = pa_i) = \dfrac{|A_{c_j,pa_i,x_i}|+1}{|A_{c_j,pa_i}|+J_i}$。因此半朴素贝叶斯分类器的难点是如何确定每个属性$x_i$的父属性$pa_i$。本节介绍 SPODE、AODE 和 TAN 三种产生独依赖分类器的方法。

在图 7.1 中有三个有向无环图，圆圈 Y 表示类别，每个圆圈x_i表示属性，圆圈之间的连线表示属性之间的依赖关系。其中图 7.1（a）是朴素贝叶斯分类器，表示属性之间是相互独立的，图 7.1（b）和（c）为半朴素分类器，表示属性之间有一定依赖性。

SPODE（Super-Parent ODE）方法假设所有属性都依赖于一个共同属性，称这个属性为"超父"属性，超父属性需要通过交叉验证等方法确定。图 7.1（b）中，超父属性是x_1。

图 7.1
朴素贝叶斯分类器与
两种半朴素贝叶斯
分类器的属性依赖
关系

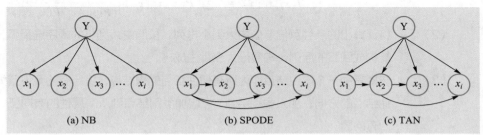

(a) NB   (b) SPODE   (c) TAN

AODE（Averaged ODE）是对 SPODE 方法进行循环操作，SPODE 假设所有属性都依赖于一个超父属性，而 AODE 假设每一个属性都有可能是超父属性，然后选择具有足够数据支撑有条件成为超父属性的x_i集合形成 SPODE 的集合，从而得到最终结果，即：

$$f^*(x) = \arg \max_{c_j} \sum_{\substack{i=1 \\ |A_{x_i}| \geq m'}}^{a} P(c_j, x_i) \prod_{l=1}^{a} P(x_l \mid c_j, x_i) \tag{7-18}$$

式中：A_{x_i}为在第i个属性上取值为x_i的样本集合；m'为阈值常数。此时求先验概率和条件概率的方法类似拉普拉斯平滑，为：

$$P(c_j, x_i) = \frac{|A_{c_j,x_i}|+1}{|A|+J \times J_i} \tag{7-19}$$

$$P(x_l \mid c_j, x_i) = \frac{|A_{c_j,x_i,x_l}|+1}{|A_{c_j,x_i}|+J_l} \tag{7-20}$$

式中：J表示训练数据A的类别个数；J_i表示第i个属性的所有可能取值个数；$A_{c_j,\,x_i}$表示类别为c_j的样本集合与在第i个属性上取值为x_i的样本集合的交集；$A_{c_j,\,x_i,\,x_l}$表示类别为c_j的样本集合与在第i和第l个属性上取值分别为x_i和x_l的样本集合的交集。

在例 7.1 中，分别求先验概率（此樱桃颜色呈鲜红色，是好樱桃发生的概率）和条件概率（颜色呈鲜红色，是好樱桃的条件下，此樱桃是中型果，颜色呈鲜红色，是好樱桃的概率）：

$$P(Y=T, X_1=\mathbb{I}) = \frac{3+1}{11+2\times3} = \frac{4}{17}$$

$$P(X_2=乙 \mid Y=T, X_1=\mathbb{I}) = \frac{2+1}{3+4} = \frac{3}{7}$$

由此可知，SPODE 和 AODE 方法与朴素贝叶斯分类器相似，只是在朴素贝叶斯分类器的基础上放松了对属性之间条件独立性的限制。

TAN（Tree-Augmented Naive Bayes）是由 Friedman 等人提出的树状半朴素贝叶斯模型，其基础是 Chow 等人提出的最大带权生成树算法，其模型如图 7.1（c）所示，其构造算法如下：

（1）以各个属性为结点构建一个无向图，计算任意两个属性结点之间弧的权重，即条件互信息 $I(x_i, x_l \mid y)$：

$$I(x_i, x_l \mid y) = \sum_{x_i, x_l; c_j \in Y} P(x_i, x_l \mid c_j) \ln \frac{P(x_i, x_l \mid c_j)}{P(x_i \mid c_j) P(x_l \mid c_j)} \tag{7-21}$$

（2）将计算出的条件互信息值由大到小排列，按照由大到小的顺序选择弧，遵循无环图不能构成回路的原则，构建最大权重生成树。

（3）选择其中一个属性结点作为所有属性结点的根结点，将所有的弧设置为由根结点到其他结点的方向；加入类别结点 Y，增加类别结点到所有属性的有向弧，将无向图转换为有向图。

TAN 利用条件互信息 $I(x_i, x_l \mid y)$ 越大，属性之间的依赖性越强烈的方法衡量了不同属性之间的关系，保留了属性之间依赖性最强的部分。

7.3 贝叶斯网络

贝叶斯网络由有向无环图 G 和条件概率表 $\varnothing$ 两个部分组成，即 $B=<G, \varnothing>$，是图论与概率论有效结合的产物，通过将不确定性问题可视化进行分析推理，在逻辑上更为清晰，易于理解。其中，有向无环图中用结点表示不同属性，结点之间的有向边表示属性间的因果关系或依赖关系，条件概率表描述了不同属性之间的依赖程度。

7.3.1 贝叶斯网络的结构

在现实生活中，事物间存在着错综复杂的关系，这时就不能仅靠朴素贝叶斯分类器和半朴素贝叶斯分类器来解决问题。贝叶斯网络结构假设在给定父结点集的前提下，每个属性与其非后代属性独立，即在贝叶斯网络中，属性之间的联合概率分布为：

$$P(x_1, x_2, \cdots, x_n) = \prod_{i=1}^{n} P(x_i \mid \psi_i) \tag{7-22}$$

式中：ψ_i 为 x_i 的父结点集。

以图 7.2 为例，此时加入更多判别樱桃好坏的因素，用贝叶斯网络来表示类别 Y 和属性 x_i 之间的关系。在图 7.2 中，Y 依然表示好坏类别，x_1、x_2、x_3、x_4、x_5、x_6 分别表示樱桃的颜色、大小、果肉软硬程度、含糖率、密度和表皮完整度。

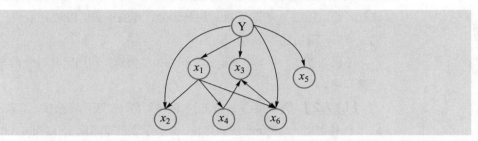

图 7.2
描述 Y 与 x_i 关系的简单的贝叶斯网络

贝叶斯网络中通常包含三种典型的三个属性间的依赖关系，即图 7.3 中的同父结构、V 形结构和顺序结构三种关系。

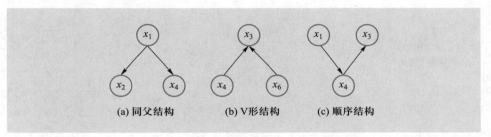

图 7.3
三种贝叶斯网络中的典型依赖关系

图 7.3（a）为同父结构，其中 x_1 为父结点，x_2 与 x_4 直接依赖于 x_1，根据贝叶斯网络的联合概率分布公式可得：

$$P(x_1, x_2, x_4) = P(x_2 \mid x_1) P(x_4 \mid x_1) P(x_1) \tag{7-23}$$

在同父结构中，当 x_1 已知时，可以根据 x_1 的取值对 x_2 和 x_4 进行预测，x_2 和 x_4 的取值互不影响，此时 x_2 与 x_4 是条件独立的，即给定 x_1 的值，x_2 与 x_4 条件独立，记作 $x_2 \perp x_4 \mid x_1$；若 x_1 未知，可以根据 x_2 的取值对 x_1 进行预测，x_1 的预测值将对 x_4 取值产生影响，因此此时 x_4 的取值受到 x_2 取值的影响，即在 x_1 未知时，x_2 与 x_4 不独立。

图 7.3（b）为 V 形结构，x_3 直接依赖于 x_4 和 x_6，根据贝叶斯网络的联合概率分布公式可得。由图 7.3（b）可知：

$$P(x_3, x_4, x_6) = P(x_3 \mid x_4, x_6) P(x_4) P(x_6) \tag{7-24}$$

V 形结构中，由于 x_3 的取值同时受到 x_4 和 x_6 取值的影响，只有当 x_4 和 x_6 的取值同时满足一定条件时，x_3 的取值才能成立。因此当 x_3 已知时，可以根据 x_3 的取值对 x_4 和 x_6 进行预测，此时 x_4 和 x_6 不独立，x_4 通过影响 x_3 进而影响 x_6 的信度；若 x_3 未知，则无法对 x_4 和 x_6 的取值进行预测，此时 x_4 和 x_6 的取值互不影响，即 x_4 和 x_6 相互独立，验证如下：

$$P(x_4,x_6) = \sum_{x_3} P(x_3 \mid x_4,x_6)P(x_4)P(x_6) = P(x_4)P(x_6)$$

图 7.3（c）为顺序结构，x_3 直接依赖于 x_4，x_4 直接依赖于 x_1，根据贝叶斯网络的联合概率分布公式可得：

$$P(x_1,x_3,x_4)=P(x_1)P(x_4 \mid x_1)P(x_3 \mid x_4) \tag{7-25}$$

当 x_4 已知时，可以根据 x_4 的取值对 x_3 进行预测，x_3 的取值不受 x_1 取值的影响，此时 x_1 与 x_3 是条件独立的，即给定 x_4 的值，x_1 与 x_3 条件独立，记作 $x_1 \perp x_3 \mid x_4$；若 x_4 未知，可以根据 x_1 的取值对 x_4 进行预测，x_4 的预测值将对 x_3 取值产生影响，因此此时 x_1 与 x_3 不独立。

下面取图 7.2 中 Y 与 x_3、x_6 之间的关系为例，利用贝叶斯公式学习一个简单的三因素网络。

【例 7.2】 假设类别 Y 有 T、F 两种可能（T 表示好樱桃，F 表示坏樱桃），x_3 有 a、b 两种可能（a 表示表皮有弹性，b 表示表皮软塌塌），x_6 有 α、β 两种可能（α 表示果皮完整，β 表示果皮不完整），如图 7.4 所示。图中表格为每个属性在不同条件下的概率取值。

图 7.4
Y 与 x_3、x_6 之间关系的贝叶斯网络

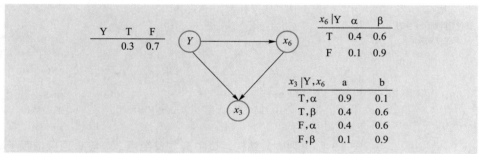

根据贝叶斯网络的联合概率分布公式可得 Y 与 x_3、x_6 之间的联合概率分布为：

$$P(Y,x_3,x_6)=P(x_3 \mid Y,x_6)P(x_6 \mid Y)P(Y) \tag{7-26}$$

x_3 与 Y 之间的条件概率分布为：

$$P(x_3 \mid Y)= \frac{P(Y,x_3)}{P(Y)}$$

$$= \frac{P(Y,x_3,x_6)+P(Y,x_3,\bar{x}_6)}{P(Y,x_3,x_6)+P(Y,x_3,\bar{x}_6)+P(Y,\bar{x}_3,x_6)+P(Y,\bar{x}_3,\bar{x}_6)} \tag{7-27}$$

代入数值利用式 7-26 和式 7-27 计算 $P(x_3 \mid Y)$：

$$P(x_3=a \mid Y=T)= \frac{P(Y=T,x_3=a)}{P(Y=T)} = \frac{0.9\times0.4\times0.3+0.4\times0.6\times0.3}{0.18+0.1\times0.4\times0.3+0.6\times0.6\times0.3} = \frac{0.18}{0.3} = 0.6$$

由此可得，表皮有弹性占樱桃质量好可能性的 60%，说明表皮有弹性的樱桃更有可能是好樱桃。

在计算例 7.2 的时候，只考虑了某一个属性对另一个属性的影响，但实际上贝叶斯网络的拓扑结构比例 7.2 复杂很多。

7.3.2　贝叶斯网络的学习

　　若想使用贝叶斯网络，首先要确定贝叶斯网络的拓扑结构，其次要知道各个属性之间的条件概率，这个过程称为贝叶斯网络的学习。贝叶斯网络的学习包括参数学习和结构学习两个部分。从给定的数据集中学习贝叶斯网络的结构，即各结点之间的依赖关系，只有确定了结构才能继续估计参数（即表示各结点之间依赖强弱的条件概率）。结构学习方法主要包括基于评分搜索的方法、基于约束的方法、基于评分搜索和基于约束相结合的混合方法和随机抽样方法等，本节主要介绍基于评分搜索的方法。

　　评分搜索的本质是一个最优化问题，基本思想是遍历所有可能的结构，然后用某个标准去衡量各个结构，从而找出最好的结构。简单来说，就是将所有可能的贝叶斯网络结构当作定义域，每种结构都用事先定义好的评分函数映射得到一个评分，自变量为某种贝叶斯网络结构，因变量为该结构的评分。贝叶斯网络结构学习的过程相当于在定义域内寻找最优函数的过程。

　　给定训练集 A，贝叶斯网络 $B=<G，Ø>$ 在 A 上的评分函数可写为：

$$s(B\,|\,A)=f(\theta)\,|\,B\,|-\ln L(B\,|\,A) \tag{7-28}$$

式中：$|B|$ 是贝叶斯网络的参数个数；$f(\theta)$ 是描述每个参数 θ 所需的编码位数。

　　编码位数包括描述模型自身所需的编码位数和使用该模型描述数据所需的编码位数，评分函数基于最小描述长度准则，选择综合编码长度最短的贝叶斯网络。其中，$f(\theta)\,|\,B\,|$ 是计算编码贝叶斯网络 B 所需的编码位数，$\ln L(B\,|\,A)=\sum_{i=1}^{m}\ln P_B(x_i)$ 为最优参数对数似然函数，体现了贝叶斯网络 B 对应的概率分布 P_B 对于数据集 A 的描述程度，应该选择使最优参数对数似然函数最大的贝叶斯网络。此时，学习任务就转化为一个优化任务，即寻找一个最优贝叶斯网络 B 使评分 $s(B\,|\,A)$ 最小。

　　若 $f(\theta)=1$，即每个参数用 1 位编码描述，得到 AIC（Akaike Information Criterion）评分准则：

$$AIC(B\,|\,A)=|\,B\,|-\ln L(B\,|\,A) \tag{7-29}$$

　　若 $f(\theta)=\dfrac{1}{2}\ln m$，即每个参数用 $\dfrac{1}{2}\ln m$ 位编码描述，得到 BIC（Bayesian Information Criterion）评分准则：

$$BIC(B\,|\,A)=\frac{1}{2}\ln m\,|\,B\,|-\ln L(B\,|\,A) \tag{7-30}$$

　　若 $f(\theta)=0$，即不计算对贝叶斯网络编码的长度，此时的评分函数退化为负对数似然函数，学习任务退化为极大似然估计。

　　由此可知，当贝叶斯网络结构已知时，评分函数中的 $f(\theta)\,|\,B\,|$ 为常数，此时最小化 $s(B\,|\,A)$ 转化为求参数的极大似然估计。但遍历所有可能的结构确定最优贝叶斯网络结构是一个 NP 难问题，所需计算时间较长。目前有两种常用的方法能够缩短计算时间得到近似最优解：第一种方法是贪心算法，从某个网络结构出发，通过每次

增加、删除或者调整弧线的方向，使评分函数达到最优值；第二种方法是通过限定网络结构为树形结构等方法，增加网络的约束条件，减少需要的搜索空间，从而最终缩短计算时间。

贝叶斯网络基于主观专家知识和客观样本数据建立，可以准确描述变量之间的依赖关系以及因果关系，因此适用于各种分类预测任务，如天气预报、股票市场预测和生态环境建模等，其优势在于能够充分利用变量之间的相互作用机制，从而使得预测结果更加准确、可靠。

7.4 案例分析：基于贝叶斯学习判断文章的作者归属

谁是真正的 Publius

美国政治家 Hamilton 和 Madison 于 1787—1788 年撰写了一系列文章劝说纽约州公民接受宪法。这些发表在报纸上的文章长度为 900~3 500 个单词，几乎涵盖了宪法草案的每一个阶段，署名均为 "Publius"。由于后期 Hamilton 和 Madison 各自在一些重要问题上采取了不同于这些文章中提出的观点的政治立场，长期以来 Hamilton 和 Madison 以及历史学家对于其中 12 篇文章的作者归属一直存在争议。

历史上许多统计学家也对该问题进行了激烈的讨论。从统计学的角度来看，这是分类问题领域的作者归属问题，也就是给一个真实类别不确定的对象或个人指定一个类别。在这个问题中，对象是 Hamilton 或 Madison 写的 12 篇文章，通过比较有争议文章的性质和从已知作者的文章中获得的语言风格信息，来对这 12 篇争议文章的作者归属进行推测。作者的语言风格信息是其写作过程中表达习惯的某种体现，如文本长度、句长、词长等，以及特征单词在其作品中的使用频率。

但是统计学家发现这 12 篇文章的句长并不具有区别度，因此无法据此进行作者归属。1964 年，美国统计学家 Mosteller 和 Wallace 结合前人经验，对 Hamilton 和 Madison 的用词习惯进行统计发现，两人在某些虚词的使用上具有显著差别。于是 Mosteller 和 Wallace 从中提取了包括 while、whist、upon、enough 等在内的 30 个具有代表性的虚词，通过对贝叶斯定理的重复使用，最终对 12 篇争议文章的作者归属给出了答案，获得了学术界的广泛好评。

在不确定性推理领域，贝叶斯定理的基本思路是使用观察到的样本数据对先验概率进行修正。Mosteller 和 Wallace 提出的解决方案中使用了两次贝叶斯定理，整个处理过程可以分为两个阶段，如图 7.5 所示。

阶段 I 是对 Hamilton 和 Madison 在写作过程中的用词习惯，即词频的参数分布的估计。Mosteller 和 Wallace 认为词频是一个随机变量，服从一定的分布形式并且被参

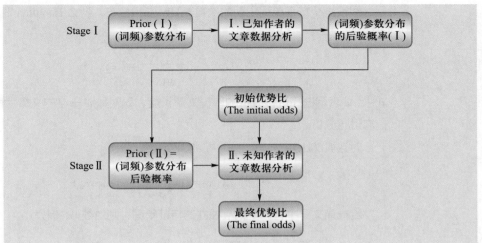

图 7.5
Mosteller 和 Wallace
分析过程

数向量 γ 所决定，因此可假设参数向量 γ 服从一个先验分布，然后基于已知作者的文章信息确定 γ 的后验分布，从而得出词频的概率分布。

阶段 Ⅱ 是评估根据词频提供的证据得出的有关争议文章作者归属的概率。这个分析过程既需要有关作者身份的先验概率比率，也就是初始优势比，也需要相应的词频参数分布，因此阶段 Ⅱ 使用阶段 Ⅰ 的输出作为初始参数分布。阶段 Ⅱ 分析的输出是有关作者身份的最终优势比，也是 Mosteller 和 Wallace 确定有争议文章作者归属的最终依据。阶段 Ⅱ 的具体分析思路如下：

假设 Hamilton 和 Madison 对于特征单词（可用来作为区分证据的单词）的使用频率分别为 μ_H 和 μ_M（每千字文章片段中特征单词出现的次数），假设 1 表示文章是由 Hamilton 撰写，2 表示文章是由 Madison 撰写，$P(H_1)$ 和 $P(H_2)$ 分别为假设 1 和假设 2 成立的初始概率，$P(H_2)=1-P(H_1)$，$P(X|H_i)$，$i=1$，2 表示当假设 i 成立时，观察结果 X（特征单词出现次数的特征向量）成立的条件概率。由贝叶斯定理可得，给定观察结果 X，假设 i 成立的概率为：

$$P(H_i \mid X) = \frac{P(X \mid H_i)P(H_i)}{P(X \mid H_1)P(H_1) + P(X \mid H_2)P(H_2)}$$

为了简约计算过程和便于比较评估，Mosteller 和 Wallace 使用优势比（Odds）来代替概率，优势比是指假设 1 成立的概率与假设 2 成立的概率的比值：

$$Odds = \frac{P(H_1 \mid X)}{P(H_2 \mid X)} = \frac{P(X \mid H_1)P(H_1)}{P(X \mid H_2)P(H_2)} = \frac{P(H_1)}{P(H_2)} \times \frac{P(X \mid H_1)}{P(X \mid H_2)}$$

$$= 初始优势比 \times 似然比 = 最终优势比$$

其中，$P(H_1)/P(H_2)$ 是数据采样前获得的初始优势比，$P(X|H_1)/P(X|H_2)$ 是由样本数据得到的似然比，最终优势比越大，说明假设 1 成立的概率越大。对上式两边同时取对数，可以得到贝叶斯定理的对数形式，从而将相乘变为相加：

ln 最终优势比 =ln 初始优势比 +ln 似然比

假设某个特征单词出现的次数 x 服从泊松分布，那么 Hamilton 对于 Madison 的似然比为：

$$K = \left(\frac{\mu_H}{\mu_M}\right)^x e^{-w(\mu_H - \mu_M)}$$

式中：w 表示选择进行分析的单位文章长度，即对每 w 千字的文章片段所包含的数据信息进行分析。

对数似然比为：

$$\lambda(x) = x\ln\left(\frac{\mu_H}{\mu_M}\right) - w(\mu_H - \mu_M)$$

若一篇文章中有 n 个相互独立的特征单词，则对数似然比为：

$$\sum_i \lambda(x_i) = \sum_i x_i\ln\left(\frac{\mu_{H_i}}{\mu_{M_i}}\right) - w(\mu_{H_i} - \mu_{M_i}), \quad i = 1, 2, \cdots, n$$

下面以 also、an、because 三个单词为例进行分析。Hamilton 和 Madison 对于上述三个单词的使用频率（每千字）以及三个单词的权重如表 7.2 所示。

表 7.2
also、an、because
词频（每千字）
以及区分权重

单词	Hamilton rate	Madison rate	Importance（$w=2$）
also	0.31	0.67	0.55
an	6.00	4.50	0.86
because	0.45	0.50	0.01

假设一篇有争议的文章长度为 2 000 个单词，其中 also、an、because 出现的次数分别为 4、7、0，且上述三个单词出现的次数服从泊松分布，则 Hamilton 对于 Madison 的似然比为：

$$\frac{\dfrac{(2\times 0.31)^4 e^{-(2\times 0.31)}}{4!}}{\dfrac{(2\times 0.67)^4 e^{-(2\times 0.67)}}{4!}} \times \frac{\dfrac{(2\times 6.00)^7 e^{-(2\times 6.00)}}{7!}}{\dfrac{(2\times 4.50)^7 e^{-(2\times 4.50)}}{7!}} \times \frac{\dfrac{(2\times 0.45)^0 e^{-(2\times 0.45)}}{0!}}{\dfrac{(2\times 0.50)^0 e^{-(2\times 0.50)}}{0!}}$$

$$= \frac{0.003\ 31}{0.035\ 2} \times \frac{0.043\ 7}{0.117} \times \frac{0.407}{0.368} \approx 0.094\ 0 \times 0.374 \times 1.11 \approx 0.039$$

由表 7.2 可以知道两位作者对于 because 的使用频率比较接近，导致 because 单个单词似然比为 1.11，接近于 1，因此该单词并不具有区分度。这里就涉及特征单词选择的问题，Mosteller 和 Wallace 提出依据假设 1 和假设 2 分别成立时的期望对数似然比之差作为有效衡量单词重要性的方法，具体体现为：

$$\left(w\mu_H\ln\left(\frac{\mu_H}{\mu_M}\right) - w(\mu_H - \mu_M)\right) - \left(w\mu_M\ln\left(\frac{\mu_H}{\mu_M}\right) - w(\mu_H - \mu_M)\right) = w(\mu_H - \mu_M)\ln\left(\frac{\mu_H}{\mu_M}\right)$$

根据上式可得到 also、an、because 三个单词的重要性，即表 7.2 中单词的区分权重，可以发现 because 的区分权重仅为 0.01，因此不选择其作为特征单词。

贝叶斯定理应用的一个前提是初始概率的确定，在这里体现为初始优势比 $P(H_1)/$ $P(H_2)$ 的确定，初始优势比的不同取值可能产生不同的结果。Mosteller 和 Wallace 认为，由样本数据提供的似然比能够在很大程度上对初始优势比进行修正。例如，当似然比为 10^{-6} 时，将会把初始优势比 10^3 修正为 10^{-3}，就概率而言，可能将 0.999 修正为 0.001。因此，当似然比足够大时，初始优势比的变化对于最终优势比的影响可以忽略，因此 Mosteller 和 Wallace 主要关注样本数据提供的似然比，以此来进行作者归属问题的求解。

关键术语

- 先验概率　　　　　　　　Prior Probability
- 类条件概率　　　　　　　Class-Conditional Probability
- 期望损失　　　　　　　　Expected Loss
- 条件风险　　　　　　　　Conditional Risk
- 贝叶斯最优分类器　　　　Bayes Optimal Classifier
- 判别式模型　　　　　　　Discriminative Models
- 生成式模型　　　　　　　Generative Models
- 极大似然估计　　　　　　Maximum Likelihood Estimation
- 朴素贝叶斯分类器　　　　Naive Bayes Classifier
- 半朴素贝叶斯分类器　　　Semi-Naive Bayes Classifier
- 独依赖估计　　　　　　　One-Dependent Estimator
- 条件互信息　　　　　　　Conditional Mutual Information
- 最大带权生成树　　　　　Maximum Weighted Spanning Tree
- 贝叶斯网　　　　　　　　Bayesian Network
- 有向无环图　　　　　　　Directed Acyclic Graph
- 条件概率表　　　　　　　Conditional Probability Table
- 评分函数　　　　　　　　Score Function
- 最小描述长度　　　　　　Minimal Description Length

本章小结

　　想要了解自然界中所有样本信息是很难实现的，因此只能通过抽取部分样本建立合适的模型

去对事件进行解释和预测。贝叶斯分类器是一种同时利用先验信息和样本信息，在不确定性条件

下进行决策的统计方法。凭借其准确率高、计算速度快等优点，贝叶斯分类器已成为机器学习的核心算法之一，在日常生活中得到了广泛应用，如文本分类、医疗诊断、垃圾邮件过滤、工业生产等。朴素贝叶斯分类器是一种最简单的贝叶斯分类器，基于属性条件独立性假设对待分类样本进行预测。然而在现实生活中这一假设是很难实现的，因此为了使预测结果更接近真实结果，引入了半朴素贝叶斯分类器，对属性条件独立性假设进行放松，即假设属性之间具有部分依赖关系。半朴素贝叶斯分类器既避免了完全考虑属性相关性带来的计算复杂度的提升，又提高了预测结果的精确度。独依赖估计是半朴素贝叶斯分类器最常用的一种方法，即假设除类别之外，所有属性最多具有一个父属性。SPODE、AODE 和 TAN 是三种常见的独依赖分类器。为了进一步准确描述属性之间的依赖关系，引入了贝叶斯网的概念。贝叶斯网将图论和概率论结合起来描述属性之间的依赖关系及联合概率分布，使得不确定性问题的决策在逻辑上更清晰、更易于理解。贝叶斯网的学习包括结构学习和参数学习两个部分，其中结构学习被证明是 NP 难问题，学者们也为此提出了多种解决方法，当贝叶斯网络结构已知时，参数学习可以通过对训练数据集"计数"实现，相对比较简单。

即测即评

参考文献

［1］Bruce G，Marcot，Richard S，et al. Using Bayesian belief networks to evaluate fish and wildlife population viability under land management alternatives from an environmental impact statement［J］. Forest Ecology and Management，2001，153，29–42.

［2］Chickering D M，Meek C，Hecherman D. Large-sample learning of Bayesian networks is NP-hard［J］. Journal of Machine Learning Research 2004，5：1287–1330.

［3］Chow C K. Approximating discrete probability distributions with dependence trees［J］. IEEE Transactions on Information Theory，1968，14（3）：462–467.

［4］Cooper Gregory F. The computational complexity of probabilistic inference using Bayesian belief networks［J］. Artificial Intelligence，1990，42（2–3）：393–405.

［5］Pedro Domingos，Michael J Pazzani. On the optimality of the simple Bayesian classifier under zero-one loss［J］. Machine Learning. 1997，29（2–3）：103–130.

［6］Efron B. Bayesians，frequentists，and scientists［J］. Journal of the Statistical Association，2005，100（469）：1–5.

［7］Friedman N，Geiger D，Goldszmidt M. Bayesian network classifiers［J］. Machine Learning，1997，29（2–3）：131–163.

［8］Pearl J. An economic basis for certain methods of evaluating probabilistic forecasts［J］.

International Journal of Man Machine Studies，1978，10（2）：175-183.

［9］Webb G I，Boughton J R，Wang Z. Not so naive Bayes: Aggregating one-dependence estimators［J］. Machine Learning，2005，58（1）：5-24.

［10］Zheng Z，Webb G I. Lazy learning of Bayesian rules［J］. Machine Learning，2000，41（1）：53-84.

［11］Christopher M Bishop. Pattern recognition and machine learning［M］. New York：Springer，2006.

［12］Mosteller F，Wallace D L. Applied Bayesian and classical inference：the case of the federalist papers［M］. Springer Science & Business Media，2012.

［13］李航 . 统计学习方法［M］. 北京：清华大学出版社，2012.

［14］吴军 . 数学之美［M］. 北京：人民邮电出版社，2012.

［15］周志华 . 机器学习［M］. 北京：清华大学出版社，2016.

［16］张连文，郭海鹏 . 贝叶斯网引论［M］. 北京：科学出版社，2006.

第 8 章
集成学习

集成学习是一种通用的机器学习方法，它通过训练多个弱学习器并将它们结合以解决一个问题。其核心的思想是虽然某一个弱学习器的预测效果欠佳，但是可以通过结合多个这样的弱学习器，使得弱学习器之间相互纠正各自的错误，以期整合出一个预测效果较好的强学习器。本章主要关注同质集成学习方法，即所包含的弱学习器皆属于同一类型的集成学习方法。按照结合方式不同，集成学习方法可分为贯序集成和并行集成。贯序集成主要利用了弱学习器之间的依赖关系，将弱学习器按照一定的顺序生成方法结合在一起，并使得学习误差较大的区域学习得更加精准，从而提高整体的预测效果。并行集成则是将弱学习器按照并行的方法生成，利用个体学习器之间的独立性，通过平均的方式降低模型错误，从而提高整体的预测效果。本章首先介绍集成学习的基础知识（8.1 节），然后将着重介绍 AdaBoost 和 Gradient Boost Decision Tree（8.2 节）这两种贯序集成方法及 Bagging（8.3 节）和随机森林（8.4 节）这两种并行集成方法。最后，探讨集成学习方法的应用案例（8.5 节）。

8.1 集成学习简介

8.1.1 集成学习的概念

前面几章介绍的监督学习方法通常都是利用单一的学习器或者分类器来对数据集进行分析，以期望得到一个稳定、精度高等各方面都表现出色的模型。但在实际情况中，利用单一的学习方法得到的模型往往并不理想。集成学习方法则通过训练多个学习器或者分类器，并将它们组合成一个新的学习器或分类器，来解决问题，以达到偏差和方差减小的效果。图 8.1 给出了集成学习的通用框架。首先构建多个个体学习器（Individual Learner）[①]，通过已有的监督学习方法在选定的训练数据集上训练学习器，然后将得到的学习器通过贯序的（Sequential）方式或者并行的（Parallel）方式组合

---

① 集成学习的框架对分类器同样适用，本节不再赘述分类器的情况。

图 8.1

集成学习通用框架

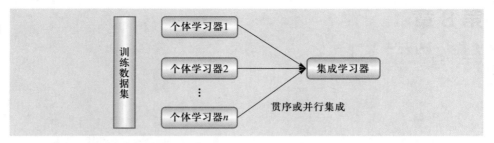

在一起，最终得到集成学习器，并通过该集成学习器解决相应的问题。

在大多数集成学习中，训练个体学习器时往往采用同一种学习算法，此时集成只包含同种类型的个体学习器，例如，全部采用决策树的"决策树集成"或者全部采用神经网络的"神经网络集成"，这样的集成方法通常称为同质（Homogeneous）集成。在同质集成中的个体学习器被称为基学习器（Base Learner），通常会采用比较简单的模型作为基学习器，如深度较小的决策树、简单的神经网络等。由于这些学习器比较简单，效果不如复杂的学习器好，因此常称之为弱学习器（Weak Learner）。弱学习器预测的正确率通常只能比随机猜对的概率稍高，例如，在二分类任务中，随机猜测猜对的概率是 0.5，弱学习器猜对的概率能够稍高于 0.5。集成学习中也可以采用不同的学习算法，训练出不同种类的个体学习器，例如，包含决策树与神经网络的"混合集成"，诸如此类的集成方法通常称为异质（Heterogeneous）集成。在异质集成中，由于个体学习器由不同的学习算法得到，我们不再称之为基学习器，而通常称之为组件学习器（Component Learner）或直接称之为个体学习器。在本章中，我们着重关注同质集成方法。

8.1.2　集成学习的简单示例

为了理解集成学习的框架，先考虑一个简单的集成学习例子。考虑一个二分类的问题，假设有三个个体分类器 h_1、h_2、h_3，集成分类器的输出结果采用"少数服从多数"的原则，即集成分类器的输出结果与三个分类器结果中多数的类别相同。三个分类器在三个测试样本上的表现如图 8.2 所示。其中分类正确用√表示，分类错误用 × 表示。在图 8.2（a）中，三个分类器的分类正确率均约为 66.7%，但在不同样本上的表现不尽相同：h_1 可以正确地分类样本 1 和样本 2，但是不能正确分类样本 3；h_2 可以正确地分类样本 2 和样本 3，但是不能正确分类样本 1；h_3 可以正确地分类样本 1 和样本 3，但是不能正确地分类样本 2。集成分类器则可以将三个样本全部正确分类，即集成分类器的性能被提升了。然而，如图 8.2（b）所示，当个体分类器在所有样本上的表现相同时，集成分类器的性能不变。在图 8.2（c）中，如果个体分类器的分类正确率较低时（ ≈ 33.3%），集成分类器的性能反而会降低。

通过上述例子，可以总结出个体分类器（或基学习器）的选择标准：第一，个体分类器要具有一定的准确性，如在二分类问题中，选择的个体分类器的准确率要高于

图 8.2
集成学习示例

(a) 集成性能提升

	样本1	样本2	样本3
h_1	✓	✓	✗
h_2	✗	✓	✓
h_3	✓	✗	✓
集成	✓	✓	✓

(b) 集成性能不变

	样本1	样本2	样本3
h_1	✓	✓	✗
h_2	✓	✓	✗
h_3	✓	✓	✗
集成	✓	✓	✗

(c) 集成性能降低

	样本1	样本2	样本3
h_1	✓	✗	✗
h_2	✗	✓	✗
h_3	✗	✗	✓
集成	✗	✗	✗

50%，即高于随机选择的准确率。第二，个体学习器在样本上的表现要具有一定的差异化，即有的分类器要在一些样本上表现好，有一些分类器要在另一些样本上表现好。可见，如何选择"好而不同"的个体学习器是集成学习的核心问题。

8.1.3 集成学习的分类

根据个体学习器结合方式不同，可将集成学习大致地分成两大类：贯序集成和并行集成。

贯序集成是将个体学习器按照一定的顺序生成方法结合在一起，利用学习器之间存在强依赖的关系，通过对训练集（Training Set）中错误标记的样本不断赋予较高的权重，令错误较大的区域受到更多的重视，从而提高整体的预测效果。贯序集成的代表性方法是 Boosting 方法。Boosting 是一系列可将弱学习器提升为强学习器的算法。其工作原理是先基于初始训练集运用基学习算法训练出一个基学习器，再根据基学习器的表现对样本分布进行调整，使得之前的基学习器做错的训练样本在后续加权到较大的权重，然后基于调整后的样本分布来训练下一个基学习器，并赋予精度较高的基学习器较大的权重。如此重复进行，直至基学习器数目达到事先指定的数量或满足事先确定好的退出条件。最后，将这些学习器进行加权结合。

并行集成是将个体学习器按照并行的方式生成，接着利用个体学习器之间的独立性，通过平均的方式降低模型错误，从而提高整体的预测效果。并行集成的代表性方法是 Bagging 方法。Bagging 的工作原理是先利用 Bootstrap 方法对所有样本进行重抽样，然后基于每个采样集训练出一个个体学习器，最后将得到的个体学习器进行组合，得到集成模型。

8.2 Boosting

Boosting 是一族可将弱学习器构建为强学习器的贯序集成方法。它也是一大类通用的方法，可将预测效果一般的机器学习方法进行改进，提高所要解决的回归或者分类问题的预测精度。在 Boosting 族方法中通常需要事先选择一种基学习器，并用相应的基学习算法（记为 ϖ）进行基学习器的训练。例如，当选择的基学习器是决策树时，可以利用递归 ID3 算法对其进行训练。假设现有一个数据训练集 D，并设定 Boosting 族方法中的基学习器个数为 B，Boosting 族方法的工作流程一般为：首先，初始化训练集 $D_1=D$；基于训练数据集 D_t，$t=1$，2，$\cdots$，B 训练出一个基学习器 h_t；然后根据误差计算规则 $Err(h_t, \alpha_t)$，计算这个基学习器的误差 ϵ_t，其中 α_t 为计算过程中的压缩参数；根据误差 ϵ_t 和数据集的调整规则 $adjust\_Distribution(D_t, \epsilon_t)$，得到新的训练数据集 D_{t+1}；重复上述过程，直至训练出的基学习器个数达到 B，停止迭代过程；最后对上述所有的基学习器进行整合。Boosting 族方法的一般过程如图 8.3 所示。

图 8.3
Boosting 族方法在
学习任务中的
一般过程

输入：初始训练集 $\mathcal{D}=\{(\boldsymbol{x}_i, y_i)\}_{i=1}^m$，$\boldsymbol{x}_i \in \chi \subseteq \mathbb{R}^n$，$y_i \in y$；//$\chi$ 和 y 分别为输入和
　　　输出空间；
　　　基学习算法 ϖ；
　　　迭代次数 B；
　　　压缩参数 α_t；$t=1, 2, \cdots, B$。
步骤：
1. $\mathcal{D}_1=\mathcal{D}$
2. **for** $t=1, \cdots, B$:
3. 　　$h_t = \varpi(\mathcal{D}_t)$；//基于训练集 $\mathcal{D}_t$ 训练出第 t 个基学习器 h_t
4. 　　$\epsilon_t = Err(h_t, \alpha_t)$；//估计 h_t 的样本误差
5. 　　$\mathcal{D}_{t+1} = Adjust\_Distribution(\mathcal{D}_t, \epsilon_t)$．//调整训练集
6. **end**
输出：$H(\boldsymbol{x}) = Combine\_Outputs(\{h_1(\boldsymbol{x}), \cdots, h_B(\boldsymbol{x})\})$。

在分类任务中，令 $f(\cdot)$ 为真实函数，则图 8.3 中第 4 步估计样本误差时，常计算出样本误差率

$$\epsilon_t = P_{x \sim D_t}(h_t(\boldsymbol{x}) \neq f(\boldsymbol{x}))$$

从而据此调整下一个训练集 $\mathcal{D}_{t+1}$。

在回归任务中，通常初始化误差值为 $r_i=y_i$，$i=1$，2，$\cdots$，m，而在图 8.3 中第 4 步估计样本误差时，常常通过

$$\epsilon_i \leftarrow \epsilon_i - \alpha_t h_t(\boldsymbol{x}_i), \quad i=1, 2, \cdots, m$$

的方式更新误差值，从而调整下一个训练集 $\mathcal{D}_{t+1}$。

就上述误差减小过程，从偏差—方差分解的角度分析，可知 Boosting 族方法主要关注于偏差的减小。另外，相对于泛化性能较差的单个弱学习器而言，对多个该类弱学习器进行贯序集成构建的 Boosting 族方法通常具有更强的泛化性能。以决策树为例。单一的决策树在训练过程中主要着重于对样本数据进行严格拟合（Fitting a Data Hard），随着决策树规模不断变大，可能会造成决策树的过拟合；不同于单个决策树

的训练过程，以决策树作为基学习器的 Boosting 族方法在每次迭代过程中，基于调整后的数据而非初始训练数据来训练基学习器，而且 Boosting 族方法可以通过控制决策树的规模来避免基学习器的过拟合，除此之外还可以通过调整基分类器的权重、迭代次数等参数对训练过程进行调节。因此，相对而言，Boosting 族方法的训练过程更为舒缓（Learning Slowly），可以通过对各类参数的调整来有效控制模型的拟合情况，具有更强的泛化性能。

Boosting 族方法中有多种不同的方法，接下来主要介绍比较经典的两种 Boosting 族方法，分别为 AdaBoost 和 Gradient Boosting Decision Tree。

8.2.1　AdaBoost

AdaBoost（Adaptive Boosting）方法最初由 Freund 和 Schapire（1997）提出，是 Boosting 族方法的代表之一。通常将他们所提出的这一方法称为标准 AdaBoost 方法。AdaBoost 方法的核心在于样本权重分布和基学习器权重的适应性变化，即在每一次迭代中，AdaBoost 方法都基于先前基学习器的误差情况调整训练样本，增加错误样本的权重，使得错误样本受到更多重视；而对于误差率小的基学习器，则赋予其更大的基学习器权重。

本小节以一个输出标记为 {+1，−1} 的二分类问题为例，介绍 AdaBoost 方法。AdaBoost 方法的整个训练过程主要是基于"可加性模型"（Additive Model）$H(x) = \sum_{t=1}^{B} \alpha_t h_t(x)$，来最小化指数损失函数 $L_{\exp}(H \mid D) = \mathbb{E}_{x \sim D}[e^{-f(x)H(x)}]$，其中采用的优化算法为前向分布算法（Forward Stagewise Algorithm）。需要注意的是，标准 AdaBoost 方法仅适用于二分类任务。若要应用于其他的任务类型，则需要针对具体任务，对标准 AdaBoost 中的损失函数、基学习算法类型等进行改动。接下来，对标准 AdaBoost 方法进行介绍，对应的算法如图 8.4 所示。在标准 AdaBoost 算法中，压缩参数 α_t 是通过误差 ϵ_t 计算出来的（见图 8.4 第 4 步）。记 $D_t(x)$ 为第 t 个训练集中数据的权重分布，每个更新的训练集基于压缩参数和分类的正误情况得到（见图 8.4 第 7 步）。

下面对标准 AdaBoost 算法进行分析。首先，分析为何采用指数函数 $L_{\exp}(H \mid D)$ 作为优化过程的损失函数。考虑下列指数型损失函数的形式：

$$L_{\exp}(H \mid D) = \mathbb{E}_{x \sim D}[e^{-f(x)H(x)}] \tag{8-1}$$

将其作为优化过程的损失函数。考虑 $L_{\exp}(H \mid D)$ 对 $H(x)$ 求偏导：

$$\frac{\partial L_{\exp}(H \mid D)}{\partial H(x)} = e^{-H(x)}P(f(x) = 1 \mid x) + e^{H(x)}P(f(x) = -1 \mid x)$$

接着，令 $\dfrac{\partial L_{\exp}(H \mid D)}{\partial H(x)} = 0$，求得 $H(x) = \dfrac{1}{2}\ln\dfrac{P(f(x) = 1 \mid x)}{P(f(x) = -1 \mid x)}$。

图 8.4

标准 AdaBoost 算法

输入：初始训练集 $\mathcal{D}=\{(\boldsymbol{x}_i,y_i)\}_{i=1}^{m}$, $\boldsymbol{x}_i \in \chi \subseteq \mathbb{R}^n$, $y_i \in \{-1,+1\}$;

  基学习算法 ϖ;

  迭代次数 B。

步骤：

1. $\mathcal{D}_1(\boldsymbol{x})=(\omega_{11},\omega_{12},\cdots,\omega_{1m})$, $\omega_{1i}=\dfrac{1}{m}$, $i=1,2,\cdots,m$. // 初始化训练集的权重分布

2. **for** $t=1,\cdots,B$:

3. $h_t=\varpi(\mathcal{D},\mathcal{D}_t(\boldsymbol{x}))$; // 基于利用 $\mathcal{D}_t$ 加权调整后的训练集训练出基学习器 h_t

4. $\epsilon_t=P_{x\sim\mathcal{D}_t}(h_t(\boldsymbol{x})\neq f(\boldsymbol{x}))=\sum\limits_{i=1}^{m}\omega_{ti}\,\mathbb{I}(h_t(\boldsymbol{x}_i)\neq f(\boldsymbol{x}_i))$; // h_t 的样本误差率

5.   **if** $\epsilon_t>0.5$ **then break** // 检查 h_t 的误差率是否比随机猜测的效果好

6. $\alpha_t=\dfrac{1}{2}\ln\dfrac{1-\epsilon_t}{\epsilon_t}$; // 计算基学习器 h_t 的权重 α_t

7. $\mathcal{D}_{t+1}(\boldsymbol{x})=\dfrac{\mathcal{D}_t(\boldsymbol{x})}{Z_t}\times\begin{cases}\exp(-\alpha_t), & \text{if } h_t(\boldsymbol{x})=f(\boldsymbol{x})\\\exp(\alpha_t), & \text{if } h_t(\boldsymbol{x})\neq f(\boldsymbol{x})\end{cases}$

    $=\dfrac{\mathcal{D}_t(\boldsymbol{x})\exp(-\alpha_t f(\boldsymbol{x})h_t)}{Z_t}$

    $=(\omega_{t1},\omega_{t2},\cdots,\omega_{tm})$. // 更新训练集权重分布，$Z_t$ 为规范化因子，

    使 $\mathcal{D}_{t+1}(\boldsymbol{x})$ 为一个概率分布，这里 $Z_t=\sum\limits_{i=1}^{m}\omega_{ti}\exp(-\alpha_t f(\boldsymbol{x}_i)h_t(\boldsymbol{x}_i))$

8. **end**

输出：$\text{sign}(\sum\limits_{t=1}^{B}\alpha_t h_t(\boldsymbol{x}))$。

$$\text{sign}(H(\boldsymbol{x}))=\text{sign}\left(\frac{1}{2}\ln\frac{P(f(\boldsymbol{x})=1\mid\boldsymbol{x})}{P(f(\boldsymbol{x})=-1\mid\boldsymbol{x})}\right)$$

$$=\begin{cases}1, & P(f(\boldsymbol{x})=1\mid\boldsymbol{x})>P(f(\boldsymbol{x})=-1\mid\boldsymbol{x})\\-1, & P(f(\boldsymbol{x})=1\mid\boldsymbol{x})<P(f(\boldsymbol{x})=-1\mid\boldsymbol{x})\end{cases}$$

$$=\arg\max_{y\in\{-1,1\}}P(f(\boldsymbol{x})=y\mid\boldsymbol{x})$$

需要注意的是，此处忽略了 $P(f(\boldsymbol{x})=1\mid\boldsymbol{x})=P(f(\boldsymbol{x})=-1\mid\boldsymbol{x})$ 的情况。上述推导得出的式子意味着：图 8.4 中算法的输出方式使得 $L_{\exp}(H\mid D)$ 最小化，并使得分类错误率最小化，即达到了贝叶斯最优错误率。而且，相比于二分类任务中常用的 0/1 损失函数，指数损失函数（式 8–1）具有连续和可导的数学性质。因此，标准 AdaBoost 采用指数函数作为优化过程的损失函数。

接下来，推导标准 AdaBoost 算法中相关的更新方程。

在第 t 次迭代中，训练基学习器所需的训练集主要由初始训练集 D 以及不断更新的样本权重向量 $D_t(\boldsymbol{x})$ 所决定。例如，在 $h_1=\varpi(D,D_1(\boldsymbol{x}))$ 中，初始化的样本权重 $D_1(\boldsymbol{x})=\dfrac{1}{m}$ 表示初始训练集中的权重值都一样，也意味着在第一次迭代中使用了初始训练集来训练第一个基学习器 h_1。

在估计出基学习器 h_t 之后，需要检查该基学习器是否比随机猜测的准确率高，

即判断 h_t 的样本误差率 $\epsilon_t = P_{x \sim D_t}(h_t(x) \neq f(x))$ 是否大于随机猜测的准确率 0.5。接着，基于本次迭代所使用的训练集，估计 h_t 对应的基学习器权重值 α_t，以使得指数损失函数 $L_{\exp}(\alpha_t h_t | D_t)$ 最小化。指数损失函数 $L_{\exp}(\alpha_t h_t | D_t)$ 对 α_t 求偏导为：

$$\frac{\partial L_{\exp}(\alpha_t h_t \mid D_t)}{\partial \alpha_t} = \frac{\partial \mathbb{E}_{x \sim D_t}[e^{-f(x)\alpha_t h_t(x)}]}{\partial \alpha_t}$$

$$= \frac{\partial \mathbb{E}_{x \sim D_t}[e^{-\alpha_t} \mathbb{I}(h_t(x) = f(x)) + e^{\alpha_t} \mathbb{I}(h_t(x) \neq f(x))]}{\partial \alpha_t}$$

$$= \frac{\partial [e^{-\alpha_t} P_{x \sim D_t}(h_t(x) = f(x)) + e^{\alpha_t} P_{x \sim D_t}(h_t(x) \neq f(x))]}{\partial \alpha_t}$$

$$= \frac{\partial [e^{-\alpha_t}(1 - \epsilon_t) + e^{\alpha_t} \epsilon_t]}{\partial \alpha_t}$$

$$= -e^{-\alpha_t}(1 - \epsilon_t) + e^{\alpha_t} \epsilon_t$$

令 $-e^{-\alpha_t}(1 - \epsilon_t) + e^{\alpha_t} \epsilon_t$ 等于零，求得基学习器权重的更新公式为 $\alpha_t = \frac{1}{2}\ln\left(\frac{1 - \epsilon_t}{\epsilon_t}\right)$，这个式子意味着 ϵ_t 越小，该基学习器权重的取值越大。

求得 $H_t = \alpha_t h_t$ 后，AdaBoost 将对训练集进行调整，以此求出下一个基学习器 h_{t+1} 来弥补 H_t 存在的错误，此处验证这个优化方式的可行性，以及样本权重分布的更新公式。首先，计算基于先前模型 H_t 以及初始训练集 D 的理想基学习器 h_{t+1} 为：

$$h_{t+1} = \arg\min_{h_{t+1}} L_{\exp}(H_t + h_{t+1} \mid D)$$

$$= \arg\min_{h_{t+1}} \mathbb{E}_{x \sim D}[e^{-f(x)(H_t(x) + h_{t+1}(x))}]$$

$$= \arg\min_{h_{t+1}} \mathbb{E}_{x \sim D}[e^{-f(x)H_t(x)} e^{-f(x)h_{t+1}(x)}]$$

$$\simeq \arg\min_{h_{t+1}} \mathbb{E}_{x \sim D}\left[e^{-f(x)H_t}\left(1 - f(x)h_{t+1}(x) + \frac{f^2(x)h_{t+1}^2(x)}{2}\right)\right]$$

$$= \arg\min_{h_{t+1}} \mathbb{E}_{x \sim D}\left[e^{-f(x)H_t}\left(1 - f(x)h_{t+1}(x) + \frac{1}{2}\right)\right]$$

$$= \arg\max_{h_{t+1}} \mathbb{E}_{x \sim D}[e^{-f(x)H_t(x)} f(x)h_{t+1}(x)]$$

$$= \arg\max_{h_{t+1}} \mathbb{E}_{x \sim D}\left[\frac{e^{-f(x)H_t(x)}}{\mathbb{E}_{x \sim D}[e^{-f(x)H_t}]} f(x)h_{t+1}(x)\right]$$

上述推导过程用到了泰勒展开式来近似，还用到了 $f^2(x)$ 与 h_{t+1}^2 都等于 1 这一信息，以及 $\mathbb{E}_{x \sim D}[e^{-f(x)H_t}]$ 是一个常数的设定信息。接下来，令 $D_{t+1}(x) = \frac{D(x) e^{-f(x)H_t(x)}}{\mathbb{E}_{x \sim D}[e^{-f(x)H_t(x)}]}$，则：

$$h_{t+1} \simeq \arg\max_{h_{t+1}} \mathbb{E}_{x \sim D}\left[\frac{e^{-f(x)H_t(x)}}{\mathbb{E}_{x \sim D}[e^{-f(x)H_t(x)}]} f(x)h_{t+1}(x)\right]$$

$$= \arg\max_{h_{t+1}} \mathbb{E}_{x \sim D_{t+1}}[f(x)h_{t+1}(x)]$$

$$= \arg\max_{h_{t+1}} \mathbb{E}_{x \sim D_{t+1}}[1 - 2\mathbb{I}(f(x) \neq h_{t+1}(x))]$$

$$= \arg\min_{h_{t+1}} \mathbb{E}_{x \sim D_{t+1}}[f(x) \neq h_{t+1}]$$

可见，理想的基学习器 h_{t+1} 在基于 D_{t+1} 调整的样本下训练能够使得分类误差最小化。样本分布更新公式为：

$$D_{t+1}(\boldsymbol{x}) = \frac{D(\boldsymbol{x})\,\mathrm{e}^{-f(\boldsymbol{x})H_t(\boldsymbol{x})}}{\mathbb{E}_{\boldsymbol{x}\sim D}\left[\mathrm{e}^{-f(\boldsymbol{x})H_t(\boldsymbol{x})}\right]}$$

$$= \frac{D(\boldsymbol{x})\,\mathrm{e}^{-f(\boldsymbol{x})H_{t-1}(\boldsymbol{x})}\,\mathrm{e}^{-f(\boldsymbol{x})\alpha_t h_t(\boldsymbol{x})}}{\mathbb{E}_{\boldsymbol{x}\sim D}\left[\mathrm{e}^{-f(\boldsymbol{x})H_t(\boldsymbol{x})}\right]}$$

$$= D_t(\boldsymbol{x})\,\mathrm{e}^{-f(\boldsymbol{x})\alpha_t h_t(\boldsymbol{x})}\frac{\mathbb{E}_{\boldsymbol{x}\sim D}\left[\mathrm{e}^{-f(\boldsymbol{x})H_{t-1}(\boldsymbol{x})}\right]}{\mathbb{E}_{\boldsymbol{x}\sim D}\left[\mathrm{e}^{-f(\boldsymbol{x})H_t(\boldsymbol{x})}\right]}$$

下面通过具体的例子来理解 AdaBoost 算法。考虑如图 8.5 所示的包含 3 个样本的二分类问题，其中 x 为输入，$y \in \{-1, +1\}$ 为输出标记。通过观察数据可知，此问题是一个线性不可分问题，即无法用单个线性分类器来将其完全分类正确。下面考虑选取最简单的线性分类器树桩（Stump），即分裂点数为 1 的决策树，作为基学习器来运行 AdaBoost。基学习器选取为决策树的方法也被称为提升树（Boosting Tree）方法。在这个例子中，设置迭代的最大步数为 3 步，即 $B=3$。算法执行的具体过程如图 8.4 所示。

	样本1	样本2	样本3
x	0	1	2
y	+1	−1	+1

（1）　在第一轮迭代中，令所有的样本权重均为 1/3。根据数据发现，选取 0.5 或者 1.5 作为临界点（一般以 0.5 为临界，其他数也可以）均可以使得该步迭代中树桩的分类误差率达到最小 $\epsilon_1=1/3$，并小于 0.5，通过图 8.4 中第 5 步的检查。不妨选取 0.5 作为临界点，得到本轮迭代中的基学习器

$$h_1(x) = \begin{cases} +1, & x < 0.5 \\ -1, & x \geq 0.5 \end{cases}$$

此时，计算基学习器的权重 $\alpha_1 = 1/2\ln\left((1-\epsilon_1)/\epsilon_1\right) \approx 0.347$。计算规范化因子

$$Z_1 = \sum_{i=1}^{3} w_{1i}\mathrm{e}^{-\alpha_1 y_i h_1(x_i)}$$

$$= \frac{1}{3}\mathrm{e}^{-0.347\times(+1)\times(+1)} + \frac{1}{3}\mathrm{e}^{-0.347\times(-1)\times(-1)} + \frac{1}{3}\mathrm{e}^{-0.347\times(+1)\times(-1)}$$

$$\approx 0.9428$$

接下来计算下一轮迭代中样本数据的权重

$$w_{21} = \frac{w_{11}\mathrm{e}^{-\alpha_1}}{Z_1} = \frac{1}{4}, \quad w_{22} = \frac{w_{12}\mathrm{e}^{-\alpha_1}}{Z_1} = \frac{1}{4}, \quad w_{23} = \frac{w_{13}\mathrm{e}^{\alpha_1}}{Z_1} = \frac{1}{2}$$

（2）　在第二轮迭代中，根据数据和计算的样本权重发现，选取临界点 1.5，使得该步迭代中树桩的分类误差率达到最小 $\epsilon_2=1/4$，并小于 0.5，通过图 8.4 中第 5 步的检查。由此

得到本轮迭代中的基学习器

$$h_2(x) = \begin{cases} +1, & x \geq 1.5 \\ -1, & x < 1.5 \end{cases}$$

此时，计算基学习器的权重 $\alpha_2 \approx 0.549$。计算规范化因子

$$Z_2 = \frac{1}{4}\mathrm{e}^{-0.549\times(+1)\times(-1)} + \frac{1}{4}\mathrm{e}^{-0.549\times(-1)\times(-1)} + \frac{1}{2}\mathrm{e}^{-0.549\times(+1)\times(+1)}$$

$$\approx 0.866\ 0$$

接下来计算下一轮迭代中样本数据的权重

$$w_{31} = \frac{w_{21}\mathrm{e}^{\alpha_2}}{Z_2} = \frac{1}{2}, \quad w_{32} = \frac{w_{22}\mathrm{e}^{-\alpha_2}}{Z_2} = \frac{1}{6}, \quad w_{33} = \frac{w_{23}\mathrm{e}^{-\alpha_2}}{Z_2} = \frac{1}{3}$$

（3）　在第三轮迭代中，根据数据和计算的样本权重发现，无论 x 取值多少，均将 y 分为 +1，可以使得该步迭代中树桩的分类误差率达到最小 $\epsilon_3 = 1/6$，并小于 0.5，通过图 8.4 中第 5 步的检查。由此得到本轮迭代中的基学习器

$$h_3(x) = +1, \forall x$$

计算基学习器的权重 $\alpha_3 \approx 0.805$。此时，迭代达到最大的步数，AdaBoost 算法停止。

通过运行上述的 AdaBoost 算法，得到最终的分类器

$$H(x) = \mathrm{sign}(0.347h_1(x) + 0.549h_2(x) + 0.805h_3(x))$$

然后，利用样本数据对其进行检验。当 $x=0$ 时，$H(0) = \mathrm{sign}(0.347-0.549+0.805) = \mathrm{sign}(0.603) = 1$；当 $x=1$ 时，$H(1) = \mathrm{sign}(-0.347-0.549+0.805) = \mathrm{sign}(-0.091) = -1$；当 $x=2$ 时，$H(2) = \mathrm{sign}(-0.347+0.549+0.805) = \mathrm{sign}(1.007) = -1$。由此可见，该分类器在样本集上最终都正确分类。因此，通过结合不完美的树桩分类器，AdaBoost 最终产生了一个 0 样本误差的非线性分类器（见图 8.6）。

图 8.6
AdaBoost 计算过程

		样本1	样本2	样本3	基学习器、误差率、基学习器权重
$t = 1$	w_1	1/3	1/3	1/3	$h_1(x) = \begin{cases} +1, x<0.5 \\ -1, x\geq 0.5 \end{cases}$
	$h_1(x)$	+1	−1	−1	$\epsilon_1 = 1/3, \alpha_1 \approx 0.347$
$t = 2$	w_2	1/4	1/4	1/2	$h_2(x) = \begin{cases} +1, x\geq 1.5 \\ -1, x<1.5 \end{cases}$
	$h_2(x)$	−1	−1	+1	$\epsilon_2 = 1/4, \alpha_2 \approx 0.549$
$t = 3$	w_3	1/2	1/6	1/3	$h_3(x) = +1, \forall x$
	$h_3(x)$	+1	+1	+1	$\epsilon_3 = 1/6, \alpha_3 \approx 0.805$

8.2.2　Gradient Boost Decision Tree

Gradient Boost Decision Tree（GBDT）是一个应用很广泛的算法，由 Friedman

（2001）基于提升树方法改进而成，有时也被称为 Multiple Additive Regression Tree（MART）或 Gradient Boost Regression Tree（GBRT）算法。与 AdaBoost 通过改变样本的权重来重新训练基学习器的方式不同，GBDT 每一次迭代训练都是为了减少上一次的残差（Residual），而为了消除残差，可以在残差减少的梯度方向上建立一个新的模型，利用上一步迭代学习得到的残差来训练这一步迭代中的基学习器，然后再把所有的基学习器组合起来。

为了方便阐述，在介绍 GBDT 方法之前，首先对提升树方法进行简单回顾。在二分类任务中，提升树方法即为基学习算法取二叉树的标准 AdaBoost 方法，相应算法此处不再赘述。在回归任务中，提升树方法的优化算法为前向分布算法，基学习器为终端结点为 J 个的回归树

$$h(\boldsymbol{x};\boldsymbol{\Theta}_t) = \sum_{j=1}^{J} c_j \, \mathbb{I}\,(\boldsymbol{x} \in R_j)$$

其中，参数 $\boldsymbol{\Theta}_t = \{(R_1, c_1), (R_2, c_2), ..., (R_J, c_J)\}$ 表示在第 t 步迭代中输入空间 χ 中 J 个互不相交区域 $\{R_1, R_2, \cdots, R_J\}$ 以及各区域对应的取值常数 c_j，$j=1，2，\cdots，J$。提升树最终输出的模型为：

$$H_T(\boldsymbol{x}) = \sum_{t=1}^{B} h(\boldsymbol{x};\boldsymbol{\Theta}_t)$$

其中，参数 $\boldsymbol{\Theta}_t$ 可被估计为 $\hat{\boldsymbol{\Theta}}_t = \arg\min_{\boldsymbol{\Theta}_t} L(y_i, H_{t-1}(\boldsymbol{x}_i) + h(\boldsymbol{x}_i;\boldsymbol{\Theta}_t))$，具体的求解方法可采用递归二叉分裂等方法（见本书 4.3 节）。为了对回归任务中的提升树算法描述得更为具体，此处选取平方误差函数作为损失函数，对应的算法流程如图 8.7 所示。

图 8.7
在回归任务中的
提升树算法

输入：初始训练集 $\mathcal{D}=\{(\boldsymbol{x}_i,y_i)\}_{i=1}^{m}, \boldsymbol{x}_i \in \chi \subseteq \mathbb{R}^n, y_i \in y \subseteq \mathbb{R}$；
　　　回归树算法 ϖ；
　　　迭代次数 B。
步骤：
1. $H_0(\boldsymbol{x})=0$ // 初始化提升树模型
2. **for** $t=1, \cdots, B$:
3. 　　$r_{ti}=y_i-H_{t-1}(\boldsymbol{x}_i), i=1,2,\cdots,m$；计算残差 r_{ti}
4. 　　$h(\boldsymbol{x};\boldsymbol{\Theta}_t)=\varpi(\{\boldsymbol{x}_i, r_{ti}\}_{i=1}^{m})$；//基于残差 r_{ti} 训练出第 t 个回归树 $h(\boldsymbol{x}; \boldsymbol{\Theta}_t)$
5. 　　$H_t(\boldsymbol{x})=H_{t-1}(\boldsymbol{x})+h(\boldsymbol{x};\boldsymbol{\Theta}_t)$.
6. **end**
输出：$H_T(\boldsymbol{x})=\sum_{t=1}^{B}h(\boldsymbol{x}; \boldsymbol{\Theta}_t)$。

该算法在第 t 次迭代过程中，之所以要用回归树 $h(\boldsymbol{x}_i; \boldsymbol{\Theta}_t)$ 拟合残差 $\{r_{ti}\}_{i=1}^{m}$ 来优化当前的提升树模型 $H_{t-1}(\boldsymbol{x})$，主要是依据最小化平方误差损失函数 $L(y,H(\boldsymbol{x}))=(y-H(\boldsymbol{x}))^2$ 推导得出，具体的推导过程如下：

$$\hat{\Theta}_t = \arg\min_{\Theta_t} L(y_i, H_{t-1}(\boldsymbol{x}_i) + h(\boldsymbol{x}_i; \Theta_t))$$

$$= \arg\min_{\Theta_t} [y_i - H_{t-1}(\boldsymbol{x}_i) - h(\boldsymbol{x}_i; \Theta_t)]^2$$

$$= \arg\min_{\Theta_t} [r_{ti} - h(\boldsymbol{x}_i; \Theta_t)]^2$$

这意味着，提升树算法仅需要在第 t 次迭代中利用回归树 $h(\boldsymbol{x}_i; \Theta_t)$ 来拟合残差 r_{ti}，$i=1$，2，$\cdots$，m 即可对当前的 $H_{t-1}(\boldsymbol{x})$ 进行优化。

可见，当选取平方误差函数这类较为特殊的函数为损失函数时，提升树算法每次迭代的优化过程很简单，很容易求得回归树所需要拟合的量，即残差。但是，对于一般的损失函数，决策树算法每次迭代中回归树所需要拟合的量往往不那么容易求得，而且优化过程可能会考虑更多因素（例如损失函数中所包含的正则项）而变得复杂。为此，Friedman（2001）基于提升树方法提出了更具通用性的 GBDT 方法。具体的算法如图 8.8 所示。

输入： 初始训练集 $\mathcal{D}=\{(\boldsymbol{x}_i, y_i)\}_{i=1}^m, \boldsymbol{x}_i \in \chi \subseteq \mathbb{R}^n, y_i \in y \subseteq \mathbb{R}$；

损失函数 $L(y, H(\boldsymbol{x}))$；

回归树算法 ϖ；

迭代次数 B。

步骤：

1. $H_0(\boldsymbol{x}) = \arg\min \sum_{t=1}^B L(y_i, c)$.

2. **for** $t=1, \cdots, B$：

3. $\quad r_{ti} = -\left[\dfrac{\partial L(y_i, H(\boldsymbol{x}_i))}{\partial H(\boldsymbol{x}_i)}\right]_{H(\boldsymbol{x})=H_{t-1}(\boldsymbol{x})}, i=1, 2, \cdots, m$； //计算负梯度 r_{ti}

4. $\quad h_t = \varpi(\{\boldsymbol{x}_i, r_{ti}\}_{i=1}^m)$； //基于残差 r_{ti} 训练出回归树 h_t，每棵树有 J 个叶结点

$\quad$ 区域 $\{R_{tj}\}_{j=1}^J$

5. $\quad \{c_{tj}\}_{j=1}^J = \{\arg\min_c \sum_{\boldsymbol{x}_i \in R_{tj}} L(y_i, H_{t-1}(\boldsymbol{x}_i) + c), i=1, 2, \cdots, m\}_{j=1}^J$；

6. $\quad H_t(\boldsymbol{x}) = H_{t-1}(\boldsymbol{x}) + \sum_{j=1}^J c_{tj} \amalg (\boldsymbol{x} \in R_{tj})$.

7. **end**

输出： $H_B(\boldsymbol{x}) = H_0(\boldsymbol{x}) + \sum_{t=1}^B \sum_{j=1}^J c_{tj} \amalg (\boldsymbol{x} \in R_{tj})$.

GBDT 算法的大致过程为：首先基于初始训练集 D 求出使得 $\sum_{i=1}^m L(y_i, c)$ 最小化的 c 值，即 $H_0(\boldsymbol{x})$ 等于一个常数，也可将 $H_0(\boldsymbol{x})$ 视为只有根结点的回归树，并以此作为 GBDT 模型的初始化状态；在第 t 次迭代中，在每个样本点，将计算损失函数对当前模型的负梯度记为 $\{r_{ti}\}_{i=1}^m$；接着，以 $\{\boldsymbol{x}_i, r_{ti}\}_{i=1}^m$ 为训练集来训练终端结点的区域划分为 $\{R_{tj}\}_{j=1}^J$ 的回归树 h_t，其中 $\{R_{tj}\}_{j=1}^J$ 表示该回归树 J 个互不相交的叶结点区域；然后，计算该回归树中叶结点区域 R_{tj} 所对应的常数 c_{tj} 来拟合 GBDT 模型在本迭代过程中的增量；在第 t 次迭代过程的最后，更新 GBDT 模型为

$$H_t(\boldsymbol{x}) = H_{t-1}(\boldsymbol{x}) + \sum_{j=1}^{J} c_{tj} \mathbb{I}(\boldsymbol{x} \in R_{tj});$$ 直至 GBDT 模型更新为 $H_B(\boldsymbol{x})$，停止训练过程，并输出 $H_B(\boldsymbol{x})$。

在回归问题中，通常选取损失函数为均方误差，即：

$$L(y, H(\boldsymbol{x})) = \frac{1}{2}(y - H(\boldsymbol{x}))^2$$

而在分类问题中，损失函数可以选择为对数损失函数。例如，在二分类 $\{-1, +1\}$ 问题中，损失函数可以选择类似于逻辑回归的对数似然损失函数

$$L(y, H(\boldsymbol{x})) = \ln(1 + e^{-yH(\boldsymbol{x})})$$

8.3 Bagging

不同于上述所介绍的 Boosting 族方法，Bagging（由 Bootstrap Aggregating 缩写而成）方法是由 Breiman（1996）提出的经典的并行集成方法，其中的基学习器之间不存在强依赖关系。

正如其名，Bagging 方法在生成训练集的过程中，对初始训练集采用了 Bootstrap 采样方法（Efron 和 Tibshirani，1993）来对包含 m 个样本数据的初始训练集依次有放回地进行独立采样。为方便本节内容的阐述，我们首先回顾 Bootstrap 采样方法。Bootstrap 方法是一个广泛应用的统计工具，可以用来衡量一个指定统计量或者学习方法中的不确定性。Bootstrap 方法通过反复地从原始样本中抽取观测数据，从而形成一个新的数据集。其具体的运行过程如下所述：首先，从包含 m 个样本的数据集 D 中随机地抽样 m 个样本，抽样通过有放回（Replacement）的方式进行，即每抽出一个样本后，该样本将依然作为候选的样本进行下一次抽取，直到抽出 m 个样本为止，记该数据集为 D_{bs}^1。然后，重复上述过程 B 次，得到 Bootstrap 数据集 $\{D_{bs}^t\}_{t=1}^{B}$。图 8.9 给出了一个包含三个样本的数据集上 Bootstrap 方法的运行原理。在这个例子中，D_{bs}^1 含有两个原数据集中的样本 1，一个样本 3，不含有样本 2；D_{bs}^2 含有两个原数据集中的样本 3，一个样本 2，不含有样本 1；D_{bs}^B 含抽到原数据集中的样本各一次。得到了 T 个 Bootstrap 数据集后，我们可以利用每一个数据集进行统计量的估计或者运行学习算法，并根据 B 个输出来衡量统计量或者算法的不确定性。根据极限 $\lim\limits_{m \to \infty} \left(1 - \frac{1}{m}\right)^m \to \frac{1}{e} \approx 36.8\%$ 可知，当 m 趋于无穷时，初始训练集中约有 36.8% 的样本在这一采样过程中未被取出过，此处将这部分的样本集记为 D_{bs}'。

Bagging 算法的一般过程如图 8.10 所示。其工作机制大致为：首先，采用 Bootstrap 采样方法生成 B 个分别包含 m 个样本的 Bootstrap 数据集，以此作为 B 个训

图 8.9

包含三个样本的数据
集上 Bootstrap 方法的
运行原理示意图

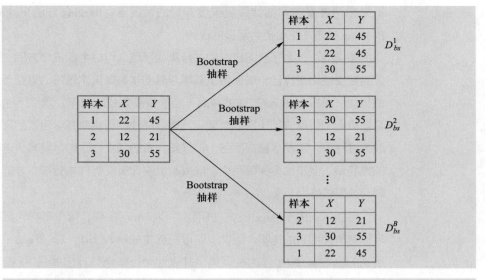

图 8.10

Bagging 算法的
一般过程

输入：初始训练集 $\mathcal{D}=\{(x_1, y_1), (x_2, y_2), \cdots, (x_m, y_m)\}$；
　　　基学习算法 ϖ;
　　　迭代次数 B。

步骤：

1. **for** $t=1, \cdots, B$:

2. 　　$h_t = \varpi\,(\mathcal{D}, \mathcal{D}_{bs}^t)$. //$\mathcal{D}_{bs}^t$ 为利用 Bootstrap 采样方法产生的第 t 个样本分布

3. **end**

输出：$H(\boldsymbol{x}) = Combine\_Outputs\,(\{h_1(\boldsymbol{x}), \cdots, h_B(\boldsymbol{x})\})$。

练集；接着，基于这些训练集，对应地生成 B 个基学习器；最后，根据任务的特点对这些基学习器进行结合。其中，在分类任务中，Bagging 方法通常采用的基学习器结合方法是多数投票（Majority Vote）方法，即：

$$H(\boldsymbol{x}) = \arg\max_{y \in \mathcal{y}} \sum_{t=1}^{B} \mathbb{I}(\,h_t(\boldsymbol{x}) = y\,)$$

若出现相同票数的特殊情况，则需要进一步结合随机选择法或考察基学习器的置信度；在回归任务中，Bagging 方法通常采用的是简单平均法，即

$$H(\boldsymbol{x}) \;=\; \frac{1}{B} \sum_{t=1}^{B} h_t(\boldsymbol{x})$$

不同于 Boosting 族方法主要关注利用各基学习器贯序集成来减小偏差，Bagging 方法主要关注利用各基学习器的独立性来减小方差，即通过增加训练样本的多样性，独立地训练出在一定程度上不同的基学习器。这也意味着，相较之下，Bagging 方法更适用于选取具有高方差、低偏差的基学习算法来训练基学习器，例如决策树算法等。

相较于 Boosting 族方法只能贯序地训练各个基学习器，Bagging 方法能够对各个基学习器进行并行训练，其计算复杂度通常与基学习器的计算复杂度同阶。因此，在

不考虑两者基学习器计算复杂度差异的情况下，Bagging 方法在计算效率上通常比 Boosting 族方法有着更为明显的优势。

通常而言，为了获得较好的并行集成模型，可以考虑三个方面：提高各个基学习器的独立性和多样性，确保各个基学习器的学习效果比较好，以及适当增加基学习器的数量。根据 Bagging 方法的特点，若想提高集成的效果，除了上述所提及的对基学习器类型和数量进行抉择的角度，还需要关注训练集对基学习器的影响。在训练集生成的过程中，需要尽量提高各个训练集样本的独立性，即尽量减少这些训练集中样本的重叠率，但是也要保障每个训练集都能够代表实际样本分布，才能使得基学习器的学习效果较好。

另外，正由于 Bagging 方法用到了 Bootstrap 采样，每个基学习器在训练过程中通常都有未使用到的样本。因此，可以把在生成第 t（t=1，2，$\cdots$，B）个训练集时未使用到的样本集合 D_{bs}^{t} 作为验证集，并以此验证集来估计出 Bagging 模型对每个 $\boldsymbol{x}$ 的包外预测 H^{oob}，进而根据 H^{oob} 对 Bagging 模型的泛化性能进行"包外估计"（Out-of-Bag Estimate）。通过该包外估计，可以评估 Bagging 模型的泛化误差大小，还可以了解不同样本变量对模型准确度的影响机制。以分类任务为例，包外估计具体的计算过程如下：

首先，对样本 $\boldsymbol{x}$ 的包外预测为：

$$H^{oob}(\boldsymbol{x}) = \arg \max_{y \in \mathcal{y}} \sum_{t=1}^{B} \mathbb{I}(h_t(\boldsymbol{x}) = y) \cdot \mathbb{I}(\boldsymbol{x} \in D_{bs}^{t})$$

接着，对 Bagging 模型泛化误差的包外估计如下：

$$\varepsilon^{oob} = \frac{1}{|D|} \sum_{(x,y) \in D} \mathbb{I}(H^{oob}(\boldsymbol{x}) \neq y)$$

8.4 随机森林

随机森林（Random Forest）方法由 Breiman（2001）基于以决策树算法为基学习算法的 Bagging 方法改进而成。其中，所改进的地方在于随机森林方法在每次迭代训练决策树的过程中引入了属性随机选择。具体而言，假定初始训练集中每个样本共同拥有 d 个属性，传统决策树的每个结点在分裂时通常从这 d 个属性中选取策略最优的属性作为该结点的分裂属性。而随机森林方法则在决策树结点分裂过程中先从 d 个属性中随机选取出 k 个属性，然后再从这随机选出的 k 个属性中选取策略最优的属性作为这个结点的分裂属性。当 k=d 时，意味着随机森林方法中决策树与传统决策树的生成方式一致；当 k=1 时，表示随机森林方法中决策树的结点在分裂时所依据的是一个随机选择的属性。可见，参数 k 的取值控制了决策树结点分裂的随机程度。综合考虑各个决策树的独立性、有效性，通常推荐选取 $k=\log_2 d$，具体参见 Breiman（2001）的研究。随机森林方法中有关随机决策树生成算法的一般过程如图 8.11 所示。

图 8.11
随机森林方法中随机
决策树算法的一般
过程

输入： 初始训练集 $\mathcal{D}=\{(x_1, y_1), (x_2, y_2), \cdots, (x_m, y_m)\}$；
　　　　 随机选出的属性个数 k。

步骤：

1. $N \leftarrow$ 基于 $\mathcal{D}$ 生成结点 N；
2. **if** 所有样本皆属于同一类别 **then return** N
1. $\mathcal{F} \leftarrow$ 可以继续用于分裂的属性子集；
4. **if** $\mathcal{F}=\varnothing$ **then return** N
5. $\widetilde{\mathcal{F}} \leftarrow$ 从 $\mathcal{F}$ 中随机选取属性个数为 k 的属性子集 $\widetilde{\mathcal{F}}$；
6. $N.f \leftarrow \widetilde{\mathcal{F}}$ 中具有最佳分裂点的特征；
7. $N.p \leftarrow$ 在 $N.f$ 上的最佳分裂点；
8. $\mathcal{D}_l \leftarrow$ 在 $N.f$ 上小于 $N.p$ 的样本子集；
9. $\mathcal{D}_r \leftarrow$ 在 $N.f$ 上大于等于 $N.p$ 的样本子集；
10. $N_l \leftarrow$ 以 $(\mathcal{D}_l, k)$ 为参数来调用生成分支的步骤；
11. $N_r \leftarrow$ 以 $(\mathcal{D}_r, k)$ 为参数来调用生成分支的步骤；
12. **return** N

输出： 随机决策树。

在集成效果方面，相较于 Bagging 方法的只有样本随机，随机森林方法在决策树中加入属性随机后，进一步增加了每棵决策树的独立性和多样性。而对于 Bagging 方法而言，基学习器的相关性越小、有效性越高，通常会使得 Bagging 方法的泛化误差越小。因此，相较于 Bagging 方法而言，随机森林方法效果更好。而且，在实际应用中，可能存在样本数据中有某个或某些属性过于强势的情况，由此会导致各决策树相关性过大进而影响并行集成效果。随机森林通过从 d 个属性中选取 k 个属性后，可能会将过于强势的属性筛去，使得该结点不会根据该强势的属性进行分裂，增加了决策树的多样性和独立性。

在训练速度方面，由于随机森林方法仅需从 k 个属性（通常 $k<d$）中选取策略最优的属性，所以相比于 Bagging 方法，随机森林方法的计算量会更少，相应的训练速度通常会更快。

8.5 案例分析：基于不同集成学习方法预测波士顿地区房价

在本小节中，我们通过具体的例子来比较 GBDT、Bagging 和随机森林三种方法。我们使用经典的波士顿地区房价数据集（Boston House-Price Data），该数据集中包含 14 个变量，具体变量记号和含义见表 8.1。

序号	变量记号	含义
1	crim	城镇人均犯罪率
2	zn	占地 25 000 平方英尺以上的住宅用地比例
3	indus	每个城镇非零售业务的比例
4	chas	Charles River 虚拟变量（如果是河道，则为 1；否则为 0）
5	nox	氧化氮浓度（每千万份）
6	rm	每间住宅的平均房间数
7	age	1940 年之前建造的自有住房的比例
8	dis	到五个波士顿就业中心的距离的加权平均值
9	rad	径向高速公路的可达性指数
10	tax	每 10 000 美元的全额物业税率
11	ptratio	城镇的学生与教师比例
12	black	城镇非洲裔居民指数
13	lstat	人口状况下降百分比
14	medv	自有住房的中位数报价，单位 1 000 美元

表 8.1
波士顿地区房价数据集中的变量及其含义

数据集总共包含 506 个样本。将前 13 个变量设置为自变量，第 14 个变量设置为因变量，利用上述三种集成学习方法来预测第 14 个（即自有住房的中位数报价）变量的值。首先，划分训练集和测试集。将数据集中前 400 个样本作为训练集，后 106 个样本作为测试集来计算预测值的均方误差（MSE）。然后，设置算法中的参数以及基学习算法。在 GBDT 中，选取树桩作为基学习器；在随机森林中，令随机选取属性的个数 $k=5$。通过改变三种方法中的迭代总数 T，得到图 8.12。由图 8.12 可以看出，在该数据集和上述学习过程设置的条件下，随机森林的均方误差略小于 Bagging 方法，这一误差上的改善主要由于随机森林通过加入属性随机选择后，增加了每棵决策树的独立性和多样性；GBDT 方法在迭代总数较少的时候具有较大的误差，但是当迭

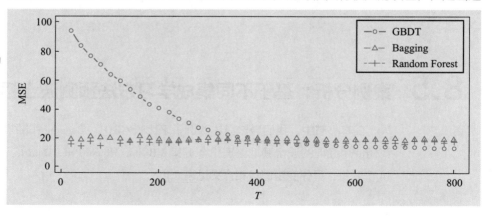

图 8.12
GBDT、Bagging 和随机森林在波士顿地区房价数据集上的效果

代总数逐渐增加后，其均方误差要好于 Bagging 和随机森林这两种方法。

集成学习方法具有诸多优点，是典型的由实践驱动的研究方向，在各领域得到了高度的关注和广泛的应用。而且，此类方法在国际数据以及机器学习竞赛中也占据了重要的地位。例如，在国际著名的 KDD Cup 竞赛中，某冠军队伍连续三年（2009—2011 年）在其解决方案中都采用了集成学习方法。KDD Cup 2018 年竞赛的赛题为空气质量方面的问题。主办方在比赛中提供基于某一时间段的中国北京和英国伦敦的历史和实时数据。比赛选手需要预测未来 48 小时内空气污染物 PM2.5、PM10 和 O^3 的浓度。参赛队伍 Getmax 主要采用了 3 种方法：GBDT、DNN 与 RNN（Seq2Seq–GRU）方法。根据数据的特性，该团队对不同城市以及不同污染物分别建模。在时间序列建模中，该团队利用 RNN 来处理每条样本未来 48 小时的空气质量数据；在回归建模中，该团队用到 GBDT 和 DNN 等技术，基于历史统计特征数据预测未来状态数据。最终，该团队在比赛中取得了一项亚军、两项冠军的优异成绩。

关键术语

- 个体学习器　　　　Individual Learner
- 基学习器　　　　　Base Learner
- 同质集成　　　　　Homogeneous Boosting
- 异质集成　　　　　Heterogeneous Boosting
- 贯序集成　　　　　Sequential Boosting
- 并行集成　　　　　Parallel Boosting
- 可加性模型　　　　Additive Model
- AdaBoost　　　　　Adaptive Boosting
- 前向分布算法　　　Forward Stagewise Algorithm
- GBDT　　　　　　Gradient Boost Decision Tree
- 包外估计　　　　　Out-of-Bag Estimate
- 随机森林　　　　　Random Forest

本章小结

本章首先介绍了集成学习的概念、通用框架，还根据个体学习器的类型将集成学习分类为同质集成和异质集成，其中同质集成是本章着重关注的类别。接着，根据个体学习器结合方式不同，将集成学习分为贯序集成和并行集成。

在贯序集成方面，本章重点介绍了一族可将弱学习器构建为强学习器的贯序集成方法——Boosting 族。Boosting 族主要关注偏差的减小，而且相对于泛化性能较差的单个弱学习器而言，对多个该类弱学习器进行贯序集成构建的 Boosting 族方法通常具有更强的泛化性能。具体地，本章还介绍了几类 Boosting 族方法，包括 AdaBoost 方法、Gradient Boost Decision Tree（GBDT）方法。

在并行集成方面，本章重点介绍了 Bagging 方法和随机森林方法。Bagging 方法是一种经典的并行集成方法，其中的基学习器之间不存在强依赖关系。Bagging 方法主要关注利用各基学习器的独立性来减小方差，即通过增加训练样本的多样性，独立地训练出在一定程度上不同的基学习器。而随机森林则是基于以决策树算法为基学习算法的 Bagging 方法改进而成。其中，所改进的地方在于随机森林方法在每次迭代训练决策树的过程中引入了属性随机选择。在集成效果方面，相较于 Bagging 方法的只有样本随机，随机森林方法在决策树中加入属性随机后，进一步增加了每棵决策树的独立性和多样性。

在本章的最后给出了集成学习的实例，用具体的例子比较了 GBDT、Bagging 和随机森林三种方法。

即测即评

参考文献

［1］Gareth James，Daniela Witten，Trevor Hastie，et al. An introduction to statistical learning with applications in R［M］. New York：Springer，2013.

［2］Zhi-Hua Zhou. Ensemble methods：foundations and algorithms［M］. CRC Press，2012.

［3］Friedman J H. Greedy function approximation：A gradient boosting machine［J］. Annals of Statistics，2001，29（5）：1189–1232.

［4］Freund Y，R E Schapire. A decision-theoretic generalization of on-line learning and an application to boosting［J］. Journal of Computer and System Sciences，1997，55（1）：119–139.

［5］Breiman L. Bagging predictors［J］. Machine Learning，1996，24.

［6］Efron B，R Tibshirani. An introduction to the bootstrap［M］. CRC Press，1994.

［7］周志华. 机器学习［M］. 北京：清华大学出版社，2016.

［8］李航. 统计学习方法［M］. 北京：清华大学出版社，2012.

第 9 章
关联规则

关联规则是数据挖掘算法的重要技术之一，它是从海量的历史数据中，挖掘出数据之间有价值的关联信息，这些有价值的信息经过利用可以产生巨大的商业价值。除了商业数据外，关联规则也可以应用于其他领域，如生物信息学、医疗诊断等。

9.1 关联规则的概念

在电子商务领域有一个经典的啤酒和尿布的营销故事。在美国的沃尔玛超市，啤酒和尿布会被放置在一起销售，这一现象的出现是因为经过超市的销售数据分析发现，和尿布一起被购买最多的商品是啤酒。其背后的原因在于，美国年轻的父亲被妻子叮嘱到超市为孩子买尿布的同时也会随手购买自己爱喝的啤酒。这一经典的故事就是关联规则的应用案例。

关联规则，顾名思义就是发现大量数据背后存在的某种关联或者规则，关联规则分析也被称为购物篮分析。购物篮分析的目的是了解顾客的购物习惯，以便更好地制定有针对性的营销策略。其主要内容就是研究当顾客购买某些商品时，其他哪些商品最有可能也会同时被购买，也就是被顾客加入购物篮中的商品之间的相互关联。购物篮分析通过对海量的销售记录进行分析，能够挖掘出商品之间有价值的关联关系，从而可以帮助企业制定更好的商业决策。现在关联规则的应用不局限于销售数据挖掘，只要想从一系列的事务数据集中发现某些潜在的规则，都可以使用关联规则算法。

关联规则是形如 $X \rightarrow Y$ 的蕴涵式（X 和 Y 是不相交的项集），其中 X 称为关联规则的先导，Y 称为关联规则的后继。

在关联规则挖掘中还有以下几个重要的概念：

① 项：交易的每一个物品称为一个项，如在超市交易中的啤酒。

② 项集：$I = \{I_1, I_2, \cdots, I_m\}$ 代表若干项的集合，称为项集。

③ k 项集：包含 k 个项的项集，简称 k 项集。

④ 事务：D 是一个事务数据库，D 中的每个事务 t 都是一次交易中对应所有项的集合且具有唯一的标识 TID。如在超市某次交易中发生的项目集合 $t = \{$啤酒，尿布$\}$。

⑤ 支持度：关联规则 $X \rightarrow Y$ 在数据库 D 中的支持度是指项集 X、Y 同时出现在数据库 D 中的比例，也就是 $Support(X \rightarrow Y) = P(X \cup Y)$。

⑥ 支持度计数：包含特定项集的事务个数。

⑦ 置信度：关联规则 $X \rightarrow Y$ 在数据库 D 中的置信度是指数据库 D 中已包含 X 的事务中包含 Y 的百分比，即 $Confidence(X \rightarrow Y) = P(Y \mid X) = \dfrac{P(X \cup Y)}{P(X)}$。

⑧ 频繁项集：支持度满足设定的最小支持度阈值的项集，所有 k 项频繁项集的集合记为 L_k。

⑨ 候选项集：用来获取频繁项集的候选项集。候选项集中满足最小支持度阈值的项集保留，不满足条件的舍弃，从而形成频繁项集，所有 k 项候选项集的集合记为 C_k。

9.2 关联规则算法

关联规则分析是从大规模数据集中寻找项集之间的隐含关系，然而比较项的不同组合是一项十分耗时的任务，所需的计算代价很高，逐项查询比较的方法不能解决这个问题，所以需要更智能的方法在合理时间范围内找到频繁项集。本节介绍基于挖掘频繁项集产生关联规则的 Apriori 算法和 FP-growth 算法，下面首先介绍 Apriori 算法。

9.2.1 Apriori 算法

1. Apriori 算法介绍

Apriori 算法是 Agrawal 等人于 1994 年提出的关联规则挖掘算法，该算法的主要思想就是利用候选项集找到所有的频繁项集。首先发现所有满足给定最小支持度阈值的频繁项集，然后从这些频繁项集中筛选出满足最小置信度阈值的规则作为关联规则。

（1）Apriori 算法原理。Apriori 算法主要通过压缩搜索空间，从而更快地找到频繁项集。Apriori 算法有两大重要原理：

① 如果一个项集是频繁项集，它对应的所有非空子集都是频繁项集。因为当包含更多项的集合能够满足最小支持度阈值时，那么该项集中部分项的集合一定满足最小支持度阈值。

② 如果一个项集不是频繁项集，包含它的所有超集都不是频繁项集。因为当包含更少项

的集合不能满足最小支持度阈值时，在该项集的基础上添加项得到的项集也一定不能满足最小支持度阈值。

（2）　Apriori 算法步骤。Apriori 算法发现频繁项集的过程主要围绕连接步和剪枝步展开。

① 　连接步。频繁（$k-1$）项集集合 L_{k-1} 进行自身连接，产生候选 k 项集集合 C_k，其中 L_{k-1} 中进行连接的两个频繁（$k-1$）项集的前（$k-2$）项必须相同，最后一项必须不同。

② 　剪枝步。根据非频繁的（$k-1$）项集都不是频繁 k 项集的子集这一原理，删除候选 k 项集集合 C_k 中任一（$k-1$）项子集不在 L_{k-1} 中的 k 项集，得到新的候选 k 项集集合 C_k。

发现频繁项集的具体步骤为：

① 　扫描数据库并确定每个项的支持度，得到候选 1 项集的集合 C_1，删除支持度小于最小支持度阈值的项集，得到频繁 1 项集集合 L_1。

② 　对 L_1 进行自身连接，并对连接后产生的候选 2 项集集合进行剪枝，得到新的候选 2 项集集合 C_2，确定 C_2 中每个 2 项集的支持度，删除支持度小于最小支持度阈值的项集，得到频繁 2 项集集合 L_2。

③ 　重复②，即对上一步骤得到的频繁（$k-1$）项集集合 L_{k-1} 自身连接，并对连接后产生的候选 k 项集进行剪枝，得到新的候选 k 项集集合 C_k，确定 C_k 中每个 k 项集的支持度，然后删除支持度小于最小支持度阈值的项集，得到所有频繁 k 项集集合 L_k，直至没有新的频繁项集产生。

（3）　Apriori 算法伪代码。

算法①：根据数据库中的数据项和给定的最小支持度计数阈值得到所有频繁项集。

输入：交易数据库 D 和最小支持度计数阈值 min_sup。

输出：D 中的所有频繁项集 L。

```
Apriori (D, min_sup)
    L₁ = D 中频繁 1 项集集合
    for (k = 2; L_{k-1} ≠ ∅; k++) {
        L_k = [ ]
        C_k = Apriori_gen (L_{k-1}, min_sup)    # 由频繁 (k-1) 项集集合产生候选 k 项集集合
        for ∀ c ∈ C_k {    # 对于候选 k 项集集合中每个候选 k 项集
            for ∀ t ∈ D {    # 对于数据库中每一个事务 t
                C_t = subset (C_k, t)    # 从 C_k 中选出 t 的子集
                if c ∈ C_t    # 判断候选 k 项集 c 是否包含在已选择的事务 t 的子集 C_t 中，以便
                              计算支持度计数
                    c.count += 1
            }
        }
```

$$if\ c.count \geqslant \min\_sup \quad \text{\# 当候选 } k \text{ 项集支持度计数大于等于最小支持度计数}$$

$$\qquad add\ c\ to\ L_k$$

$$\}$$

$$return\ L = \cup_k L_k \quad \text{\# 返回所有频繁 } k \text{ 项集}$$

算法②：由频繁（$k-1$）项集集合产生候选 k 项集集合。

输入：频繁（$k-1$）项集集合 L_{k-1} 和最小支持度计数阈值 $\min\_sup$。

输出：由频繁（$k-1$）项集集合得到的候选 k 项集集合。

$Apriori\_gen\,(\,L_{k-1},\ \min\_sup\,)$

 $C_k = [\ ]$

 $for\ each\ l_i \in L_{k-1}\{$ # 对于频繁（$k-1$）项集集合中的每个频繁（$k-1$）项集

  $for\ each\ l_j \in L_{k-1}\{$

   $if\,(\,l_i[\,1\,] = l_j[\,1\,])\&\&\,(\,l_i[\,2\,] = l_j[\,2\,])\&\&\cdots\&\&\,(\,l_i[\,k-2\,] = l_j[\,k-2\,])\&\&\,(\,l_i[\,k-1\,] < l_j[\,k-1\,])$

   # 连接步，其中 $l_i[\,1\,]$ 表示 l_i 的第一项，以此类推，$l_i[\,k-1\,]$ 表示 l_i 的第 $k-1$ 项，

   条件 $l_i[\,k-1\,] < l_j[\,k-1\,]$ 是为了防止产生重复项集

    $c = l_i \bowtie l_j$ # 将两个项集连接

    $for\ \forall\, s \in c\{$

     $if\ s \notin L_{k-1}\{$ # 当项集 c 包含非频繁子集时

      $continue$

     $\}$ # 剪枝步

     $else\ add\ c\ to\ C_k\{$ # 当 c 没有非频繁子集时，加入候选项集 C_k

     $\}$

    $\}$

  $\}$

 $\}$

 $return\ C_k$

2.   Apriori 算法运行实例

表 9.1 是一个高校某班的大学生兴趣爱好表，给定最小支持度计数阈值为 2，最小置信度阈值为 0.7。下面使用 Apriori 算法挖掘该交易（事务）数据表背后隐含的关联规则。

表 9.1
某高校某班的
大学生兴趣爱好表

TID	List of items	TID	List of items
1	美食，旅游，摄影	6	旅游，运动
2	旅游，阅读	7	美食，运动
3	旅游，运动	8	美食，旅游，运动，摄影
4	美食，旅游，阅读	9	美食，旅游，运动
5	美食，运动		

（1）　**发现所有的频繁 1 项集。**

①　得到所有的候选 1 项集（见表 9.2）。

表 9.2
候选 1 项集

C_1 候选项集	C_1 候选项集
美食	阅读
旅游	摄影
运动	

②　对所有的候选 1 项集进行支持度计数（见表 9.3）。

表 9.3
候选 1 项集支持度
计数

C_1 候选项集	支持度计数	C_1 候选项集	支持度计数
美食	6	阅读	2
旅游	7	摄影	2
运动	6		

③　根据最小支持度计数阈值确定频繁 1 项集（见表 9.4）。

表 9.4
频繁 1 项集

L_1 频繁项集	L_1 频繁项集
美食	阅读
旅游	摄影
运动	

（2）　**发现所有的频繁 2 项集。**

①　对 L_1 进行自身连接，剪枝删去包含不属于 L_1 的子集的项集（由于连接得到的 2 项集的 1 项子集均属于 L_1，故无须删除），得到所有的候选 2 项集（见表 9.5）。

表 9.5
候选 2 项集

C_2 候选项集	C_2 候选项集
美食，旅游	旅游，阅读
美食，运动	旅游，摄影
美食，阅读	运动，阅读
美食，摄影	运动，摄影
旅游，运动	阅读，摄影

②　对所有的候选 2 项集进行支持度计数（见表 9.6）。

表 9.6
候选 2 项集支持度
计数

C_2 候选项集	支持度计数	C_2 候选项集	支持度计数
美食，旅游	4	旅游，阅读	2
美食，运动	4	旅游，摄影	2
美食，阅读	1	运动，阅读	0
美食，摄影	2	运动，摄影	1
旅游，运动	4	阅读，摄影	0

③ 根据最小支持度计数阈值确定频繁 2 项集（见表 9.7）。

表 9.7
频繁 2 项集

L_2 频繁项集	L_2 频繁项集
美食，旅游	旅游，运动
美食，运动	旅游，阅读
美食，摄影	旅游，摄影

（3）**发现所有的频繁 3 项集。**

① 对 L_2 进行自身连接，剪枝删去包含不属于 L_2 的子集的项集，得到所有的候选 3 项集（见表 9.8）。

表 9.8
候选 3 项集

C_3 候选项集	C_3 候选项集
美食，旅游，运动	美食，旅游，摄影

② 对所有的候选 3 项集进行支持度计数（见表 9.9）。

表 9.9
候选 3 项集支持度
计数

C_3 候选项集	支持度计数
美食，旅游，运动	2
美食，旅游，摄影	2

③ 根据最小支持度计数阈值确定频繁 3 项集（见表 9.10）。

表 9.10
频繁 3 项集

L_3 频繁项集	L_3 频繁项集
美食，旅游，运动	美食，旅游，摄影

（4）**发现所有的频繁 4 项集。**

对 L_3 进行自身连接，剪枝删去包含不属于 L_3 的子集的项集，得到所有的候选 4 项集，此时候选 4 项集为空，算法已找到所有的频繁项集，其中最大频繁项集为{美食，旅游，运动}和{美食，旅游，摄影}。如表 9.11 所示。

表 9.11
使用 Apriori 算法挖掘
表 9.1 得到的频繁项集

项数	频繁项集
2	美食，旅游［4］、 美食，运动［4］、 美食，摄影［2］、 旅游，运动［4］、 旅游，阅读［2］、 旅游，摄影［2］
3	美食，旅游，运动［2］、 美食，旅游，摄影［2］

注：每一个频繁项集［ ］中数字表示该项集支持度计数

使用 Apriori 算法挖掘得到所有的频繁项集后，就可以生成相应的关联规则。关联规则生成的方式是，对于每个频繁项集 l 中的所有非空子集 s，若 $Confidence(s \rightarrow (l{-}s))$

大于等于最小置信度阈值，则可以生成一个关联规则，并表示为：

$$s \rightarrow (l\text{-}s)$$

根据频繁项集{美食，旅游，摄影}生成规则时有以下形式：

① 美食∧旅游→摄影，对应于支持度 sup=2/9=0.22，置信度 conf=2/4=0.5

② 美食∧摄影→旅游，对应于支持度 sup=2/9=0.22，置信度 conf=2/2=1.0

③ 旅游∧摄影→美食，对应于支持度 sup=2/9=0.22，置信度 conf=2/2=1.0

④ 美食→旅游∧摄影，对应于支持度 sup=2/9=0.22，置信度 conf=2/6=0.33

⑤ 旅游→美食∧摄影，对应于支持度 sup=2/9=0.22，置信度 conf=2/7=0.29

⑥ 摄影→美食∧旅游，对应于支持度 sup=2/9=0.22，置信度 conf=2/2=1.0

根据给定的最小置信度阈值 0.7，符合要求的关联规则有（2）、（3）和（6）。

3. Apriori 算法的不足和改进

根据算法描述和以上实例运行情况，可以发现 Apriori 算法存在着一定的不足。一方面，Apriori 算法在每次产生候选项集时只要该项集不包含非频繁子集即得到保留，没有考虑先将一些无关的项排除在外后再进行组合，使得算法运行过程中会产生较多的候选项集；另一方面，为了得到频繁项集，Apriori 算法在得到候选项集和对候选项集进行支持度计数时需要重复对数据库进行扫描，当数据库的数据量较大时，算法不能有很好的性能表现。

针对这两方面的不足，可以从以下四个方面对 Apriori 算法进行改进：

（1）不断在循环中标记或删除不满足条件的交易记录，将数据表进行压缩。

（2）利用哈希表对候选项集进行支持度计数，以减少需要检查的候选项集的数目。

（3）采样技术，即样本量过大时考虑采用一些方法对数据进行抽样分析。

（4）采用数据划分技术，即首先将数据库划分为多个分区，然后扫描数据库，对每个分区挖掘其局部频繁项集，再将所有局部频繁项集构成候选项集，最后扫描数据库，发现所有的频繁项集。

9.2.2 FP-growth 算法

1. FP-growth 算法介绍

进行关联规则挖掘的另外一种经典算法是 FP-growth。该算法是韩家炜等人在2000 年提出的。针对 Apriori 算法由于反复扫描数据库导致的算法计算时间较长和空间复杂度较大的问题，FP-growth 算法采用一种频繁模式树（FP-tree）的数据结构，将原始数据库压缩到一棵频繁模式树上，并保留了项集之间完整的关联信息，然后从构建得到的频繁模式树发现对应的频繁项集，从而生成关联规则。Apriori 算法和 FP-growth 算法的重点都在于如何挖掘频繁项集。

（1）FP-growth 算法关键概念。

① FP-tree：频繁模式树，即 FP-growth 算法使用的数据结构，它由频繁项头表、根结点

（标记为 NULL）和一棵前缀子树构成。其构造原则是按照数据库中频繁项支持度的大小顺序将各个事务中的数据项进行降序排序，并过滤掉其中不满足最小支持度阈值的项，然后把排序、过滤后的每个事务中的数据项依次插入到一棵以 NULL 为根结点的前缀树中，同时在每个结点上标记该结点对应的项和其所处分支中该项出现的次数。

② 模式后缀：模式后缀用于和 FP-growth 算法挖掘的结果组合形成新的频繁项集，初始模式后缀是 FP-tree 频繁项头表中的各个项。

③ 条件模式基：FP-tree 中以模式后缀为结尾的前缀路径的集合。

④ 条件 FP-tree：对于频繁项头表中的每一项，都需要创建一个条件 FP-tree，即将条件模式基按照 FP-tree 的构造原则形成的一个新的 FP-tree。

（2） FP-growth 算法步骤。

　　FP-growth 算法的主要流程就是通过扫描两次数据集，将所有数据使用 FP-tree 进行存储，然后对于满足最小支持度阈值的频繁项，构建其条件 FP-tree。当构造的条件 FP-tree 为空时，其模式后缀即为频繁项集；当条件 FP-tree 只包含一条路径时，通过枚举该条件 FP-tree 中结点的所有可能组合并与此树的模式后缀连接即可得到频繁项集；若条件 FP-tree 包含多条路径，需要将条件 FP-tree 频繁项头表中的项与当前模式后缀组合生成新的模式后缀，找到对应的条件模式基，并据此继续构造条件 FP-tree 直至形成的条件 FP-tree 为空或只包含单一路径。

　　具体步骤如下：

① 建立频繁项头表。扫描数据库并确定每个项的支持度计数，删除支持度计数小于最小支持度计数的项，得到所有频繁 1 项集的集合 L，将 L 中的项按支持度计数的大小降序排列，生成频繁项头表。

② 筛选与排序。再次扫描原始数据库，对于每个事务，删除非频繁项（即不在频繁项头表中的项）并将事务中的项按照支持度计数大小降序排列，得到筛选、排序后的事务数据集。

③ 构建 FP-tree。

a. 使用符号 NULL 标记 FP-tree 的根结点（有且仅有一个）。

b. 逐条读取排序后的事务，将事务中的项按照顺序依次插入 FP-tree 中，其中事务中排序靠前的项为祖先结点，排序靠后的项为子孙结点。若插入时 FP-tree 中已有公共的祖先结点，则在所有公共祖先结点的计数中加 1；若没有公共的祖先结点，则将该项作为一个新的结点插入 FP-tree，并将其链接至频繁项头表对应的结点链表中，直至全部数据插入树中。

④ 挖掘频繁项集。从频繁项头表的底部依次向上查找每个项的条件模式基，即找到该项的公共前缀对应的所有 FP 子树，并将子树中公共前缀对应结点的计数设置为该项在子树中的计数，然后对条件模式基中的项进行频数统计，并删除计数小于最小支持度

计数的项，基于此构建条件 FP-tree 并挖掘频繁项集。

（3）　FP-growth 算法伪代码。

算法①：根据数据库中的数据项和给定的最小支持度计数阈值构造 FP-tree。

输入：数据库 D，最小支持度计数阈值 min_sup。

输出：FP-tree。

```
FP-growth (D, min_sup)

    L₁=D 中所有频繁 1 项集

    L₁_sort=sorted (L₁, key=sup)  # 将 L₁ 按照支持度计数大小降序排列，得到频繁项头表

    for ∀ t ∈ D{  # 对于 D 中的每个事务 t

        D'=[ ]

        for ∀ s ∈ t{  # 删除事务 t 中小于最小支持度计数的项

            t'=[ ]

            if s ∈ L₁

                t'.append (s)

        }

        将 t'中的项按 L₁_sort 的顺序排列，得到筛选、排序后的事务 t'_sort

        D'.append (t'_sort)  # 筛选、排序后的事务数据集

    }

    # 根据频繁项集构建频繁模式树 T

    T=create_treeNode (T, 'NULL')  # 创造一个标记为 NULL 的根结点

    for ∀ t'_sort ∈ D'{  # 对于筛选、排序后的事务数据集中的每条事务

        if    T 的根结点有子结点 N，且 N.name=t'_sort [1].name{

            找到由 N 出发的路径与 t'_sort 的最大公共前缀 p，将其长度记为 k

            for ∀ m in p{  # 对于公共前缀中的每个结点

                m.count+=1

            }

            for (i=k+1; i≤len (t'_sort); i++){

                由 t'_sort [i-1] 创建一个新的子结点 t'_sort [i]

                t'_sort [i].count=1

            }

        }else{

            由 T 的根结点创建一个子结点并标记为 t'_sort [1]

            t'_sort [1].count=1

            for (i=2; i≤len (t'_sort); i++){

                由 t'_sort [i-1] 创建一个新的子结点标记为 t'_sort [i]
```

$$t'\_sort\,[\,i\,]\,.count = 1$$

$$\}$$

$$\}$$

$$\}$$

$for\ \forall\ item \in L_1\_sort\{$ # 对于频繁项头表中的每一项

从该项出发将 T 中所有标记与其相同的结点连接起来

$$\}$$

$return\ T$

算法②：根据算法①得到的频繁模式树找到对应的频繁项集。

输入：算法①构造得到的 FP-tree。

输出：FP-tree 对应的所有频繁项集。

$find\_frequent\_itemsets\_by\_FPtree\ (FP\text{-}tree,\ a)$ # a 为模式后缀

  $fre = [\ ]$ # 需要输出的频繁项集

  $for\ \forall\ a\{$ # 对于模式后缀 a（初始模式后缀由 FP-tree 的频繁项头表自底向上扫描产生）

    构造 a 的条件模式基，对条件模式基中的每一项进行频数统计

    保留条件模式基中满足基本支持度阈值的项

    调用算法①生成条件 FP-tree

    if 条件 FP-tree 只有一条路径 $P\{$

      for P 中结点的每个组合 $b\{$

        $z = a \cup b$

        将 z 的支持度计数赋值为 b 中结点支持度计数的最小值

        $return\ fre = fre \cup$ 满足支持度计数阈值的 z

      $\}$

    $\}$

    $else\{$ # 条件 FP-tree 有多条路径

      for 条件 FP-tree 频繁项头表中的每个频繁项 $c\{$

        $b = a \cup c$ # 生成新的模式后缀 b

        将 b 的支持度计数赋值为 c 的支持度计数

        $fre = fre \cup$ 满足支持度计数阈值的 b # 得到以 a 为模式后缀的频繁项集

        构建 b 的条件模式基，并据此构建条件 FP-tree T_b

        if $T_b \neq \varnothing\{$

          重复调用 $find\_frequent\_itemsets\_by\_FPtree\ (T_b,\ b)$

          # 挖掘以 b 为模式后缀的频繁项集

        $\}$

      $\}$

2. FP-growth 算法运行实例

运行 FP-growth 算法，同样是使用某高校某班的大学生兴趣爱好表，设定最小支持度计数阈值为 2（见表 9.12）。

表 9.12
某高校某班的大学生
兴趣爱好表

TID	List of items	TID	List of items
1	美食，旅游，摄影	6	旅游，运动
2	旅游，阅读	7	美食，运动
3	旅游，运动	8	美食，旅游，运动，摄影
4	美食，旅游，阅读	9	美食，旅游，运动
5	美食，运动		

（1）构建 FP-tree。

① 扫描数据表 9.12 得到兴趣爱好清单以及每个 item 对应的支持度计数（见表 9.13）。

表 9.13
每个 item 及其支持度
计数

item	支持度计数	item	支持度计数
美食	6	阅读	2
旅游	7	摄影	2
运动	6		

② 按照支持度计数对 item 清单降序排序（见表 9.14）。

表 9.14
排序后的 item 清单

item	支持度计数	item	支持度计数
旅游	7	阅读	2
美食	6	摄影	2
运动	6		

③ 根据排序后的 item 清单对表 9.12 中每个事务进行筛选和排序（见表 9.15）。

表 9.15
筛选和排序后的兴趣
爱好事务表

TID	List of items	TID	List of items
1	旅游，美食，摄影	6	旅游，运动
2	旅游，阅读	7	美食，运动
3	旅游，运动	8	旅游，美食，运动，摄影
4	旅游，美食，阅读	9	旅游，美食，运动
5	美食，运动		

④　　根据调整后的事务清单构建 FP-tree。

1）　初始频繁项头表和 FP-tree 的根结点（标记为 NULL），如图 9.1 所示。

图 9.1
频繁项头表及
FP-tree 根结点

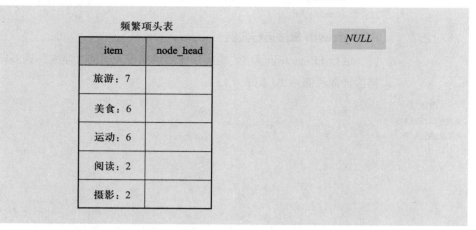

2）　加入 TID 为 1 的事务，并链接至频繁项头表，如图 9.2 所示。

图 9.2
加入 TID 为 1 的
事务后的 FP-tree

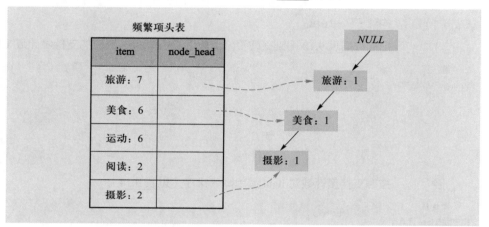

3）　加入 TID 为 2 的事务，如图 9.3 所示。

图 9.3
加入 TID 为 2 的
事务后的 FP-tree

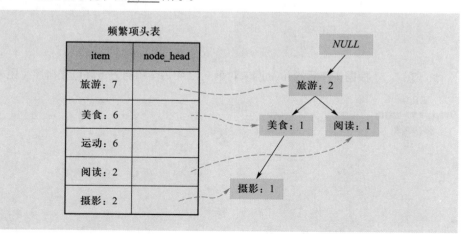

4） 依次加入 TID 为 3、4、5、6、7、8、9 的事务得到 FP-tree，如图 9.4 所示。

图 9.4
由表 9.12 数据构造
得到的 FP-tree

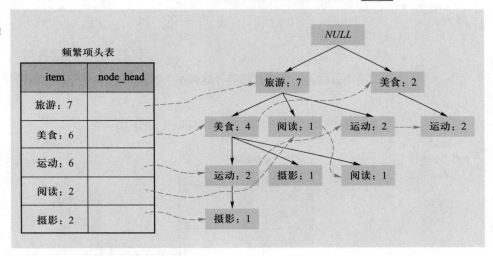

（2） 根据 FP-tree 发现频繁项集。

① 自下而上扫描频繁项头表，构造每个 item（初始模式后缀）的条件模式基（见表 9.16）。

表 9.16
每个 item 的条件
模式基

item	条件模式基
旅游	{}
美食	{旅游}
运动	{旅游，美食}、{旅游}、{美食}
阅读	{旅游，美食}、{旅游}
摄影	{旅游，美食}、{旅游，美食，运动}

② 对每个 item 的条件模式基分别进行频数统计（见表 9.17）。

表 9.17
每个 item 的条件
模式基及其频数

item	条件模式基
旅游	{}
美食	{旅游}[4]
运动	{旅游，美食}[2]、{旅游}[2]、{美食}[2]
阅读	{旅游，美食}[1]、{旅游}[1]
摄影	{旅游，美食}[1]、{旅游，美食，运动}[1]

③ 根据每个 item 的条件模式基以及相应频数信息从项头表的底部项依次向上构造每个 item 的条件 FP-tree。

1） 构造摄影对应的条件 FP-tree，并挖掘频繁项集，过程如下：

a. 基于摄影的条件模式基及其频数重新建立摄影对应的兴趣爱好清单。

摄影这一爱好的条件模式基和频数统计为 {旅游，美食}[1]、{旅游，美食，运动}[1]，因此计算得到摄影对应的爱好清单以及支持度计数如表 9.18 所示。

item	支持度计数	item	支持度计数
旅游	2	运动	1
美食	2		

其中运动这一项的支持度计数为 1，小于设定的最小支持度计数阈值 2，做过滤处理。

b.　由摄影对应的爱好清单构造条件 FP-tree（见图 9.5）。

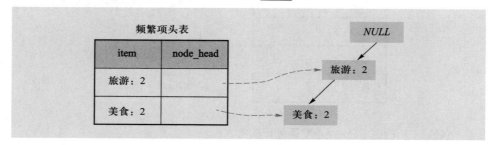

此时摄影对应的条件 FP-tree 只有一条路径，因此可以得到以"摄影"为模式后缀的频繁项集为 {旅游，摄影}：2、{美食，摄影}：2 和 {旅游，美食，摄影}：2。

2）　构造阅读对应的条件 FP-tree，并挖掘频繁项集，过程如下：

a.　基于阅读的条件模式基及其频数重新建立阅读对应的爱好清单。阅读对应的条件模式基和频数统计为 {旅游，美食}[1]、{旅游}[1]，因此计算得到阅读对应的爱好清单以及支持度计数如表 9.19 所示。

item	支持度计数	item	支持度计数
旅游	2	美食	1

其中"美食"这一项的支持度计数为 1，小于设定的最小支持度计数阈值 2，做过滤处理。

b.　由阅读对应的爱好清单构造条件 FP-tree（见图 9.6）。

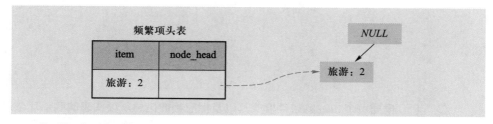

此时阅读对应的条件 FP-tree 只有一条路径，因此可以得到以"阅读"为模式后缀的频繁项集为 {旅游，阅读}：2。

3）　构造运动对应的条件 FP-tree，并挖掘频繁项集，过程如下：

a.　基于运动的条件模式基及其频数重新建立运动对应的爱好清单。运动这一爱好的条件模式基和频数统计为 {旅游，美食}[2]、{旅游}[2]、{美食}[2]，因此计算得到运动对应的爱好清单以及支持度计数如<u>表 9.20</u> 所示。

<u>表 9.20</u>
运动对应的爱好清单
及支持度计数

item	支持度计数	item	支持度计数
旅游	4	美食	4

b.　由 item 对应的爱好清单构造条件 FP-tree（见<u>图 9.7</u>）。

<u>图 9.7</u>
运动对应的条件
FP-tree

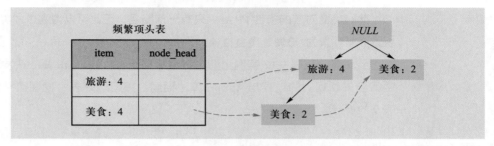

此时运动对应的条件 FP-tree 有两条分支路径，需要继续递归调用 FP-growth 算法生成条件 FP-tree，具体过程为：将条件 FP-tree 的频繁项头表中每一个 item 和当前模式后缀"运动"取并集，得到以"运动"为模式后缀的频繁项集{旅游，运动}：4 和{美食，运动}：4；然后分别以{旅游，运动}和{美食，运动}作为新的模式后缀继续生成条件 FP-tree。{旅游，运动}对应的条件模式基为{}，无须操作。{美食，运动}对应的条件模式基为{旅游}，频数为 2。构造{美食，运动}对应的条件 FP-tree 如<u>图 9.8</u> 所示。

<u>图 9.8</u>
{美食，运动}对应的
条件 FP-tree

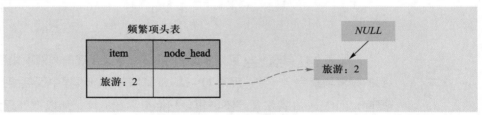

此时{美食，运动}对应的条件 FP-tree 只有一条路径，可以得到以"{美食，运动}"为模式后缀的频繁项集为{旅游，美食，运动}：2。因此关于"运动"的频繁项集为{旅游，运动}：4、{美食，运动}：4 和{旅游，美食，运动}：2。

4）　构造美食对应的条件 FP-tree，并挖掘频繁项集，过程如下：

a.　基于美食的条件模式基及其频数重新建立美食对应的爱好清单。美食这一爱好的条件模式基和频数统计为{旅游}[4]，因此计算得到美食对应的爱好清单以及支持度计数如<u>表 9.21</u> 所示。

<u>表 9.21</u>
美食对应的爱好清单
以及支持度计数

item	支持度计数
旅游	4

b.　由 item 对应的爱好清单构造条件 FP-tree（见<u>图 9.9</u>）。

图 9.9
美食对应的条件
FP-tree

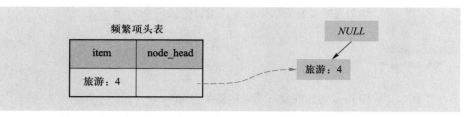

此时美食对应的条件 FP-tree 只有一条路径,因此可以得到以"美食"为模式后缀的频繁项集为{旅游,美食}:4。

至此算法在表 9.12 实例上的执行过程结束,FP-growth 算法从发现的频繁项集中得到关联规则的过程与 Apriori 算法相同。兴趣爱好表中挖掘得到的频繁项集如表 9.22 所示。

表 9.22
使用 FP-growth 算法
挖掘兴趣爱好表的
结果

item	条件模式基	频繁项集
美食	{旅游}[4]	{旅游,美食}:4
运动	{旅游,美食}[2] {旅游}[2] {美食}[2]	{旅游,运动}:4 {美食,运动}:4 {旅游,美食,运动}:2
阅读	{旅游,美食}[1] {旅游}[1]	{旅游,阅读}:2
摄影	{旅游,美食}[1] {旅游,美食,运动}[1]	{旅游,摄影}:2 {美食,摄影}:2 {旅游,美食,摄影}:2

对比表 9.11 与表 9.22 可以发现 FP-growth 算法发现的频繁项集和 Apriori 算法得到的频繁项集完全一致。但是 FP-growth 算法在运行过程中仅需要扫描两次交易数据库,而 Apriori 算法需要不断重复扫描交易数据库,所以在处理大规模数据时,FP-growth 算法比 Apriori 算法更为简单和高效。

9.3 案例分析:沃尔玛的蛋挞与飓风用品营销方案

沃尔玛是世界上最大的连锁性零售商,也是世界上雇员最多的企业,多次位列世界 500 强企业首位。截至 2020 年,沃尔玛公司在全球十几个国家中拥有 8 000 多家门店,每周光临沃尔玛的顾客就有将近 2 亿人次,这使得沃尔玛成为世界上拥有数据资源最多的企业之一。20 世纪 90 年代以来,沃尔玛通过把一条条产品记录转换为数据,整合从供应商到顾客的整个销售链的数据信息改变了整个零售行业的销售模式。在沃尔玛的企业文化中,数据是信息,是利润,更是发展驱动力。

2004 年，飓风 FRANCES 穿过加勒比海，席卷了佛罗里达的大西洋海岸，美国各地居民为应对此次危机走进了各大商店，而沃尔玛在其中发现了商机。在飓风登陆前，沃尔玛首席信息官 Linda M.Dillman 督促员工根据几周前飓风 Charley 袭击时的情况进行预测，以确定这次飓风来临时的销售策略。

沃尔玛观察了庞大的历史交易数据库，这个数据库中不仅包括了顾客的购物清单和消费金额，还包括了单个购物篮中的商品组合、采购的时间以及交易进行时的天气情况等。通过对数据进行关联分析，沃尔玛发现在飓风来临之前，飓风用品如手电筒的销量增加的同时，商店中的 Pop-Tarts 蛋挞的销量是平时销量的 7 倍左右。所以每当飓风天气来临之前，沃尔玛商店就会增加蛋挞的供应量，同时也会将蛋挞同飓风用品摆放在一起，这一销售策略大大增加了沃尔玛的销售额。

沃尔玛为了更好地服务顾客，每周都会对顾客的"购物篮"和顾客的反馈进行调查研究，研究人员和管理人员根据历史数据库中的相关信息及时更新商品组合、商品供应量、商品陈列位置，以求为顾客提供舒适的购物环境和良好的购物体验。

为了更好地适应互联网时代的到来，沃尔玛收购了如 OneOps、Inkiru、OneRiot、Tasty Labs 等专注于移动社交或数据挖掘的公司，同时通过网站数据库整体迁移、集群迁移等工作建立了 Walmart Labs，这项技术可以将线上线下的数据库连接起来，根据用户个人的历史数据库和系统整体数据库，为顾客进行更加专业的商品推荐等个性化服务。

问题讨论：

1. 沃尔玛如何利用大数据为顾客提供更好的服务？

2. 在大数据时代，面向未来的发展，沃尔玛有哪些优势或劣势？若有劣势，应该如何改进？

资料来源：Constance L Hays. What Wal-Mart knows about customers' habits［J］. New York Times，November 14，2004.

关键术语

- 项　　　　　　　　　Item
- 项集　　　　　　　　Itemset
- 支持度　　　　　　　Support
- 置信度　　　　　　　Confidence
- 支持度计数　　　　　Support Count
- 最小支持度　　　　　Min Support
- 最小支持度计数　　　Min Support Count
- 最小置信度　　　　　Min Confidence

- 频繁项集　　Frequent Itemset
- 强规则　　　Strong Rules

本章小结

关联规则分析是用于发现数据背后存在的某种规则和联系的一种工具集，也被称为购物篮分析，其主要目的在于分析了解顾客习惯，更好地进行营销和服务。通常可以通过挖掘频繁项集来发现数据项之间的关联规则，每种关联规则也可以理解为"如果……那么……"关系。

发现数据项之间的关系是一项十分复杂的任务，需要耗费大量的资源。本章介绍的 Apriori 算法和 FP-growth 算法都是基于挖掘频繁项集而产生关联规则的。Apriori 算法具有两大原理，分别是：当一个项集是频繁项集时，它对应的所有

非空子集都是频繁项集；当一个项集不是频繁项集，那么包含它的所有超集也都不是频繁项集。依据这两项原理，Apriori 算法可以减少在数据库中检查项集的次数，但当面对数据量较大的复杂数据库时，该算法没有很好的性能体现。针对 Apriori 算法存在的问题，韩家炜等人提出的 FP-growth 算法采用一种频繁模式树的数据结构，将原始数据压缩到频繁模式树上，继而发现对应的频繁项集，从而产生关联规则。与 Apriori 算法相比，FP-growth 算法只需遍历两次数据库，可以大大提高发现频繁项集的速度。

即测即评

参考文献

Han J W，Pei J，Yin Y. Mining frequent patterns without candidate generation［C］. Proc ACM SIGMOD，2000：1–12.

第 10 章
聚类

聚类算法作为数据挖掘的重要技术,能够在数据无标注的情况下完成对数据的分类,是典型的无监督学习问题。因其实用、简单和高效的特性,已逐渐成为一种跨学科、跨领域的数据分析方法,被广泛应用在电子商务、人工智能等领域。例如,在电子商务领域,经常需要通过聚类来分析客户信息,将客户划分为不同的群体,继而挖掘出不同客户群体的潜在知识,从而为企业的经营管理提供决策支持;在搜索引擎方面,通过聚类能够自动形成相应类别的关键词,从而实现智能搜索等。那么,什么是聚类呢?

10.1 聚类概述

10.1.1 聚类的概念

先看一个简单的例子。某移动运营商希望向其客户提供不同的优惠套餐,因此需要查看每个客户的详细信息,并根据这些信息把客户划分成不同的群体,再针对每个群体的特点提供套餐。该运营商可能拥有数千万甚至数亿客户,通过手动过程查看每个客户的详细信息然后做出决定几乎是不可能的,因此需要自动化的方法将客户划分为不同的群体。在客户群体划分的过程中,需要先考虑根据哪些用户属性进行判断,并确定想要分成几个群体。例如,该运营商想要将客户分为 n 个不同的群体,即 n 个不同的类,划分依据是客户的通话时长、通话时间段、网络流量使用情况等,最后再根据划分出的这些群体的特点分别制定适合的套餐。创建这些类的过程就是聚类(Clustering)。

因此,聚类就是将数据集中的数据对象划分为若干个通常不相交的子集的过程,其中每一个子集都称为一个类或簇(Cluster)。同一个类或簇中的数据对象之间具有很高的相似度,而不同的类或簇中的对象高度相异。相异度根据描述对象的属性值评估,通常使用距离度量。

聚类的目的是将数据对象分成多个类或簇,同一类中的对象具有较高的相似度,而不同类中的对象差别较大。由于没有固定的目标变量，所以聚类是一个无监督学习问题。聚类的输入是一组未分类的记录，且事先不知道如何分类，类的数目也不必确定，通过分析数据，合理划分记录集合，确定每个记录所属的类别，把相似性大的对象聚集为一个类。

典型的聚类过程主要包括特征选择或特征变换、数据对象间的相似度计算和聚类结果评价三个部分。一般情况下，样本数据是杂乱无章的，因此聚类算法首先需要进行数据集的特征选择或变换，然后选择或设计聚类算法。各个数据对象之间的相似性度量是聚类算法中的首要问题。因为聚类的终止条件由聚类结束准则函数定义，通常是人为设定的，而且没有统一的标准，所以在聚类簇生成以后，必须对聚类结果进行综合评价。

经典的聚类算法包括划分聚类算法（Partitional Clustering Algorithm）、层次聚类算法（Hierarchical Clustering Algorithm）和基于密度的聚类算法（Density-based Clustering Algorithm）等。

10.1.2　聚类的特征选择和特征变换

特征选择（Feature Selection）是指从数据样本集的所有特征（或称属性）中选择更有利于达到某种目标的若干特征，即原始特征集的一个子集，同时也达到了降低维度的目的；而特征变换（Feature Transformation）则是指通过某种变换将原始输入空间的属性映射到一个新的特征空间，然后在特征空间中根据规则选择某些较为重要的变换后的特征。

由于特征选择并不改变其原有属性，所以结果只是一个原始属性的优化特征子集，保留了原属性的物理意义，方便用户理解；而特征变换的结果失去了原始特征的物理意义，但能够提取其隐含的特征信息，消除原特征集属性之间的相关性与冗余性。

特征选择或变换在聚类分析过程中占据极其重要的地位，结果的优劣将直接影响最后的聚类效果。关于特征选择和特征变换的具体方法，请参看教材前文中关于数据预处理的相关内容。

10.1.3　聚类的相似性度量

聚类是将数据集中的相似数据对象归为同一类的方法。因此，如何度量数据对象之间的相似性是聚类算法的关键问题，通常有两个途径：

- 把每个数据对象看成 n 维特征空间中的一个点，在 n 维坐标中定义点与点之间的距离；
- 用某种相似系数来描述数据对象之间的相似性。

1.　距离计算

定义第 i 个和第 j 个数据对象间的距离，要求满足如下四个条件：

（1）非负性：$d_{ij} \geqslant 0$ 对一切 i 和 j 成立；

（2）同一性：$d_{ij}=0$ 当且仅当 $i=j$ 成立；

（3）对称性：$d_{ij}=d_{ji}$ 对一切 i 和 j 成立；

（4）直递性：$d_{ij} \leqslant d_{ik}+d_{kj}$ 对一切 i 和 j 成立。

给定数据集 $D=\{x_1,x_2,\cdots,x_i,\cdots,x_m\}$，其中数据对象 $x_i=\{x_{i1},x_{i2},\cdots,x_{in}\}$，$x_j=\{x_{j1},x_{j2},\cdots,x_{jn}\}$。最常用的距离是闵氏距离（Minkowski Distance），也称闵可夫斯基距离。它是一组距离的定义，是对多个距离度量公式的概括性的表述。其计算公式为：

$$d(x_i,x_j) = \left(\sum_{k=1}^{n} |x_{ik} - x_{jk}|^p \right)^{\frac{1}{p}} \tag{10-1}$$

式中：$d(x_i,x_j)$ 表示 x_i 和 x_j 两个数据对象之间的距离；x_{ik} 与 x_{jk} 表示数据对象 x_i 和 x_j 的第 k 个特征的值；n 表示数据对象总的特征个数。

当 $p=1$ 时，得到曼哈顿距离（Manhattan Distance），也叫绝对值距离。计算公式为：

$$d(x_i,x_j) = \sum_{k=1}^{n} |x_{ik} - x_{jk}| \tag{10-2}$$

当 $p=2$ 时，得到欧氏距离（Euclidean Distance），也称欧几里得距离，就是两点之间的直线距离。计算公式为：

$$d(x_i,x_j) = \sqrt{\sum_{k=1}^{n} |x_{ik} - x_{jk}|^2} \tag{10-3}$$

当 $p \to \infty$ 时，可得到切比雪夫距离（Chebyshev Distance）。计算公式为：

$$d(x_i,x_j) = \max_{k} |x_{ik} - x_{jk}| \tag{10-4}$$

由闵氏距离的定义可知，各个特征的测量尺度不一致或测量单位不同时，不宜直接采用闵氏距离。当某个特征 k 的离差 $|x_{ik}-x_{jk}|$ 很大时，该特征将对距离起主导作用，使得其他特征对距离的影响不明显。如果一定要使用闵氏距离计算，则应对各个特征进行标准化处理，保证各个特征的离差接近，然后再用标准化的数据计算距离。常用的标准化处理方法是：

$$x_{ik}^* = \frac{x_{ik} - \bar{x}_k}{\sqrt{S_k}} \tag{10-5}$$

式中：x_{ik}^* 是 x_{ik} 标准化以后的值；$\bar{x}_k$ 是特征 k 的均值；S_k 是特征 k 的样本方差。

兰氏距离（Lance & Williams Distance）由 Lance 和 Williams 在 1966 年提出，也称坎贝拉距离（Canberra Distance）。它是曼哈顿距离的加权版本，是一个自身标准化的量，有助于解决闵氏距离的上述问题。常用的计算公式为：

$$d(x_i,x_j) = \sum_{k=1}^{n} \frac{|x_{ik} - x_{jk}|}{|x_{ik}| + |x_{jk}|} \tag{10-6}$$

式中：$d(x_i, x_j)$ 表示 x_i 和 x_j 两个数据对象之间的距离；x_{ik} 与 x_{jk} 表示数据对象 x_i 和 x_j 的第 k 个特征的值；n 表示数据对象总的特征个数。兰氏距离通常对大的奇异值不敏感，但对于接近于 0（大于等于 0）的值的变化非常敏感。

由闵氏距离和兰氏距离的定义可知，它们都假定特征之间相互独立，没有考虑特征之间的相关性。

马氏距离（Mahalanobis Distance）也称马哈拉诺比斯距离，由印度统计学家马哈拉诺比斯（P. C. Mahalanobis）提出，表示数据的协方差距离。协方差是衡量多维数据集中各特征变量之间相关性的统计量。如果两个特征变量之间的协方差为正值，则这两个特征变量存在正相关；若为负值，则为负相关。马氏距离的常用计算公式为：

$$d(x_i, x_j) = \sqrt{(X_i - X_j)^T \Sigma^{-1}(X_i - X_j)} \tag{10-7}$$

式中：$d(x_i, x_j)$ 表示 x_i 和 x_j 两个数据对象之间的距离；$X_i = (x_{i1}, x_{i2}, \cdots, x_{ip})^T$，$X_j = (x_{j1}, x_{j2}, \cdots, x_{jp})^T$，分别表示第 i 个数据对象 x_i 和第 j 个数据对象 x_j 的 p 个特征值所组成的列向量，即 x_i 和 x_j 的转置；Σ^{-1} 表示特征变量之间的协方差矩阵，在实践应用中，若总体协方差矩阵 Σ^{-1} 未知，可用样本协方差矩阵 S^{-1} 作为估计代替计算。

若式 10-7 中的协方差矩阵 Σ^{-1} 为单位矩阵，马氏距离就简化为欧式距离。因此，马氏距离又称为广义欧氏距离。马氏距离考虑了各个特征之间的相关性，也解决了欧式距离中各个特征测量尺度不一致所导致的问题，可以看作是欧氏距离的一种修正。

2. 相似系数

聚类的相似性度量有时不采用距离，而是用相似系数。例如，文本相似性计算通常就是采用相似系数进行度量的。相似系数一般应满足下面三个条件：

- $c_{ij} = \pm 1$ 时，表明两变量完全相关，即 $x_i = a + b x_j$，式中 a、b 是常数；
- $|c_{ij}| \leqslant 1$，即相似系数在 –1 到 1 之间变化；
- $c_{ij} = c_{ji}$，即相似系数具有对称性。

（1）余弦相似度（Cosine Similarity）。余弦相似度通过测量两个向量的夹角的余弦值来度量它们之间的相似性。假定数据集 $D = \{x_1, x_2, \cdots, x_i, \cdots, x_m\}$ 中有 m 个数据对象，每个数据对象有 n 个特征，数据对象 $x_i = \{x_{i1}, x_{i2}, \cdots, x_{ik}, \cdots, x_{in}\}$，$x_j = \{x_{j1}, x_{j2}, \cdots, x_{jk}, \cdots, x_{jn}\}$，则 x_i 和 x_j 的余弦相似度为：

$$S(x_i, x_j) = \frac{x_i^T x_j}{\|x_i\|\|x_j\|} = \frac{\sum_{k=1}^{n} x_{ik} x_{jk}}{\sqrt{\left(\sum_{k=1}^{n} x_{ik}^2\right)\left(\sum_{k=1}^{n} x_{jk}^2\right)}} \tag{10-8}$$

式中：$S(x_i, x_j)$ 表示 x_i 和 x_j 两个数据对象之间的余弦相似度，取值范围从 –1 到 1；x_{ik} 与 x_{jk} 表示数据对象 x_i 和 x_j 的第 k 个特征的值；n 表示数据对象总的特征个数。$S(x_i, x_j) = -1$，表示两个向量指向的方向截然相反；$S(x_i, x_j) = 1$，表示它们的指向是完全相同的；$S(x_i, x_j) = 0$，表示它们之间是独立的。

相比距离度量，余弦相似度更加注重两个向量在方向上的差异，而非距离或长度上。这使得余弦相似度在数值上不敏感，有可能造成不同数据对象之间相似性的判断错误。

【例 10-1】 用户对电影按 5 分制评分。X 和 Y 两个用户对两部电影 A 和 B 的评分分别为 $X = (1, 2)$ 和 $Y = (4, 5)$，这两个用户的余弦相似度 $S(X, Y)$ 为：

$$S(X, Y) = \frac{x_A y_A + x_B y_B}{\sqrt{(x_A^2 + x_B^2)(y_A^2 + y_B^2)}} = \frac{1 \times 4 + 2 \times 5}{\sqrt{(1^2 + 2^2) \times (4^2 + 5^2)}} = 0.98$$

由计算结果可知，用户 X 和 Y 的余弦相似度是 0.98，说明两者极为相似。从用户的评分数据可知，虽然两个用户都是对电影 B 的评价比对电影 A 的评价高一点，但用户 X 对两部电影都不喜欢，而用户 Y 则是都比较喜欢，两个用户的偏好是不同的。

余弦相似度对数值的不敏感导致了结果的误差，这种误差可以通过用数据对象的特征值减去该数据对象所有特征值的均值来消除，得到修正的余弦相似度（Adjusted Cosine Similarity）。计算公式如下：

$$S'(x_i, x_j) = \frac{\sum\limits_{k=1}^{n}(x_{ik} - \bar{x}_i)(x_{jk} - \bar{x}_j)}{\sqrt{\left(\sum\limits_{k=1}^{n}(x_{ik} - \bar{x}_i)^2\right)\left(\sum\limits_{k=1}^{n}(x_{jk} - \bar{x}_j)^2\right)}} \tag{10-9}$$

式中：$S'(x_i, x_j)$ 表示 x_i 和 x_j 两个数据对象之间的修正余弦相似度；x_{ik} 与 x_{jk} 表示数据对象 x_i 和 x_j 的第 k 个特征的值；$\bar{x}_i$ 与 $\bar{x}_j$ 表示数据对象 x_i 和 x_j 所有特征值的均值；n 表示数据对象总的特征个数。

例 10-1 中，假设用户 X 和 Y 对所有电影的评分的均值 $\bar{x}$ 和 $\bar{y}$ 均为 3，则 X 和 Y 两个用户的修正余弦相似度 $S'(X, Y)$ 为：

$$\begin{aligned} S'(X, Y) &= \frac{(x_A - \bar{x})(y_A - \bar{y}) + (x_B - \bar{x})(y_B - \bar{y})}{\sqrt{((x_A - \bar{x})^2 + (x_B - \bar{x})^2)((y_A - \bar{y})^2 + (y_B - \bar{y})^2)}} \\ &= \frac{(1-3) \times (4-3) + (2-3) \times (5-3)}{\sqrt{((1-3)^2 + (2-3)^2) \times ((4-3)^2 + (5-3)^2)}} = -0.16 \end{aligned}$$

由结果可知，$S'(X, Y) < 0$，说明用户 X 和 Y 在对电影 A 和 B 的评价上并不相似，具有相反的倾向。这个结果更符合现实。

（2） 皮尔逊相关系数（Pearson Correlation Coefficient）。皮尔逊相关系数常用于度量特征变量之间的相关性，其值介于 –1 与 1 之间。相关系数的绝对值越大，说明特征变量之间相关度越高。皮尔逊相关系数的定义为：

$$\gamma_{ij} = \frac{\sum\limits_{k=1}^{n}(x_{ik} - \bar{x}_i)(x_{jk} - \bar{x}_j)}{\sqrt{\left[\sum\limits_{k=1}^{n}(x_{ik} - \bar{x}_i)^2\right]\left[\sum\limits_{k=1}^{n}(x_{jk} - \bar{x}_j)^2\right]}} \tag{10-10}$$

式中：γ_{ij} 表示 x_i 和 x_j 两个数据对象之间的皮尔逊相关系数；x_{ik} 与 x_{jk} 表示数据对象 x_i 和 x_j 的第 k 个特征的值；$\bar{x}_i$ 与 $\bar{x}_j$ 表示数据对象 x_i 和 x_j 所有特征值的均值；n 表示数据对象总的特征个数。可见，皮尔逊相关系数的计算公式与修正的余弦相似度计算公式是一样的。γ_{ij} 的取值范围为 $[-1,1]$，当两个数据对象之间的正相关关系很强时，γ_{ij} 趋于 1；当两个数据对象之间的负相关关系很强时，γ_{ij} 趋于 -1；当两个数据对象之间不相关时，γ_{ij} 趋于 0。

3. 度量方法的选择

相似性度量的方法还有很多，本书仅介绍以上几种最为常用的方法。一般来说，对于同一个数据集，采用不同的相似性度量会得到不同的聚类结果。在进行聚类的过程中，应根据实际情况选择合适的相似性度量。

闵氏距离能够体现数据对象特征值的绝对差异，更适用于需要从特征值大小中体现差异的分析。例如，按照用户的可支配收入水平进行相似性判断。但当各个特征的测量尺度差异较大或测量单位不一致时，不宜直接采用闵氏距离。可以先对各个特征进行标准化处理，然后再用标准化的数据计算闵氏距离，或者采用不受测量尺度和测量单位影响的兰氏距离和马氏距离进行距离计算。闵氏距离和兰氏距离都没有考虑各个特征之间的相关性，因此，如果想消除特征之间相关性的影响，可以采用马氏距离。

余弦相似度更多的是从方向上区分差异，而对绝对的数值不敏感，因此消除了数据对象间可能存在的度量标准不统一的问题，更适用于不需要从特征值大小中体现差异的分析。例如，使用用户对内容的评分来判断用户兴趣的相似度。由于对绝对数值不敏感，余弦相似度也有可能导致结果出现误差，因此，可以采用修正的余弦相似度或皮尔逊相关系数进行计算。

10.2 划分聚类算法 K-Means

10.2.1 划分聚类算法概述

划分聚类（Partitional Clustering）算法先指定聚类数目和聚类中心，再通过多轮迭代将数据集分成若干互不相交的类。划分需要满足两点要求：①每一个组至少包含一个数据对象；②每一个数据对象必须属于某一个组。

对包含 n 个数据对象的数据集 D，若将其划分为 $k(k \le n)$ 个类，需要先创建数据的 k 个初始划分，每一个划分表示一个类；然后采用迭代的重定位技术，通过样本在类别间移动来改进聚类簇；最后通过聚类准则结束移动并判定结果的好坏，使同一类中的数据对象之间要尽可能地"接近"，而不同的类中的数据对象之间要尽可能地

"远离"。

典型的划分方法包括 K-Means 算法、K-Medoids 算法、CLARANS 算法等，本书主要介绍 K-Means 算法。

10.2.2 K-Means 算法的思想

K-Means 聚类算法也称 K 均值聚类算法，是一种无监督学习，也是基于划分的聚类算法，一般用欧式距离作为衡量数据对象间相似度的指标。相似度与数据对象间的距离成反比，相似度越大，距离越小。该算法思想比较简单，聚类速度较快，且方便处理大量数据，因而得到了广泛的应用。

K-Means 算法的思想很简单，对于给定的样本集，按照样本之间的距离大小，将样本集划分为 k 个簇，让簇内的点尽量紧密地连在一起，而让簇间的距离尽量大。K-Means 算法的流程图如图 10.1 所示。

图 10.1
K-Means 算法的流程

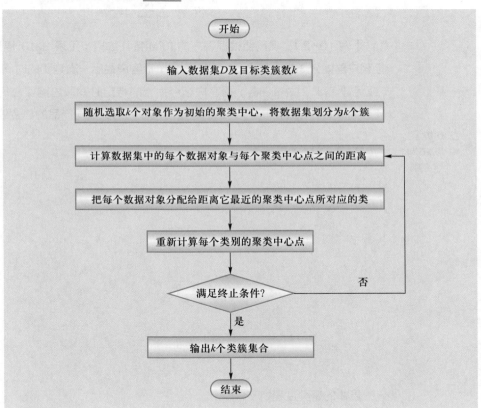

给定数据集 $D = \{x_1, x_2, \cdots, x_i, \cdots, x_m\}$，若将其划分为 k 个簇，主要步骤如下：

（1）从中随机选取 k 个对象作为初始的聚类中心，将数据集划分为 k 个簇 $C = \{C_1, C_2, \cdots, C_k\}$，$k$ 个聚类中心点向量为 $\{\mu_1, \mu_2, \cdots, \mu_k\}$。

（2）针对数据集中的每个对象 x_i，计算它与每个聚类中心点 $\mu_j (j = 1, 2, \cdots, k)$ 之间的距离 d_{ij}，计算方法如式 10-11 所示。把每个对象 x_i 分配给距离它最近的聚类中心点所对应的类。

$$d_{ij} = \sqrt{|x_i - \mu_j|^2} \tag{10-11}$$

（3）　针对每个类别 C_j，重新计算它的聚类中心点 μ_j。μ_j 是簇 C_j 的均值向量，计算方法如下：

$$\mu_j = \frac{1}{|C_j|} \sum_{x \in C_j} x \tag{10-12}$$

（4）　重复第（2）步和第（3）步，直到满足某个终止条件。终止条件可以是以下任何一个：①没有（或最小数目）对象被重新分配给不同的聚类。②没有（或最小数目）聚类中心再发生变化。③误差平方和（Sum of Squared Error，SSE）局部最小。每个簇的聚类中心点与类内样本点的误差平方和又称为畸变（Distortion）程度，其计算方法如下：

$$SSE = \sum_{j=1}^{k} \sum_{x \in C_j} |x - \mu_j|^2 \tag{10-13}$$

【例10-2】　现需要根据客户的 RFM 特征数据（见表 10.1）通过聚类分析将目标客户群体分 3 类。其中，R（Recency）指客户最后一次购买的时间距离目前的天数（或月数）；F（Frequency）指客户迄今为止的特定时间段内购买公司产品的总次数；M（Monetary）指客户迄今为止的特定时间段内购买公司产品的总金额。

表 10.1
客户消费行为的
RFM 数据

Id	R	F	M
Id_1	27	5	489.32
Id_2	3	6	456.21
Id_3	4	12	185.42
Id_4	3	7	123.42
Id_5	14	6	532.42
Id_6	19	3	566.75
Id_7	10	5	210.01
Id_8	20	2	102.10
Id_9	18	8	531.45

具体的聚类过程如下：

（1）　从中随机选取 Id_6、Id_7 和 Id_8 3 个客户数据作为初始的聚类中心，3 个聚类中心点向量为 $\{\mu_1, \mu_2, \mu_3\}$。其中，$\mu_1 = (19, 3, 566.75)$，$\mu_2 = (10, 5, 210.01)$，$\mu_3 = (20, 2, 102.10)$。

（2）　对数据集中每个客户 Id_i 的 RFM 数据，计算它与每个聚类中心点 μ_j（$j = 1, 2, 3$）之间的距离 d_{ij}。

$$d_{11} = \sqrt{(27-19)^2 + (5-3)^2 + (489.32-566.75)^2} = 77.87$$

$$d_{12} = \sqrt{(27-10)^2 + (5-5)^2 + (489.32-210.01)^2} = 279.83$$

$$d_{13} = \sqrt{(27-20)^2 + (5-2)^2 + (489.32-102.10)^2} = 387.29$$

可见，d_{11} 的值最小，即 Id_1 客户与第 1 类的距离最近，把它分配给第 1 类。以此类推，其他各数据对象都可被分配到初始类中。可知，第 1 次聚类后，每类中所包含的数据对象为 $C_1 = \{Id_1, Id_2, Id_5, Id_6, Id_9\}$，$C_2 = \{Id_3, Id_7\}$，$C_3 = \{Id_4, Id_8\}$。

（3）　针对每个类别 C_j，重新计算它的聚类中心点 μ_j，可得：

$$\mu_1 = \left(\frac{27+3+14+19+18}{5}, \frac{5+6+6+3+8}{5}, \frac{489.32+456.21+532.42+566.75+531.45}{5} \right)$$

$$= (16.2, 5.6, 515.23)$$

$$\mu_2 = \left(\frac{4+10}{2}, \frac{12+5}{2}, \frac{185.42+210.01}{2} \right) = (7, 8.5, 197.715)$$

$$\mu_3 = \left(\frac{3+20}{2}, \frac{7+2}{2}, \frac{123.42+102.10}{2} \right) = (11.5, 4.5, 112.76)$$

（4）　重复第（2）步和第（3）步，已没有聚类中心再发生变化，迭代停止。

最后得到的分类结果是 $C_1 = \{Id_1, Id_2, Id_5, Id_6, Id_9\}$，$C_2 = \{Id_3, Id_7\}$，$C_3 = \{Id_4, Id_8\}$。

10.2.3　K-Means 算法的几个问题

1.　初始聚类中心点的选取

初始聚类中心点的选择直接决定初始分类，对分类结果也有很大的影响。由于初始聚类中心点的选择不同，其最终分类结果也将不同。例 10-2 中，若初始聚类中心选取 Id 为 1、2、3 的 3 个客户数据，即 3 个聚类中心点向量为 $\mu = \{(27, 5, 489.32)$，$(3, 6, 456.21), (4, 12, 185.42)\}$，则最终的分类结果将会是 $C_1 = \{Id_5, Id_6, Id_9\}$，$C_2 = \{Id_1, Id_2\}$，$C_3 = \{Id_3, Id_4, Id_7, Id_8\}$。

因此，选择初始聚类中心点时要慎重。常用的初始聚类中心点选择方法包括：

（1）　人为选择。当对所欲分类的问题有一定了解时，可以根据经验，预先确定分类个数和初始分类，并从每一类中选择一个有代表性的对象作为初始聚类中心点。

（2）　先将数据人为地分为 A 类，计算每一类的重心，再将这些重心作为初始聚类中心点。

（3）　用密度法选择初始聚类中心点。以某个正数 d 为半径，以每个对象为球心，落在这个球内的样品数（不包括作为球心的样品）就叫做这个对象的密度。计算所有对象的密度后，首先选择密度最大的对象作为第一聚类中心点，并且人为地确定一个正数 D（一般 $D > d$，常取 $D = 2d$）。然后选出次大密度的对象点，若它与第一个聚类中心点的距离大于 D，则将其作为第二个聚类中心点；否则舍去这点，再选密度次于它的对象。这样，按密度大小依次考察，直至全部对象考察完毕为止。此方法中，d 要合适，太大了使聚类中心点个数太少，太小了使聚类中心点个数太多。

（4）　人为地选择一正数 d。首先以所有对象的均值作为第一个聚类中心点，然后依次考察每个对象，若某对象与已选定初始聚类中心点的距离大于 d，该对象作为第二个聚类中心点，否则考察下一个对象。以此类推，每次找出的新聚类中心点都必须满足到前面聚类中心点的距离均大于 d，直至搜集到 k 个点为止。

由于 K-Means 初始聚类中心点的选取会对结果造成较大影响，在某些情况下，如果类的初始化不合适，K-Means 可能导致产生坏的类。因此，在聚类中心点选取时应让每个聚类中心位置尽可能分散，使其在不同的类的内部，更便于其优化。

2. 初始 k 值的选取

在传统 K-Means 算法中，聚类个数 k 要求事先确定。但在实际中，往往因为数据量过大和缺乏经验导致 k 值难以确定。若 k 值选取过小，则会导致同一类内数据对象差异很大；若 k 值选取过大，则会导致不同类间差异很小。同时，k 值选取不当也会使最终的聚类结果陷入局部最优。怎么才能知道 k 的最优数目是多少？最常用的方法有两种：肘部法（Elbow Method）和轮廓系数（Silhouette Coefficient）。

（1）　肘部法。K-Means 通常是以最小化样本与聚类中心点的畸变程度 SSE（见式 10-13）作为目标函数。对于一个类，畸变程度越低，代表类内成员越紧密；畸变程度越高，代表类内结构越松散。畸变程度会随着类别的增加而降低，但对于有一定区分度的数据，在达到某个临界点时畸变程度会得到极大改善，之后缓慢下降，这个临界点就可以考虑为聚类性能较好的点。

由图 10.2 所示的 k 与畸变（Distortion）的关系曲线图可见，当 $k=3$ 时，曲线开始变得平缓了。也就是说，$k>3$ 时，k 值对畸变程度的影响变化不大。因此，$k=3$ 即为该曲线的"肘部"（临界点），可以将该点作为最优的 k 值。

图 10.2
k 与畸变（Distortion）
的关系曲线图

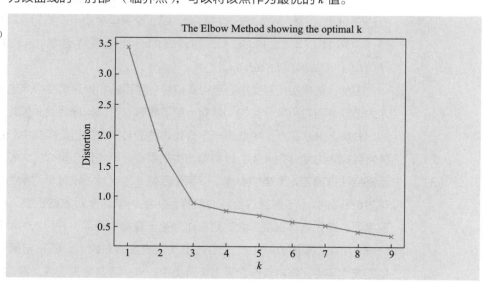

肘部图是可以尝试的一种确定 k 值的方法，较适用于 k 值相对较小的情况。但并不是所有的问题都可以通过画肘部图来解决，有的问题肘部点位置不明显，这时就无法确定 k 值了。

（2）　**轮廓系数**。轮廓系数法用于衡量数据样本和所属类之间的相似度（称为内聚性，Cohesion）及其与其他类之间的相似度（称为分离性，Separation）。具体方法如下：

① 若数据集中有 n 个数据样本，计算样本 i $(i=1,\cdots,n)$ 到同类其他样本的平均距离 a_i。a_i 越小，说明样本 i 越应该被聚类到该类。将 a_i 称为样本 i 的类内不相似度。类 C 中所有样本的 a_i 均值称为类 C 的类不相似度。

② 计算样本 i 到其他某类 C_j 的所有样本的平均距离 b_{ij}，称为样本 i 与类 C_j 的不相似度。样本 i 的类间不相似度 b_i 为该样本与所有其他类的不相似度的最小值，即 $b_i=\min\{b_{i1},b_{i2},\cdots,b_{i(k-1)}\}$，其中 $k-1$ 为其他类的个数。b_i 越大，说明样本 i 越不属于其他类。

③ 根据样本 i 的类内不相似度 a_i 和类间不相似度 b_i，可得样本 i 的轮廓系数 S_i：

$$S_i = \frac{b_i-a_i}{\max\{a_i,b_i\}} = \begin{cases} 1-\dfrac{a_i}{b_i} & a_i>b_i \\[2mm] 0 & a_i=b_i \\[2mm] \dfrac{b_i}{a_i}-1 & a_i<b_i \end{cases} \tag{10-14}$$

可见，轮廓系数值在 $[-1,1]$ 范围内。当 S_i 接近 1 时，说明样本 i 与所属类之间有密切联系，聚类合理；当 S_i 接近 -1 时，说明样本 i 更应该分类到另外的类中；当 S_i 近似为 0 时，说明样本 i 在两个类的边界上。

所有样本的轮廓系数 $S_i(i=1,\cdots,n)$ 的均值称为聚类结果的轮廓系数 S。

$$S = \frac{1}{n}\sum_{i=1}^{n}S_i \tag{10-15}$$

S 是该聚类是否合理、有效的度量。若 S 的值较高，说明该模型是合适、可接受的。

10.2.4　K-Means 算法的优缺点

K-Means 算法原理简单，实现容易，不需要人工计算所有样本点两两之间的距离，主要需要调节的参数仅仅是类数 k，可以处理更大规模的数据。特别是当结果类内是密集的，而类与类之间区别明显时，效果较好。

但该算法也有很多局限性。算法对初始聚类中心敏感，不同的初始聚类中心得到的聚类结果有可能完全不同，对结果影响很大。算法采用迭代方法，可能只能得到局部的最优解，而无法得到全局的最优解。此外，算法对噪声和异常点比较敏感，这个特点使得该算法适合用于检测异常值。

在 K-Means 中根据距离每个点最接近的类中心来标记该点的类别，这里假设每个类簇的尺度接近且特征的分布不存在不均匀性。这也解释了为什么在使用 K-Means 前对数据进行归一会有效。

10.3 层次聚类算法 AGNES 和 DIANA

10.3.1 层次聚类算法概述

层次聚类（Hierarchical Clustering）又称系统聚类，通过不同类别间数据对象的相似度将数据集划分为一层一层的类，后面一层生成的类基于前面一层的结果，最后得到一棵有层次的嵌套聚类树。在聚类树中，不同类别的原始数据点是树的最底层，树的顶层是一个聚类的根结点。层次聚类算法是一种贪心算法（Greedy Algorithm），其每一次合并或划分都是基于某种局部最优的选择。

创建聚类树有自下而上（Bottom-up）合并和自上而下（Top-down）分裂两种方法，分别称为凝聚型（Agglomerative）层次聚类和分裂型（Divisive）层次聚类。这两种方法没有孰优孰劣之分，在实际应用时需要根据数据特点以及想得到的"类"的个数来考虑选择哪种方法更快。

层次聚类算法的优点是能够根据需要在不同的尺度上展示对应的聚类结果；缺点是计算复杂度高，速度较慢，并且因为聚类层次信息需要存储在内存中，内存消耗大，不适用于大量级的数据聚类。

10.3.2 层次聚类中的相似性计算

层次聚类通常采用单连接法、完全连接法、组间平均连接法等来计算不同类别数据点间的距离（相似性）。

（1）　单连接法（Single Linkage），也称最近距离（Nearest Neighbor）法，是将两个不同类别中数据对象两两之间距离的最小值作为这两个类别的距离（见图 10.3）。即

$$d_{min}(C_i, C_j) = \min_{x_i \in C_i, x_j \in C_j} dist(x_i, x_j) \qquad (10\text{--}16)$$

式中：$d_{min}(C_i, C_j)$ 表示 C_i 和 C_j 两个类间的最小距离；x_i 是 C_i 类中的数据对象；x_j 是 C_j 类中的数据对象；$dist(x_i, x_j)$ 是 x_i 和 x_j 两个数据对象间的距离，通常采用欧式距离进行计算。

图 10.3
单连接法

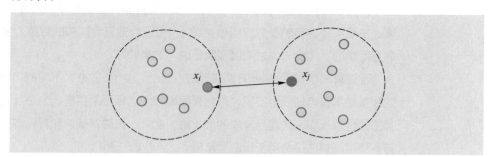

由于单连接法每次并类后都是将该类与其他类中距离最近的两个数据对象之间的距离作为该类与其他类的距离，所以此聚类方法的逐次并类距离之间的差距一般来说可能会越来越小。因此，该方法具有距离收缩的性质。

单连接方法认为，只要单个数据对象之间的相异度小，就认为两个类是紧密靠拢的，而不管类间其他数据对象的相异度如何。这倾向于合并由一系列本身位置（原始数据集中数据对象的排列）靠近的数据对象。这种现象称为"链条"（Chaining），常常被认为是该方法的不足之处。故单连接方法产生的聚类可能破坏类的紧凑性。

（2） 完全连接法（Complete Linkage），又称最远距离（Furthest Neighbor）法，是将两个不同类别中数据对象两两之间距离的最大值作为这两个类别的距离（见图 10.4）。即

$$d_{min}(C_i, C_j) = \max_{x_i \in C_i, x_j \in C_j} dist(x_i, x_j) \tag{10-17}$$

式中：$d_{max}(C_i, C_j)$ 表示 C_i 和 C_j 两个类间的最大距离；x_i 是 C_i 类中的数据对象；x_j 是 C_j 类中的数据对象；$dist(x_i, x_j)$ 是 x_i 和 x_j 两个数据对象间的距离，通常采用欧式距离进行计算。

图 10.4
完全连接法

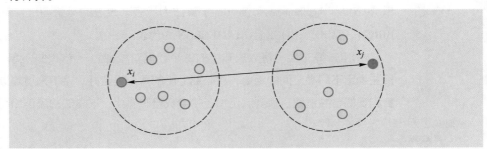

完全连接法由于每次并类后都是将该类与其他类中距离最远的两个数据对象之间的距离作为该类与其他类的距离，所以此聚类方法的逐次并类距离之间的差距一般来说可能会越来越大。因此该方法具有并类距离扩张的性质。

对于完全连接方法，只有当两个类的并集中所有的数据对象都相对近似时才被认为是靠近的。这将倾向于产生具有小直径的紧凑类。然而，它可能产生违背"闭合性"（Closeness）的类。也就是说，分配到某个类的数据对象距其他类成员的距离可能比距离本类中的某些成员的距离更短。

（3） 组间平均连接法（Between-group Linkage）。该方法是将一个类别中每个数据对象与另一个类别中所有数据对象间的距离的均值作为这两个类别间的距离（见图 10.5）。即

$$d_{avg}(C_i, C_j) = \frac{1}{|C_i||C_j|} \sum_{x_i \in C_i} \sum_{x_j \in C_j} dist(x_i, x_j) \tag{10-18}$$

图 10.5
组间平均连接法

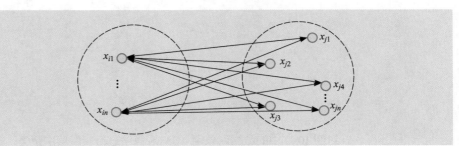

式中：$d_{avg}(C_i,C_j)$ 表示 C_i 和 C_j 两个类间的平均距离；$|C_i|$ 和 $|C_j|$ 分别是 C_i 和 C_j 两个类中数据对象的个数；x_i 是 C_i 类中的数据对象；x_j 是 C_j 类中的数据对象；$dist(x_i,x_j)$ 是 x_i 和 x_j 两个数据对象间的距离，通常采用欧式距离进行计算。

一般来说，太收缩的方法不够灵敏，而太扩张的方法在样本量大的情况下容易失真。相较于单连接法和完全连接法，组间平均连接法比较适中，不太收缩也不太扩张。

10.3.3 凝聚型层次聚类算法 AGNES

凝聚型层次聚类是一种自底向上的策略，先将每一个对象作为一个类，再将这些类根据性质和规则逐渐地合并起来形成相对较大的类，直到某终结条件（指定的类数目或者两个类之间的距离超过了某个阈值）被满足。经典的凝聚型层次聚类算法以 AGNES（Agglomerative Nesting）算法为代表，改进的凝聚型层次聚类算法主要以 BIRCH、CURE、ROCK、CHAMELEON 为代表。

AGNES 算法最初将数据集中的每个数据对象视为一个单独的类；然后采用单连接法确定不同类之间的距离，将距离最小的两个类合并；接下来重复进行类间距离计算和类的合并过程，直到满足指定的类数目时停止。该算法的流程如图 10.6 所示。

图 10.6
AGNES 算法流程

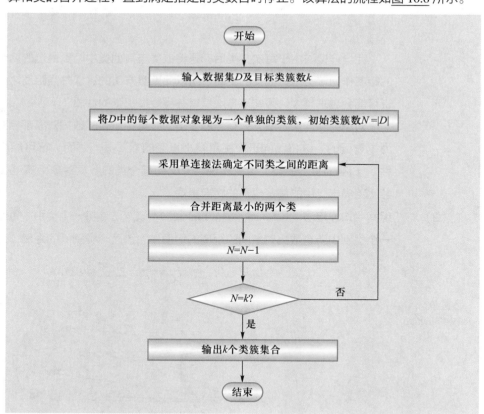

对例 10-2 中的数据对象用 AGNES 算法进行凝聚层次聚类，其步骤如下。

（1） 初始化。令每个数据对象自成一类（见图10.7）。计算各数据对象之间的距离 d_{ij}，并将其列入表中，记为 $D(0)$ 表（见表10.2）。其中行和列分别表示不同的类，行和列的交叉点表示不同类间的距离，由这两个不同类中两两数据对象间的最小距离确定，用欧氏距离计算。

图 10.7
每个数据对象自成
一类

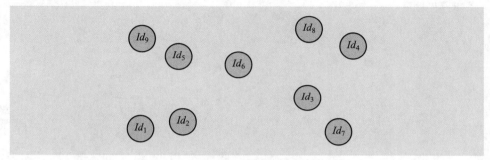

表 10.2
初始距离 $D(0)$ 表

	Id_1	Id_2	Id_3	Id_4	Id_5	Id_6	Id_7	Id_8	Id_9
Id_1	0	41	305	367	45	78	280	387	43
Id_2		0	271	333	77	112	246	355	77
Id_3			0	62	347	382	26	85	346
Id_4				0	409	444	87	28	408
Id_5					0	35	322	430	5
Id_6						0	357	465	36
Id_7							0	108	322
Id_8								0	429
Id_9									0

（2） 并类。选择 $D(0)$ 表中最小的非零数。由 $D(0)$ 表中的数据可见，$d_{59}=5$ 最小，于是将 Id_5 和 Id_9 合并为一类，记为 $C_1=\{Id_5,Id_9\}$（见图10.8）。

图 10.8
Id_5 和 Id_9 合并为一类

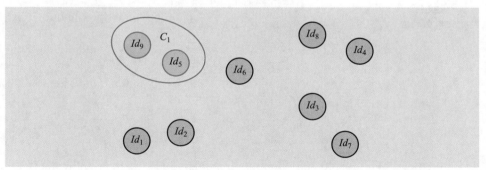

（3） 迭代。分别删除 $D(0)$ 表中的 Id_5 和 Id_9 所在的行和列，并新增 C_1 所在的行和列，产生 $D(1)$ 表。采用单连接法计算新类与其他类之间的距离，则 C_1 与 Id_1 的距离为：

$$d(C_1,Id_1)=\min\{dist(Id_5,Id_1),dist(Id_9,Id_1)\}=\min\{45,43\}=43$$

式中: $d(C_1, Id_1)$ 表示 C_1 与 Id_1 的距离; $dist(Id_5, Id_1)$ 表示 Id_1 与 C_1 中的点 Id_5 的距离; $dist(Id_9, Id_1)$ 表示 Id_1 与 C_1 中的点 Id_9 的距离。以此类推，可得其他数据点与新增类 C_1 之间的距离。将距离计算结果填入表中（见表 10.3）。

表 10.3
初始距离 $D(1)$ 表

	Id_1	Id_2	Id_3	Id_4	Id_6	Id_7	Id_8	C_1
Id_1	0	41	305	367	78	280	387	43
Id_2		0	271	333	112	246	355	77
Id_3			0	62	382	26	85	346
Id_4				0	444	87	28	408
Id_6					0	357	465	35
Id_7						0	108	322
Id_8							0	429
C_1								0

（4）　继续并类。选择 $D(1)$ 表中最小的非零数。由 $D(1)$ 表中数据可见，$d_{37}=26$ 最小，于是将 Id_3 和 Id_7 合并为一类，记为 $C_2=\{Id_3, Id_7\}$（见图 10.9）。

图 10.9
Id_3 和 Id_7 合并为一类

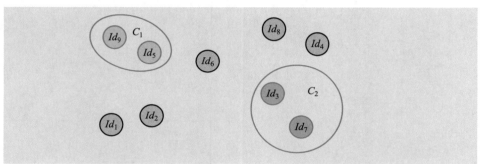

（5）　继续迭代。分别删除 $D(1)$ 表中的 Id_3 和 Id_7 所在的行和列，并新增 C_2 所在的行和列，产生 $D(2)$ 表（见表 10.4）。计算新类与其他类之间的距离，并填入表中。

表 10.4
初始距离 $D(2)$ 表

	Id_1	Id_2	Id_4	Id_6	Id_8	C_1	C_2
Id_1	0	41	367	78	387	43	280
Id_2		0	333	112	355	77	246
Id_4			0	444	28	408	87
Id_6				0	465	35	357
Id_8					0	429	85
C_1						0	322
C_2							0

（6）　继续并类。选择 $D(2)$ 表中最小的非零数。由 $D(2)$ 表中数据可见，$d_{48}=28$ 最小，于是将 Id_4 和 Id_8 合并为一类，记为 $C_3=\{Id_4, Id_8\}$（见图 10.10）。

图 10.10

Id_4 和 Id_8 合并为一类

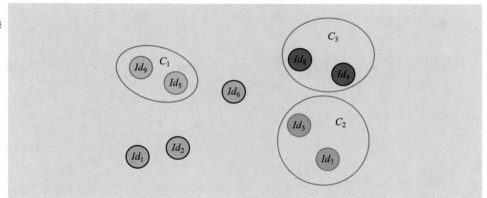

（7）　继续迭代。分别删除 $D(2)$ 表中的 Id_4 和 Id_8 所在的行和列，并新增 C_3 所在的行和列，产生 $D(3)$ 表。计算新类与其他类之间的距离，并填入表中（见表 10.5）。

表 10.5

初始距离 $D(3)$ 表

	Id_1	Id_2	Id_6	C_1	C_2	C_3
Id_1	0	41	78	43	280	367
Id_2		0	112	77	246	333
Id_6			0	35	357	444
C_1				0	322	408
C_2					0	62
C_3						0

（8）　继续并类。选择 $D(3)$ 表中最小的非零数。由 $D(3)$ 表中数据可见，$d_{Id_6C_1}=35$ 最小，于是将 Id_6 和 C_1 合并为一类，记为 $C_1=\{Id_5,Id_6,Id_9\}$（见图 10.11）。

图 10.11

Id_6 并入 C_1 类

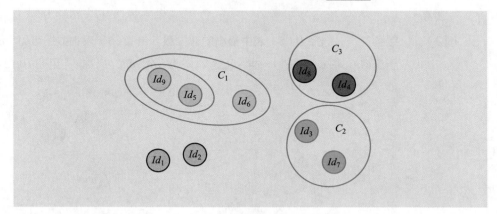

（9）　继续迭代。分别删除 $D(3)$ 表中的 Id_6 所在的行和列，产生 $D(4)$ 表（见表 10.6）。计算新类与其他类之间的距离，并填入表中。

（10）　继续并类。选择 $D(4)$ 表中最小的非零数。由 $D(4)$ 表中数据可见，$d_{12}=41$ 最小，于是将 Id_1 和 Id_2 合并为一类，记为 $C_4=\{Id_1,Id_2\}$（见图 10.12）。

表 10.6
初始距离 $D(4)$ 表

	Id_1	Id_2	C_1	C_2	C_3
Id_1	0	41	43	280	367
Id_2		0	77	246	333
C_1			0	322	408
C_2				0	62
C_3					0

图 10.12
Id_1 和 Id_2 合并为一类

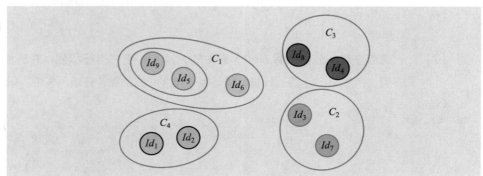

（11） 继续迭代。分别删除 $D(4)$ 表中的 Id_1 和 Id_2 所在的行和列，并新增 C_4 所在的行和列，产生 $D(5)$ 表（见表 10.7）。计算新类与其他类之间的距离，并填入表中。

表 10.7
初始距离 $D(5)$ 表

	C_1	C_2	C_3	C_4
C_1	0	322	408	43
C_2		0	62	246
C_3			0	333
C_4				0

（12） 继续并类。选择 $D(5)$ 表中最小的非零数。由 $D(5)$ 表中数据可见，$d_{C_1C_4}=43$ 最小，于是将 C_4 和 C_1 合并为一类，记为 $C_1=\{Id_1,Id_2,Id_5,Id_6,Id_9\}$（见图 10.13）。

图 10.13
C_4 并入 C_1 类

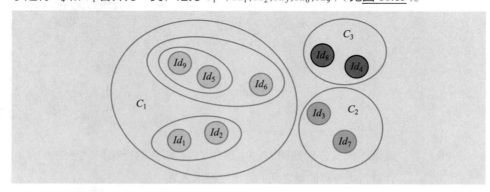

（13） 所有数据对象已聚为 3 类，算法终止。

最后的聚类结果为 $C_1=\{Id_1,Id_2,Id_5,Id_6,Id_9\}$，$C_2=\{Id_3,Id_7\}$，$C_3=\{Id_4,Id_8\}$。

10.3.4 分裂型层次聚类算法 DIANA

　　分裂型层次聚类算法是采用自顶向下的策略，先把全体数据对象放在一个类中，再将其按照某种既定的规则渐渐地划分为越来越小的类，直到每个数据对象在一个类中，或达到了某个终结条件（指定的类数目或者两个类之间的距离超过了某个阈值）。经典的分裂型层次聚类算法以 DIANA（Divisive Analysis）算法为代表。

　　DIANA 用到如下两个定义：

（1）类（簇）的直径：指在一个类（簇）C 中的任意两个数据点 x 和 z 之间距离的最大值，即

$$Dia(C) = \max_{x,z \in C} dist(x,z) \tag{10-19}$$

（2）平均相异度：也称平均距离，指类（簇）C 中的一个数据点 x 与其他所有数据点 z_i 间距离的平均值，即

$$d_{avg}(x) = \frac{1}{n-1} \sum_{i=1}^{n-1} dist(x,z_i) \tag{10-20}$$

式中：n 为类（簇）C 中数据点的个数，$z_i \neq x$。

　　DIANA 算法的流程如图 10.14 所示，具体步骤如下：

图 10.14
DIANA 算法流程

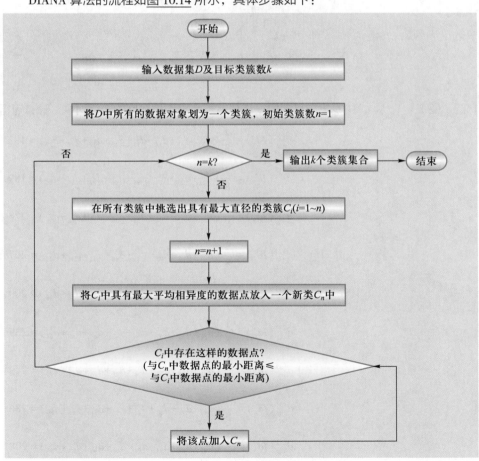

（1）　输入数据集 D 及目标类簇数 k，将 D 中所有的数据对象划为一个类簇，设定初始类簇数 n 为 1。

（2）　若 $n=k$，输出 k 个类簇集合，算法终止。否则，执行第（3）步。

（3）　在所有类簇中挑选出具有最大直径的类簇 C_i（$i=1\sim n$）进行分裂，类簇数 $n=n+1$，将 C_i 中与其他点具有最大平均相异度的点放入一个新的类簇 C_n 中。

（4）　重复寻找在 C_i 中存在（与 C_n 中数据点的最小距离≤与 C_i 中数据点的最小距离）的数据点，将其放入类簇 C_n 中，直到不存在这样的数据点为止。

（5）　返回第（2）步。

用 DIANA 算法对例 10-2 中的客户消费行为数据集进行聚类。假设最后要将所有数据对象聚为 3 类，即 $k=3$，其过程如下。

（1）　将数据集中所有的客户划分在一个大类中，可得 $C_1=\{Id_1,Id_2,Id_3,Id_4,Id_5,Id_6,Id_7,Id_8,Id_9\}$（如图 10.15）。

图 10.15
原始数据集划分为一个类

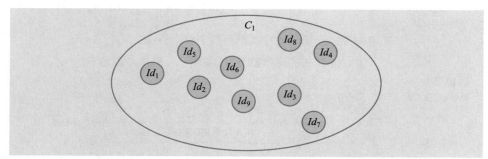

（2）　从 C_1 中找出与其他数据点具有最大平均相异度的数据对象。计算可得：

$$d_{avg}^{(1)}(Id_1)=\frac{1}{8}(d_{12}+d_{13}+d_{14}+d_{15}+d_{16}+d_{17}+d_{18}+d_{19})=193$$

$$d_{avg}^{(1)}(Id_2)=\frac{1}{8}(d_{21}+d_{23}+d_{24}+d_{25}+d_{26}+d_{27}+d_{28}+d_{29})=189$$

$$d_{avg}^{(1)}(Id_3)=\frac{1}{8}(d_{31}+d_{32}+d_{34}+d_{35}+d_{36}+d_{37}+d_{38}+d_{39})=228$$

$$d_{avg}^{(1)}(Id_4)=\frac{1}{8}(d_{41}+d_{42}+d_{43}+d_{45}+d_{46}+d_{47}+d_{48}+d_{49})=267$$

$$d_{avg}^{(1)}(Id_5)=\frac{1}{8}(d_{51}+d_{52}+d_{53}+d_{54}+d_{56}+d_{57}+d_{58}+d_{59})=209$$

$$d_{avg}^{(1)}(Id_6)=\frac{1}{8}(d_{61}+d_{62}+d_{63}+d_{64}+d_{65}+d_{67}+d_{68}+d_{69})=239$$

$$d_{avg}^{(1)}(Id_7)=\frac{1}{8}(d_{71}+d_{72}+d_{73}+d_{74}+d_{75}+d_{76}+d_{78}+d_{79})=219$$

$$d_{avg}^{(1)}(Id_8)=\frac{1}{8}(d_{81}+d_{82}+d_{83}+d_{84}+d_{85}+d_{86}+d_{87}+d_{89})=286$$

$$d_{avg}^{(1)}(Id_9)=\frac{1}{8}(d_{91}+d_{92}+d_{93}+d_{94}+d_{95}+d_{96}+d_{97}+d_{98})=208$$

由此可知，$d_{avg}^{(1)}(Id_8)$ 的值最大。于是，将 Id_8 分裂到一个新类 C_2 中。重复寻找在 C_1 中存在（与 C_2 中数据点的最小距离 $\le$ 与 C_1 中数据点的最小距离）的数据点，将其放入类簇 C_2 中，直到不存在这样的数据点为止。可知：

$$d_{48} < \min(d_{41}, d_{42}, d_{43}, d_{45}, d_{46}, d_{47}, d_{49})$$

最后可得 $C_2 = \{Id_4, Id_8\}$。此时，原始数据集被分裂为两个类 C_1 和 C_2（见图 10.16），其中：

$$C_1 = \{Id_1, Id_2, Id_3, Id_5, Id_6, Id_7, Id_9\}$$
$$C_2 = \{Id_4, Id_8\}$$

图 10.16
原始数据集被分裂为两个类 C_1 和 C_2

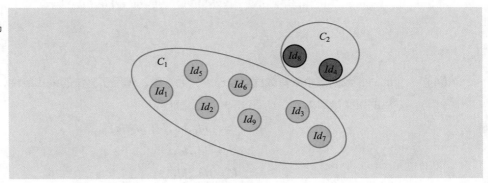

（3）　在 C_1 和 C_2 中挑选出具有最大直径的类簇进行分裂。计算可得：

$$Dia(C_1) = \max_{i,j \in C_1} d_{ij} = d_{36} = 382$$
$$Dia(C_2) = d_{48} = 28$$

因此，选择类簇 C_1 进行分裂。可得：

$$d_{avg}^{(2)}(Id_1) = 132$$
$$d_{avg}^{(2)}(Id_2) = 137$$
$$d_{avg}^{(2)}(Id_3) = 280$$
$$d_{avg}^{(2)}(Id_5) = 139$$
$$d_{avg}^{(2)}(Id_6) = 167$$
$$d_{avg}^{(2)}(Id_7) = 259$$
$$d_{avg}^{(2)}(Id_9) = 138$$

由此可知，$d_{avg}^{(2)}(Id_3)$ 的值最大。于是，将 Id_3 分裂到一个新类 C_3 中。重复寻找在 C_1 中存在（与 C_3 中数据点的最小距离 $\le$ 与 C_1 中数据点的最小距离）的数据点，将其放入类簇 C_3 中，直到不存在这样的数据点为止。可知：

$$d_{73} < \min(d_{71}, d_{72}, d_{75}, d_{76}, d_{79})$$

最后可得 $C_3 = \{Id_3, Id_7\}$。此时，原始数据集被分裂为三个类 C_1、C_2 和 C_3（见图 10.17），其中：

$$C_1 = \{ Id_1, Id_2, Id_5, Id_6, Id_9 \}$$

$$C_2 = \{ Id_4, Id_8 \}$$

$$C_3 = \{ Id_3, Id_7 \}$$

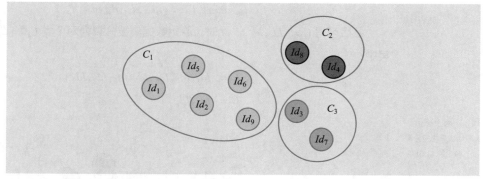

图 10.17
原始数据集被分裂为
C_1、C_2 和 C_3 三个类

（4） 此时，数据集中所有数据对象已划分为 3 类，满足了算法的终止条件，算法结束。最后的聚类结果为 C_1、C_2 和 C_3 3 个类，即

$$C_1 = \{ Id_1, Id_2, Id_5, Id_6, Id_9 \}$$

$$C_2 = \{ Id_4, Id_8 \}$$

$$C_3 = \{ Id_3, Id_7 \}$$

可见，DIANA 算法简单，容易理解，不依赖初始值的选择，对于类别较少的训练集分类较快，适合分布呈凸形或者球形的数据集。但该算法对噪声数据敏感，分裂操作不能撤销，类之间不能交换对象，对于类别较多的训练集分类较慢，对大数据集不太适用。

10.4 密度聚类算法 DBSCAN

10.4.1 密度聚类算法概述

密度聚类亦称基于密度的聚类（Density-Based Clustering），此类算法假设聚类结构能通过样本分布的紧密程度确定，用密度（对象或数据点的数目）替代相似性，将类看作数据点密度相对较高的数据对象集，当指定范围的邻近区域的密度（单位区域内数据对象或数据点的数目）超过某一个阈值，就确定为一个类。

大多数聚类算法都是用距离来描述数据间的相似性的，这些方法只能发现球状的类；密度聚类算法从样本密度的角度来考察样本之间的可连接性，并基于可连接样本不断扩展聚类簇以获得最终的聚类结果，可用于对有空间性的数据进行聚类。该方法具有较大的灵活性，能有效克服孤立点的干扰。

常见的基于密度的聚类算法有：DBSCAN、DENCLUE、OPTICS 等。

10.4.2　DBSCAN 算法的密度定义

作为最经典的密度聚类算法，DBSCAN（Density-Based Spatial Clustering of Applications with Noise）使用"邻域"（Neighborhood）概念的参数（ε, $MinPts$）来描述样本分布的紧密程度，将具有足够密度的区域划分成类，且能在有噪声的条件下发现任意形状的类。

给定数据集 $D = \{x_1, x_2, \cdots, x_m\}$，定义以下几个概念：

（1）　ε– 邻域（ε-Neighborhood）：对于任意给定数据对象 x_j（$x_j \in D$），其 ε– 邻域是指数据集 D 中到 x_j 的距离（通常采用欧氏距离计算）不超过 ε 的数据对象集合，即 $N_\varepsilon(x_j) = \{x_i \in D \mid dist(x_i, x_j) \leqslant \varepsilon\}$。可知，$\varepsilon$ 是邻域的最大半径。如图 10.18 所示，图中浅蓝色的数据点为 x_j，虚线显示的是 x_j 的 ε– 邻域。

图 10.18
x_j 的 ε– 邻域

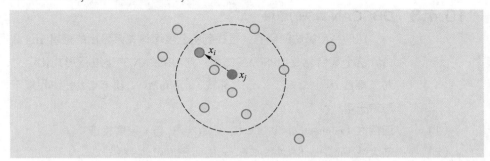

（2）　核心对象（Core Object）：若数据对象 x_j（$x_j \in D$）的 ε– 邻域内至少包含 $MinPts$ 个数据对象，即 $|N_\varepsilon(x_j)| \geqslant MinPts$，则 x_j 是一个核心对象。图 10.18 中，当 $MinPts = 5$ 时，x_j 就是一个核心对象。

（3）　密度直达（Directly Density-Reachable）：若数据对象 x_i 在 x_j 的 ε– 邻域内，且 x_j 是核心对象，则称数据对象 x_i 由 x_j 密度直达，如图 10.18 所示。

（4）　密度可达（Density-Reachable）：如果存在数据对象序列 $x_i, x_{i+1}, \cdots, x_{i+n}, x_{i+n+1}, \cdots, x_j$，且序列中每一个数据对象都由它的前一个数据对象密度直达，即 x_{i+n+1} 可由 x_{i+n} 密度直达，称数据对象 x_j 由 x_i 密度可达。可见，密度可达是密度直达的传递闭包，并且这种关系是非对称的。只有核心对象之间是相互可达的。图 10.19 中，当 $MinPts = 5$ 时，x_i、x_{i+n}、x_{i+n+1} 都是核心对象，x_j 为非核心对象。因此，数据对象 x_j 由 x_i 密度可达，但数据对象 x_i 不可由 x_j 密度可达；x_{i+n} 和 x_{i+n+1} 相互可达；x_{i+n} 和 x_i 相互可达。

图 10.19
密度可达

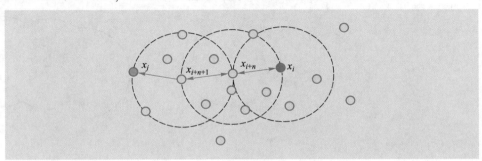

（5）　密度相连（Density-Connected）：对于数据对象 x_i 和 x_j，若存在数据对象 x_k，使得 x_i 和 x_j 均由 x_k 密度可达，则称 x_i 和 x_j 密度相连，如图 10.20 所示。密度相连是对称关系。

图 10.20
密度相连

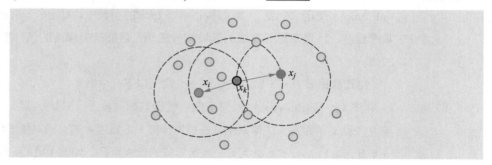

10.4.3 DBSCAN 算法的思想

　　DBSCAN 算法的目的就是找到由密度可达关系导出的密度相连数据对象的最大集合，这个集合就是 DBSCAN 的类。对 DBSCAN 的类进行形式化定义，即：给定数据对象集合 $D=\{x_1,x_2,\cdots,x_m\}$，邻域（$\varepsilon,MinPts$），类 $C\subseteq D$ 是满足以下性质的非空数据对象子集：

（1）　连接性（connectivity）：$x_i\in C$，$x_j\in C\Rightarrow x_i$ 与 x_j 密度相连。

（2）　最大性（maximality）：$x_i\in C$，x_j 由 x_i 密度可达 $\Rightarrow x_j\in C$。

　　可知，若 x 为核心对象，则 D 由 x 密度可达的所有数据对象的集合 $X=\{x'\in D\,|\,x'$ 由 x 密度可达$\}$ 就是同时满足连接性与最大性的类。

　　DBSCAN 的类里面可以有一个或者多个核心对象。如果只有一个核心对象，则类里其他的非核心对象数据点都在这个核心对象的 $\varepsilon-$ 邻域里；如果有多个核心对象，则类里的任意一个核心对象的 $\varepsilon-$ 邻域中一定有至少一个其他的核心对象，否则这两个核心对象无法密度可达。如图 10.21（a）所示，虚线圈出的部分是核心对象的 $\varepsilon-$ 邻域。可见，核心对象 x_k 的 $\varepsilon-$ 邻域里还包括 x_i 和 x_j 两个核心对象；核心对象 x_i 和核心对象 x_j 的 $\varepsilon-$ 邻域里都包括核心对象 x_k。这些核心对象的 $\varepsilon-$ 邻域里所有的样本的集合组成一个 DBSCAN 聚类簇，如图 10.21（b）所示，实线圈出的部分即为一个 DBSCAN 的类。

图 10.21
DBSCAN 的类

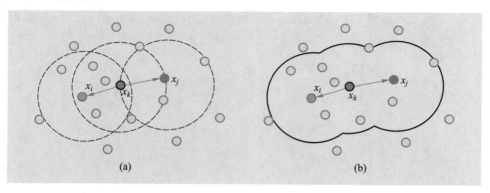

(a)　　　　　　　　　　　(b)

那么，怎么才能找到这样的类呢？ DBSCAN 算法先任意选择一个没有类别的核心对象作为种子，然后找到所有这个核心对象能够密度可达的数据点集合，聚为一个类；接着继续选择另一个没有类别的核心对象去寻找密度可达的数据点集合，从而得到另一个类；一直运行到所有核心对象都有类别为止。

DBSCAN 算法的具体流程如下（见图 10.22）：

图 10.22
DBSCAN 算法流程

> **输入**：数据集 $D=\{x_1, x_2, \cdots, x_m\}$，领域 $(\varepsilon, MinPts)$
>
> **输出**：类划分 $C=\{C_1, C_2, \cdots, C_k\}$
>
> **过程**：
>
> (1) 初始化：
>
>   核心对象集合：$\Omega=\varnothing$；
>
>   聚类簇：$k=0$；
>
>   未访问数据对象集合：$\Gamma=D$；
>
>   类划分：$C=\varnothing$。
>
> (2) 对于 $j=1, 2, \cdots, m$，按下面的步骤找出所有的核心对象：
>
>   a. 找出数据对象 x_j 的 $\varepsilon-$邻域 $N_\varepsilon(x_j)$；
>
>   b. 若 $|N_\varepsilon(x_j)| \geqslant MinPts$，则将 x_j 并入核心对象集合：$\Omega=\Omega\cup\{x_j\}$。
>
> (3) 如果核心对象集合 $\Omega=\varnothing$，则算法结束，否则转入步骤(4)。
>
> (4) 在核心对象集合 Ω 中，随机选择一个核心对象 $O(O\in\Omega)$，初始化当前类核心对象队列 $Q=\{O\}$；初始化类别序号 $k=k+1$，初始化当前类数据对象集合 $C_k=\{O\}$，更新未访问数据对象集合 $\Gamma=\Gamma-\{O\}$。
>
> (5) 若当前类核心对象队列 $Q=\varnothing$，则当前类 C_k 生成完毕，更新类划分 $C=\{C_1, C_2, \cdots, C_k\}$，更新核心对象集合 $\Omega=\Omega-C_k$，转入步骤(3)；否则更新核心对象集合 $\Omega=\Omega-C_k$。
>
> (6) 在当前类核心对象队列 Q 中取出一个核心对象 O'，找出核心对象 O' 的 $\varepsilon-$邻域 $N_\varepsilon(O')$，令 $\Delta=N_\varepsilon(O')\cap\Gamma$，更新当前类的数据对象集合 $C_k=C_k\cup\Delta$，更新未访问数据对象集合 $\Gamma=\Gamma-\Delta$，更新 $Q=Q\cup(\Delta\cap\Omega)-O'$，转入步骤(5)。

用 DBSCAN 算法对例 10-2 中的数据对象进行聚类，假设邻域参数为 $\varepsilon=200$，$MinPts=3$。聚类过程如下：

（1）   初始化：

     核心对象集合：$\Omega=\varnothing$；

     聚类簇：$k=0$；

     未访问数据对象集合：$\Gamma=\{Id_1, Id_2, Id_3, Id_4, Id_5, Id_6, Id_7, Id_8, Id_9\}$；

     类划分：$C=\varnothing$。

（2）   根据表 10.2 中各 Id 的距离 d_{ij} 的数据可知，对于 $j=1, 2, \cdots, 9$，先找出数据对象 x_j 的 $\varepsilon-$邻域 $N_\varepsilon(x_j)$，可得：

$$N_{200}(Id_1) = \{ Id_2, Id_5, Id_6, Id_9 \}$$

$$N_{200}(Id_2) = \{ Id_1, Id_5, Id_6, Id_9 \}$$

$$N_{200}(Id_3) = \{ Id_4, Id_7, Id_8 \}$$

$$N_{200}(Id_4) = \{ Id_3, Id_7, Id_8 \}$$

$$N_{200}(Id_5) = \{ Id_1, Id_2, Id_6, Id_9 \}$$

$$N_{200}(Id_6) = \{ Id_1, Id_5, Id_9 \}$$

$$N_{200}(Id_7) = \{ Id_3, Id_4 \}$$

$$N_{200}(Id_8) = \{ Id_3, Id_4 \}$$

$$N_{200}(Id_9) = \{ Id_1, Id_2, Id_5, Id_6 \}$$

若 $|N_{200}(x_j)| \geqslant 3$，则核心对象集合为：

$$\Omega = \{ Id_1, Id_2, Id_3, Id_4, Id_5, Id_6, Id_9 \}$$

（3） 在核心对象集合 Ω 中，随机选择一个核心对象 Id_3：

$$Q = \{ Id_3 \}$$

$$k = k+1 = 1$$

$$C_1 = \{ Id_3 \}$$

$$\Gamma = \Gamma - \{ Id_3 \} = \{ Id_1, Id_2, Id_4, Id_5, Id_6, Id_7, Id_8, Id_9 \}$$

$$\Omega = \Omega - C_1 = \{ Id_1, Id_2, Id_4, Id_5, Id_6, Id_9 \}$$

（4） 在当前类核心对象队列 Q 中取出一个核心对象 Id_3：

$$N_{200}(Id_3) = \{ Id_4, Id_7, Id_8 \}$$

$$\Delta = N_{200}(Id_3) \cap \Gamma = \{ Id_4, Id_7, Id_8 \}$$

$$C_1 = C_1 \cup \Delta = \{ Id_3, Id_4, Id_7, Id_8 \}$$

$$\Gamma = \Gamma - \Delta = \{ Id_1, Id_2, Id_5, Id_6, Id_9 \}$$

$$Q = Q \cup (\Delta \cap \Omega) - Id_3 = \{ Id_4 \}$$

（5） 更新核心对象集合：

$$\Omega = \Omega - C_1 = \{ Id_1, Id_2, Id_5, Id_6, Id_9 \}$$

（6） 在当前类核心对象队列 Q 中取出一个核心对象 Id_4：

$$N_{200}(Id_4) = \{ Id_3, Id_7, Id_8 \}$$

$$\Delta = N_{200}(Id_4) \cap \Gamma = \varnothing$$

$$C_1 = C_1 \cup \Delta = \{ Id_3, Id_4, Id_7, Id_8 \}$$

$$\Gamma = \Gamma - \Delta = \{ Id_1, Id_2, Id_5, Id_6, Id_9 \}$$

$$Q = Q \cup (\Delta \cap \Omega) - Id_4 = \varnothing$$

（7） 当前类核心对象队列 $Q = \varnothing$，则当前类 C_1 生成完毕，更新类划分：

$$C = \{ C_1 \}$$

更新核心对象集合：

$$\Omega = \Omega - C_1 = \{ Id_1, Id_2, Id_5, Id_6, Id_9 \}$$

（8）　在核心对象集合 Ω 中，随机选择一个核心对象 Id_5：

$$Q = \{ Id_5 \}$$

$$k = k+1 = 2$$

$$C_2 = \{ Id_5 \}$$

$$\Gamma = \Gamma - \{ Id_5 \} = \{ Id_1, Id_2, Id_6, Id_9 \}$$

$$\Omega = \Omega - C_2 = \{ Id_1, Id_2, Id_6, Id_9 \}$$

（9）　在当前类核心对象队列 Q 中取出一个核心对象 Id_5：

$$N_{200}(Id_5) = \{ Id_1, Id_2, Id_6, Id_9 \}$$

$$\Delta = N_{200}(Id_5) \cap \Gamma = \{ Id_1, Id_2, Id_6, Id_9 \}$$

$$C_2 = C_2 \cup \Delta = \{ Id_1, Id_2, Id_5, Id_6, Id_9 \}$$

$$\Gamma = \Gamma - \Delta = \varnothing$$

$$Q = Q \cup (\Delta \cap \Omega) - Id_5 = \{ Id_1, Id_2, Id_6, Id_9 \}$$

（10）　更新核心对象集合：

$$\Omega = \Omega - C_2 = \varnothing$$

（11）　在当前类核心对象队列 Q 中取出一个核心对象 Id_1：

$$N_{200}(Id_1) = \{ Id_2, Id_5, Id_6, Id_9 \}$$

$$\Delta = N_{200}(Id_1) \cap \Gamma = \varnothing$$

$$C_2 = C_2 \cup \Delta = \{ Id_1, Id_2, Id_5, Id_6, Id_9 \}$$

$$\Gamma = \Gamma - \Delta = \varnothing$$

$$Q = Q \cup (\Delta \cap \Omega) - Id_1 = \{ Id_2, Id_6, Id_9 \}$$

（12）　在当前类核心对象队列 Q 中取出一个核心对象 Id_2：

$$N_{200}(Id_2) = \{ Id_1, Id_5, Id_6, Id_9 \}$$

$$\Delta = N_{200}(Id_2) \cap \Gamma = \varnothing$$

$$C_2 = C_2 \cup \Delta = \{ Id_1, Id_2, Id_5, Id_6, Id_9 \}$$

$$\Gamma = \Gamma - \Delta = \varnothing$$

$$Q = Q \cup (\Delta \cap \Omega) - Id_2 = \{ Id_6, Id_9 \}$$

（13）　在当前类核心对象队列 Q 中取出一个核心对象 Id_6：

$$N_{200}(Id_6) = \{ Id_1, Id_5, Id_9 \}$$

$$\Delta = N_{200}(Id_6) \cap \Gamma = \varnothing$$

$$C_2 = C_2 \cup \Delta = \{ Id_1, Id_2, Id_5, Id_6, Id_9 \}$$

$$\Gamma = \Gamma - \Delta = \varnothing$$

$$Q = Q \cup (\Delta \cap \Omega) - Id_6 = \{ Id_9 \}$$

（14）　在当前类核心对象队列 Q 中取出一个核心对象 Id_9：

$$N_{200}(Id_9) = \{ Id_1, Id_2, Id_5, Id_6 \}$$

$$\Delta = N_{200}(Id_9) \cap \Gamma = \varnothing$$

$$C_2 = C_2 \cup \Delta = \{Id_1, Id_2, Id_5, Id_6, Id_9\}$$
$$\Gamma = \Gamma - \Delta = \varnothing$$
$$Q = Q \cup (\Delta \cap \Omega) - Id_9 = \varnothing$$

（15）　当前类核心对象队列 $Q = \varnothing$，则当前类 C_2 生成完毕，更新类划分：

$$C = \{C_1, C_2\}$$

（16）　更新核心对象集合：

$$\Omega = \Omega - C_2 = \varnothing$$

（17）　$\Omega = \varnothing$，算法结束。最终的聚类结果为：

$$C_1 = \{Id_3, Id_4, Id_7, Id_8\}$$
$$C_2 = \{Id_1, Id_2, Id_5, Id_6, Id_9\}$$

10.4.4　DBSCAN 算法的优缺点

　　DBSCAN 算法不需要事先指定聚类个数，且可以发现任意形状的聚类；在聚类过程中能自动识别出异常点；聚类结果不依赖于结点的遍历顺序。但如果数据集的密度不均匀、聚类间距相差很大时，聚类质量较差；数据集较大时，算法收敛时间较长；调参较复杂，要同时考虑两个参数；不适合高维数据。

10.5　案例分析：零售电商用户画像构建

10.5.1　案例背景

　　用户画像又称用户角色，是将用户的每个具体信息经过沉淀、加工和抽象形成标签，再利用这些标签将用户形象具体化，从而勾画出目标用户的特征，为用户提供有针对性的服务。由于用户画像能够代表产品的主要受众和目标群体，因而在各领域得到了广泛的应用。

　　用户画像主要来源于用户标签的描述与刻画，所以，合理准确地构建标签体系十分重要。标签需要具有一定的种群性，能够在一定程度上抽象与归纳事物的特征。RFM 模型在反映客户价值方面具有良好的表征性，因而是在电子商务进行用户标签体系构建中的常用模型。

　　RFM 模型是一种客户价值细分的统计方法，包括近度（Recency）R、频度（Frequency）F、金额（Monetary）M 三个变量。近度 R 表示客户的最近一次交易距离当前分析的时间点之间的间隔时间，近度 R 值越小，表明客户再次交易的可能性越大。频度 F 表示客户在一定时间段内发生消费行为的次数，频度 F 值越大，代表消费频率越高。金额 M 表示客户在分析的时间段内产生的交易总额，金额 M 值越大，表明客户给企业带来的价值越大。

本案例将基于 RFM 模型和 K–Means 方法对某电商的数据进行客户价值分析，使该电商可以通过对客户群体的细分，有针对性地进行客户回访、开展相关营销活动等，从而提升其竞争力。

10.5.2 数据说明

本案例采用某电商 2019 年 5 月 16 日至 2020 年 5 月 15 日期间的销售数据进行分析。为方便应用，对原始数据进行了初步预处理后，仅保留了与本案例分析相关的部分。初步处理后的数据集共包括记录号（ID）、客户编号（UserID）、销售金额（Amount）和销售日期（Date）4 个属性，共有 1 100 个不同客户，交易数据记录 10 229 条。数据示例如表 10.8 所示。

表 10.8
某电商销售数据
示例

ID	UserID	Amount	Date
1	40060	35.14	2019/5/16　8:51
2	20037	521.92	2019/5/16　9:14
3	29996	332.33	2019/5/16　9:50
4	10027	20.34	2019/5/16　9:53
5	30015	487.56	2019/5/16　11:26
6	40081	524.76	2019/5/16　11:26
7	29993	52.77	2019/5/16　11:45
8	30042	55.78	2019/5/16　12:20
9	29988	346.64	2019/5/16　12:26
10	39918	5.04	2019/5/16　12:26

10.5.3 数据预处理

由于本案例要采用 RFM 模型作为进行客户分类的依据，因此，首先需要根据原始数据分别确定 RFM 模型三个特征 R、F 和 M 的值。其中 R 是统计分析日期与最后一次交易日期的时间差；F 是截止到统计分析日期的交易频次，即在分析时间段内每个用户的交易记录数；M 是截止到统计分析日期的交易总额。RFM 的计算结果如表 10.9 所示。

表 10.9
RFM 特征构造结果
示例

UserID	R	F	M
10000	10	7	2 240.13
10001	1	9	2 605.21
10002	13	6	1 862.77
10003	14	9	2 928.91
10004	11	14	5 341.58
10005	5	7	2 263.12

UserID	R	F	M
10006	78	10	1 781.16
10007	5	7	2 247.89
10008	95	10	3 069.81
10009	118	9	1 575.03

由于 R、F 和 M 三个特征的量纲和数量级不同，如果直接用原始值进行分析，就会突出数值较高的特征的作用，相对削弱数值水平较低特征的作用。例如，由表 10.9 可知，在本案例中，M 的作用就会被放大。因此，为了保证结果的可靠性，需要对 RFM 的原始数据进行标准化处理。RFM 值标准化处理后的结果示例如表 10.10 所示。

表 10.10
标准化后的 RFM 值
结果示例

UserID	R	F	M
10000	−0.790 23	−0.763 65	−0.422 176 23
10001	−0.930 81	−0.099 34	−0.086 826 57
10002	−0.743 37	−1.095 8	−0.768 805 86
10003	−0.727 75	−0.099 34	0.210 512 87
10004	−0.774 61	1.561 412	2.426 706 72
10005	−0.868 33	−0.763 65	−0.401 058 42
10006	0.271 912	0.232 808	−0.843 769 94
10007	−0.868 33	−0.763 65	−0.415 048 17
10008	0.537 448	0.232 808	0.339 938 65
10009	0.896 703	−0.099 34	1.033 113 71

10.5.4 基于 K-Means 的客户分类

为了判断将数据集划分为几类更合适，可以先采用肘部法进行判断。得到的肘部图如图 10.23 所示。

图 10.23
客户分类肘部图

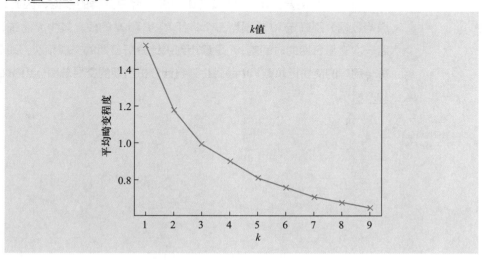

可见，肘部点位置并不明显，$k=4,5,6$ 都可以作为选项。因此，本案例进一步采用轮廓系数（S）来进行类别数 k 的确定。选用不同 k 值时的轮廓系数如表 10.11 所示。

k 值	S 值
4	0.300 778 675 592 435 26
5	0.324 996 725 868 682 2
6	0.298 512 517 451 674 5

由于轮廓系数越大越好，可见，当 $k=5$ 时，轮廓系数 S 的值最大。因此，本案例将 k 值确定为 5。应用 K-Means 方法划分成 5 类后，各类的聚类中心的 R、F、M 值和各类的成员数如表 10.12 所示。

类别	R	F	M	成员数
客群 1	0.973 353 98	0.085 365 05	−0.086 714 91	325
客群 2	−0.602 699 04	0.267 663 1	0.283 269 84	272
客群 3	−0.427 176 31	1.464 754 47	1.494 708 37	205
客群 4	1.889 203 27	−1.315 199 3	−1.254 826 28	189
客群 5	−0.474 175 49	−0.870 712 64	−0.804 859 67	109

10.5.5 客群标签定义

根据聚类的结果，将各类别的特征用雷达图进行可视化，可以清楚地看到各类别的主要优势特征，如图 10.24 所示。

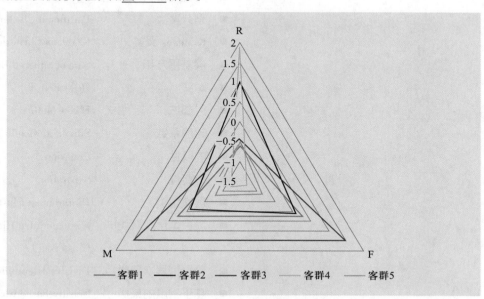

可见，客群 3 的访问频次和交易总额都是最高的，而且最近一次交易日期离统计分析日期很近，说明这个用户群的黏性很好，目前也是很活跃的用户，因此，可对这

个群体贴上"活跃""忠诚""高频次""高价值"等标签。而客群 4 的访问频次和交易额都很低，最近一次访问时间离统计分析日期也很远，说明这个群体是处于流失状态的群体，需要努力挽留，可以贴上"低频次""不活跃""流失中"等标签。以此类推，可以根据每个客群的特点为其定义标签。在此基础上，便可进一步针对不同客户群体的特征采取不同的营销策略。

10.5.6 案例小结

本案例只是简单介绍了 K-Means 方法在解决实际问题过程中的主要步骤。事实上，由于现实数据的复杂性，很多时候 K-Means 的聚类效果并不好。在本案例中，最后的聚类结果的轮廓系数值只有约 0.32，并不是一个理想的结果。因此，在解决实际问题的过程中，往往需根据实际情况对数据进行更多的变换和处理，并对聚类算法进行相应的改进。此外，如果要建立完整的用户标签体系，还需要更多维度的数据，包括用户的基本属性数据和用户的行为数据等。

关键术语

- 聚类   Clustering
- 类（簇）   Cluster
- 特征选择   Feature Selection
- 特征变换   Feature Transformation
- 划分聚类   Partitional Clustering
- K-Means 聚类   K-Means Clustering
- 误差平方和   Sum of Squared Error
- 畸变   Distortion
- 肘部法   Elbow Method
- 轮廓系数   Silhouette Coefficient
- 内聚性   Cohesion
- 分离性   Separation
- 层次聚类   Hierarchical Clustering
- 凝聚型层次聚类   Agglomerative Hierarchical Clustering
- 分裂型层次聚类   Divisive Hierarchical Clustering
- 基于密度的聚类   Density-based Clustering

本章小结

作为数据挖掘的一个重要分支，聚类这种无监督学习算法在大数据时代的地位尤为突出。本章介绍了聚类的基本概念，并重点讲解了基于划分的方法、基于层次的方法以及基于密度的方法中几种经典的聚类算法的原理和应用。

聚类主要应用于探索性的研究，不管实际数据中是否真正存在不同的类别，利用聚类方法都能得到分成若干类别的结果。聚类不仅仅需要选择或者设计聚类算法的过程，数据预处理与特征提取也非常重要，特征提取的数据集质量的优劣也会直接影响最后的聚类结果。因此，在使用聚类方法时应特别注意可能影响结果的各个特征。

聚类算法具有广泛的应用前景，随着数据复杂性增加，对聚类算法的要求也会越来越高。近年来，对聚类算法的研究取得了长足的进步，聚类算法的发展已经到了一个融合互补的时期。在实际应用中，由于数据集的复杂性和多样性的特点，选择任何一种聚类算法可能都不一定适用，因此，需要在了解基本聚类算法的优缺点基础上，考虑多种算法的融合，从而综合利用不同聚类算法的优点，以取得最佳的聚类效果。随着数据量的迅速增加，如何对大规模数据进行有效的聚类也将成为挑战性的研究课题。

即测即评

参考文献

［1］Agarwal P K，Guibas L J，Edelsbrunner H，et al. Algorithmic issues in modeling motion［J］. ACM Computing Surveys（CSUR），2002，34（4）：550-572.

［2］Celebi M E，Kingravi H A，Vela P A.A comparative study of efficient initialization methods for the K-means clustering algorithm［J］. Expert Systems with Applications，2013，40（1）：200-210.

［3］Dhanachandra N，Manglem K，Chanu Y J. Image segmentation using K-means clustering algorithm and subtractive clustering algorithm［J］. Procedia Computer Science，2015，54：764-771.

［4］Du X，Xu N，Zhou C，et al. A density-based method for selection of the initial clustering centers of K-means algorithm［C］//2017 IEEE 2nd Advanced Information Technology, Electronic and Automation Control Conference，Chongqing，2017：2509-2512.

［5］Dubey A，Choubey A.A systematic review on K-means clustering techniques［J］. International Journal of Scientific Research Engineering & Technology，2017，6（6）：624-627.

［6］Jain A K，Murty M N，Flynn P J. Data clustering：A review［J］. ACM Computing Surveys（CSUR），1999，31（3）：264-323.

第 11 章
人工神经网络

在前面的章节中我们已经学习了各种有监督和无监督的数据挖掘模型，它们能够在各种场景下发挥其作用，帮助我们解决实际的商业问题。这些模型有一个共同的特点：基于一定的数学模型来解决实际问题，过程中的每一步对于使用者而言都是透明的、可解释的。这样的模型虽然能够解决特定的问题，但是和人类的思维方式、学习模式却并不是一致的。读者可以回想一下自己学习一个新知识的过程。通常而言类似于有监督学习，是利用大量的已知是正确的输入信息来训练大脑，然后再利用大脑经过学习所形成的一个决策过程来对未知的情况进行判断。与之前的模型所不同的是，我们并不知道大脑是如何进行学习的，就像是一个只有输入和输出的黑箱一样。这种黑箱模式的模型就是我们在这一章以及下一章中所要学习的人工神经网络模型以及深度学习。在本章中，我们将主要学习人工神经网络模型的基本概念、结构、运行原理等。

11.1 从生物神经网络开始

在本章学习开始之前，我们不妨先来了解下生物中的神经网络。回忆一下，当你在十字路口看到绿灯亮起的时候，接下来会发生什么事情？在大部分情况下，应该是会过马路。

我们都知道，眼睛是接收绿灯发出信息的器官，但是它并不能直接处理信息，大脑才是人体处理信息的器官。因此，信息（绿灯）在这个过程中在眼部神经感知到后通过神经系统传递到了大脑，大脑经过一系列分析处理后判断该信息意味着可以继续前进，于是发出继续前进的指令，该指令通过神经系统从大脑传输到四肢，完成前进的动作。

信息从最开始的眼球感知到抵达大脑的过程中经历了至少数以万计的生物神经细胞之间的相互传递。生物神经细胞的结构如图 11.1 所示。神经细胞结构大致可分为细胞体和突两部分，其中突分为树突、突触及轴突。在树突和轴突的共同作用下实现信息在神经元之间的传递。轴突的末端与树突进行信号传递的界面称为突触。神经元通过突触向其他神经元发送信息。学习发生在突触附近，而且突触把经过一个神经元轴突的脉冲转化为下一个神经元的兴奋信号或抑制信号。单独的一个神经元可被视为一种只有"是"（激活）或者"否"（未激活）两种状态的机器。神经元的状态取决于从其他的神经元收到的输入信号量，及突触的强度（抑制或加强）。当信号量总和超过了某个阈值时，细胞体就会被激活，产生电脉冲。电脉冲沿着轴突并通过突触传递到其他神经元。

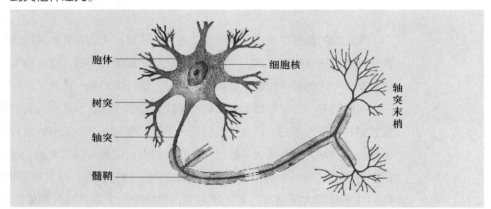

图 11.1
生物神经细胞

数以万计的神经元在人体中构成了一个复杂的网络。由于绿灯信息早已被第一层的神经元处理过，后续的神经元所接收到的就不再是最开始的绿灯信息了，而是根据前面神经元的输出来判断怎么做、如何进行下一步输出，到最后反映为人向前走路的动作。尽管不知道其中的原理到底如何，但是这个结构非常适合计算机来实现：每一个神经元只做最简单的计算、大量的神经元在完成各自任务的情况下构建成一个复杂系统。

11.2 感知器

感知器（Perceptron）是 Frank Rosenblatt 在 1957 年发明的一种人工神经网络（Artificial Neural Network，ANN），又简称为神经网络。它可以被视为一种最简单形式的前馈神经网络，是一种二元线性分类器。感知器是对生物神经系统中最基本的组成生物神经细胞（即神经元）的一种简单抽象。

为了模拟神经元的行为，与之对应的感知器基础概念被提出，如权重（突触）、偏置及激活函数（细胞体）。图 11.2 是一个简单的感知器示意图，其中包含输入、权重、加权求和、激活函数四个部分。类似于生物神经元，感知器的工作原理也非常简单：

（1）　将所有的输入 x_i 都乘以相对应的权重 w_i；

（2）　对这些乘积求和得到加权求和结果 $\sum\limits_{i=0}^{n} x_i * w_i$；

（3）　将和应用到设定的激活函数中，得到输出 $f\left(\sum\limits_{i=0}^{n} x_i * w_i\right)$。

图 11.2
感知器示意图

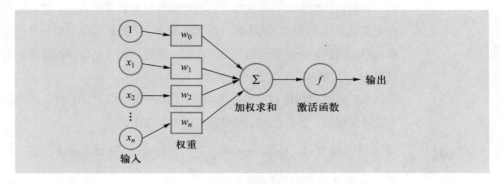

11.2.1　激活函数、权重和偏置

　　激活函数（Active Function）实际上并不是一个特定的函数，而是一类将任意输入转化为更为便于进行分类输出或者下一步计算的函数。如果不用激活函数，每一层输出都是上层输入的线性函数，无论神经网络有多少层，输出都是输入的线性组合。虽然这对于感知器并没有太大的影响，但是会影响到后续要讲到的人工神经网络的性能。如果使用的话，激活函数给神经元引入了非线性因素，使得人工神经网络可以任意逼近任何非线性函数，这样人工神经网络就可以应用到众多的非线性模型中。

　　常见的激活函数有如下几种：

（1）　最直观的做法是使用阶跃函数（Step Function），其函数表达式为 $f(x) = \begin{cases} 0, x \leq 0 \\ 1, x > 0 \end{cases}$，其

形状如图 11.3 所示。阶跃函数的输出非 0 即 1，这个特性就类似于生物神经元只有

图 11.3
阶跃函数

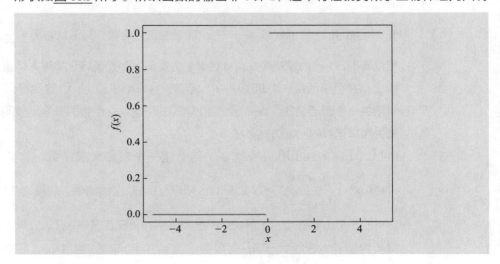

"是""否"两个状态，非常符合我们分类的需求。但是它存在一个问题：阶跃函数的导数在绝大多数地方（除了 0 之外）的导数都是 0。所以用它做激活函数的话，参数的微小变化所引起的输出的变化就会直接被阶跃函数抹杀掉，在输出端完全体现不出来，训练时使用的损失函数的值就不会有任何变化，这是不利于训练过程的参数更新的。当面对的数据集不是线性可分的时候，感知器可能无法收敛，这意味着我们永远也无法完成一个感知器的训练。为了解决这个问题，可以使用一个可导的线性函数来替代感知器的阶跃函数。通过这个处理，在面对线性不可分的数据集时，感知器就会收敛到一个最佳的近似上。

（2）　最简单的线性函数是 $f(x)=x$，即不做任何改变。如上文所说，这个激活函数无法给予额外的帮助，因此在人工神经网络中并不常用。

（3）　Sigmoid 函数 $f(x)=Sigmoid(x)=\dfrac{1}{1+e^{-x}}$，其形状如图 11.4 所示。Sigmoid 函数是一个 S 形曲线函数，能够将任意的输入都转化成为 0 到 1 之间的一个值。Sigmoid 函数是在人工神经网络中比较常用的一个激活函数，其缺点是：①非零均值，使得整个模型的收敛变慢；②容易导致梯度消失问题（后文会讲到梯度，这里可以简单理解为模型无法继续学习改进）；③含有幂计算，计算相对耗时。

图 11.4
Sigmoid 函数

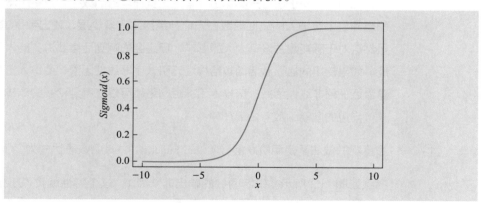

（4）　Tanh 函数 $f(x)=Tanh(x)=\dfrac{e^{x}-e^{-x}}{e^{x}+e^{-x}}$，即双曲正切函数，其形状如图 11.5 所示。从图中可以看到，Tanh 函数与 Sigmoid 函数较为类似，都是能将任意输入转换为特定范围的输出，并很快地从一个极值（–1）转变到另一个极值（1）。这也是人工神经网络中常用的一个激活函数。Tanh 函数虽然解决了 Sigmoid 函数的非零均值问题，但是梯度消失和幂运算的问题仍然存在。

（5）　ReLU（The Rectified Linear Unit）函数是一个取最大值函数，其数学式为 $f(x)=\max(0,x)=\begin{cases}0,x\leqslant 0\\ x,x>0\end{cases}$，形状如图 11.6 所示。ReLU 虽然简单，却是近几年的重要成果。它有三个突出的优点：①解决了梯度消失问题（在正区间）；②计算速度非常快，只需要判断输入是否大于 0；③收敛速度远快于 Sigmoid 和 Tanh。但是使用 ReLU 也

图 11.5
Tanh 函数

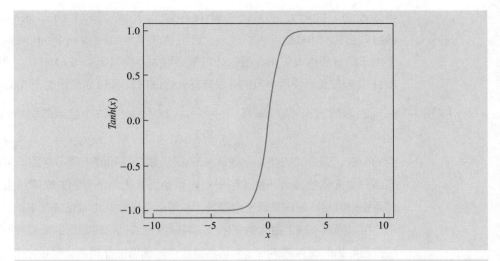

图 11.6
ReLU 函数

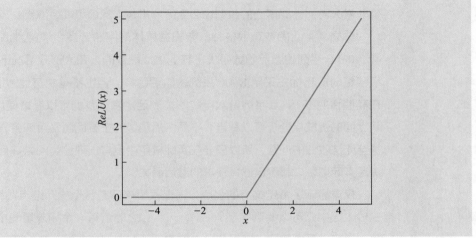

有两个需要特别注意的问题：①ReLU 的输出不是以 0 为均值的（函数的期望值不为 0 ）；②Dead ReLU 问题，指的是某些神经元可能永远不会被激活，导致相应的参数永远不能被更新。有两个主要原因可能导致这种情况产生：①非常不幸的参数初始化，这种情况比较少见；②学习步长（后文会讲到）太大导致在训练过程中参数更新太大，不幸使网络进入这种状态。解决方法是避免将学习步长设置太大或使用 AdaGrad 等自动调节学习步长的算法。尽管存在这两个问题，ReLU 目前仍是最常用的激活函数。

（6） ReLU 的一系列改进函数。为了解决 ReLU 存在的非零均值和 Dead ReLU 问题，又有人提出了一系列针对 ReLU 的改进。一种改进是将前半段的 0 改为 αx，即 $f(x) = \max(\alpha x, x)$，其中 α 为自定义的一个值，通常取 0.01。这个函数称为 Leaky ReLU。理论上来讲，Leaky ReLU 有 ReLU 的所有优点，外加不会有 Dead ReLU 问题，但是在实际操作当中，并没有完全证明 Leaky ReLU 总是好于 ReLU。PReLU 则是进一步将 α 设置为一个长度与 x 相等的、可学习的数组（而非固定的值）。另一种改进是将前

半段改为 $\alpha\left(\mathrm{e}^{x}-1\right)$，即 $f(x)=\max\left(\alpha\left(\mathrm{e}^{x}-1\right),x\right)$，称为 ELU（Exponential Linear Units）函数。它拥有 ReLU 所有的优点，且没有非零均值和 Dead ReLU 问题。它的问题在于由于函数表达式复杂，所以计算量会稍大。类似于 Leaky ReLU，理论上虽然好于 ReLU，但在实际使用中目前并没有充分的证据表明 ELU 总是优于 ReLU。

（7）　Softmax 函数 $f(x)=softmax\left(x_{i}\right)=\dfrac{\mathrm{e}^{x_{i}}}{\sum\limits_{j=0}^{n}\mathrm{e}^{x_{j}}}$，其中 x_{i} 是第 i 个结点的输出值，n 是输出结点的个数，即分类的类别个数。Softmax 函数在感知器中并不常见，常用在人工神经网络分类网络的最后一层，用于把网络输出转化为各类别的概率。引入指数形式的优点是指数函数曲线呈现递增趋势，斜率逐渐增大，也就是说在 x 轴上一个很小的变化，可以导致 y 轴上很大的变化。这种函数曲线能够将输出的数值拉开距离。缺点是指数函数的曲线斜率逐渐增大虽然能够将输出值拉开距离，但是也带来了缺点，当 x_{i} 值非常大时，计算得到的数值也会变得非常大，数值可能会溢出。

　　总之，激活函数有很多种，要根据具体的问题选择合适的激活函数。从现在来看，ReLU 系列的激活函数是优于其他激活函数的，在大部分情况下我们使用人工神经网络时应当优先采用 ReLU 系列的激活函数。但也不是说其他激活函数毫无用处，在某些情况下 ReLU 系列函数可能不能满足需求，我们可以考虑使用其他激活函数。从上面的优缺点分析可以看出，不同激活函数的主要问题是可能会导致模型收敛过慢甚至无法收敛的问题，所以只要在实际应用中没有出现这类问题并且模型的性能可以满足实际需求，就可以选择任意的激活函数。

　　权重显示了特定结点的强度，通过权重来调整各个输入结点对结果的影响程度。在输入层中，可以看到除了 x_{1}，x_{2}，$\cdots$，x_{n} 之外还有一个输入是一个常数 1。这个常数 1 就可以看作偏置。偏置值允许将激活函数左移或右移，其偏置值的大小通过对应的权重 w_{0} 来进行调节。感知器的学习过程就是调节权重，使得感知器输出符合预期的过程。阈值则是在离散问题中对输出进行处理的手段。

11.2.2　感知器的学习过程

　　现在，我们要解决的是如何来获得正确的权重项和偏置项的值。这就要用到感知器训练算法。感知器的学习过程类似于甲、乙两个人在玩猜数字的游戏。甲想一个数字让乙猜，并对乙的猜测给出"太大"或者"太小"的反馈。乙根据甲的反馈不断调整自己的猜测直到猜对为止。感知器的学习过程也同样，如果发现预测结果比实际结果大，那就往减小预测结果的方向做调整；反之亦然。具体而言，首先将权重项和偏置项初始化为 0（或者任意的随机数），然后利用下面公式的感知器规则迭代地修改 w_{i}，直到训练完成。

$$w_{i} \leftarrow w_{i}+\Delta w_{i}, \quad 其中 \Delta w_{i}=\eta(y-\hat{y})x_{i} \tag{11-1}$$

式中：y 是训练数据中输出的实际值；$\hat{y}$ 是感知器经过加权求和、激活函数变换后输出的预测值；x_i 是训练集中输入结点 i 的值，其中 x_0 为偏置、等于 1；η 则是学习步长（Learning Rate），亦称为学习速率，是一个用户在构建感知器模型时候就预先定义的一个固定值。这个值的选择需要用户根据经验进行，不宜过大或者过小。不管是过大还是过小，都会导致感知器的学习过程变得无比漫长，即收敛过慢。

在这里又出现了一个问题：什么时候结束学习？最理想的情况当然是输出值和预测值完全一样的时候，即感知器完美地模拟了要研究的问题。但遗憾的是这种情况几乎不可能发生。现实的情况是如此复杂，对于非线性的分类问题，感知器无法保证能够收敛。此外，在现实中还有一些完全随机、无法预料的因素干扰着结果，这也是感知器无法模拟的。所以我们需要设定一个条件来判断学习是否应当结束，否则感知器就会无止境地学习下去。结束的条件可以有两种：一种是设定训练的最大学习轮数，不管结果如何，超过即停止；还有一种就是设定一个预测值和实际值的误差阈值，一旦小于这个阈值则表示目前的结果已经是我们可以接受的精确度，结束学习。

11.2.3 目标函数

预测值和实际值的误差最小化就是进行感知器训练的目的。那么，如何来衡量这个误差呢？这就是构建目标函数的目的。单个样本的误差很容易衡量，只需要简单地将预测值与实际值做一个差即可，$(y-\hat{y})$ 就可以看作一个目标函数。在这个计算公式中，误差可能为正也可能为负，这就能够提供更多的误差信息。但是现实中几乎不可能只有一个样本，只有一个样本的数据集也没有必要进行人工智能的学习。当有多个样本进行训练的时候，如何去计算它们整体的误差就成了一个关键问题。如果我们还是沿用差值的思想的话，即目标函数就是差值的和 $E = \sum_{i=1}^{n}(y_i - \hat{y_i})$，就可能出现每个样本的误差都很大但不同样本间的正负误差正好相互抵消的情况，即 $E=0$。直观的一个改进想法就是将差值取绝对值，目标函数变为 $E = \sum_{i=1}^{n}|y_i - \hat{y_i}|$。通过这样一个转换就可以解决样本间正负误差相互抵消的问题。但是绝对值对于求导等后续的计算问题会造成困难，因此可以进一步地采用平方的形式，即 $E = \frac{1}{2}\sum_{i=1}^{n}(y_i - \hat{y_i})^2$，其中乘以 $\frac{1}{2}$ 是为了后续的计算方便（求导数时候可以直接消去）。进一步地展开后可以得到公式：

$$E(\boldsymbol{w}) = \frac{1}{2}\sum_{i=1}^{n}(y_i - \hat{y_i})^2 = \frac{1}{2}\sum_{i=1}^{n}(y_i - \boldsymbol{w}^T\boldsymbol{x}_i)^2 \tag{11-2}$$

注意，这里的 $\boldsymbol{x}_i$ 是一个向量，表示第 i 个样本的输入值（而非前文的第 i 个输入结点的值）。对于一个训练数据集来说，误差最小越好，也就是式 11-2 的值越小越好。对于特定的训练数据集来说，$(\boldsymbol{x}_i, y_i)$ 的值都是已知的，所以式 11–2 其实是参数 $\boldsymbol{w}$ 的函数。由此可见，模型的训练，实际上就是求取到合适的 $\boldsymbol{w}$，使式 11–2 取得最小值。这在数学上称作优化问题，而 $E(\boldsymbol{w})$ 就是优化的目标，称之为目标函数。

11.3 感知器的训练

11.3.1 梯度

函数 $y=f(x)$ 的极值点就是一阶导数 $f'(x)=0$ 且二阶导数 $f''(x)>0$ 的那个点。因此，通过解方程 11–3 就可以得到函数的极小值。

$$\begin{cases} f'(x)=0 \\ f''(x)>0 \end{cases} \tag{11–3}$$

但是对于计算机来说，它并不会自己解方程，即使是最简单的方程。不过它可以凭借强大的计算能力，一步一步地去把函数的极值点"试"出来。如图 11.7 所示。首先随便选择一个点 x_0，接下来迭代修改 x 的值为 x_1，x_2，x_3，…经过数次迭代后最终达到函数的最小值点。

图 11.7
计算机对极值的逼近
示意图

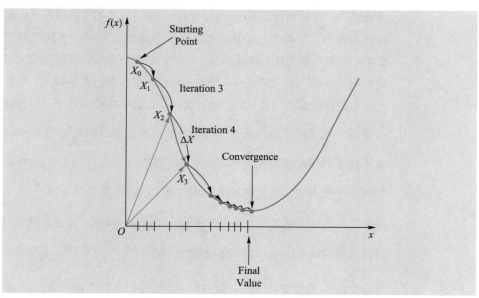

这时候就会有个疑问：为什么每次修改值，都能往函数最小值那个方向前进呢？奥秘在于，我们每次都是向函数 $y=f(x)$ 的梯度的相反方向来修改。什么是梯度呢？这是一个大学高数课上会提及的内容。梯度是一个向量，指向函数值上升最快的方向。显然，梯度的反方向当然就是函数值下降最快的方向了。我们每次沿着梯度相反方向去修改 x 的值，当然就能走到函数的最小值附近。之所以是最小值附近而不是最小值那个点，是因为每次移动的步长不会那么恰到好处，有可能最后一次迭代走远了越过了最小值那个点。步长如果选择小了，那么就会迭代很多轮才能走到最小值附近；如果选择大了，那可能就会越过最小值很远，收敛不到一个好的点上。具体步长值的选择需要依靠经验和一点点的运气。

11.3.2　梯度下降优化算法

按照上面的思路，可以写出梯度下降算法的公式（11-4），其中 ∇ 是梯度算子，$\nabla f(x)$ 就表示函数 $f(x)$ 的梯度，η 是步长，也称作学习速率。

$$x_{new} = x_{old} - \eta \nabla f(x) \tag{11-4}$$

针对上一节中列出的目标函数 $E(w) = \dfrac{1}{2} \sum_{i=1}^{n} (y_i - \widehat{y_i})^2$，梯度下降算法可以写成 $w_{new} = w_{old} - \eta \nabla E(w)$。当然，这个式子是用来求最小值的，如果我们是要求出目标函数的最大值，则可以使用梯度上升算法 $w_{new} = w_{old} + \eta \nabla E(w)$。所以我们只需要求出目标函数的梯度 $\nabla E(w)$，就可以得到感知器的参数修改规则。那么，现在的问题关键就在于求目标函数的梯度 $\nabla E(w)$。对于梯度的推导在本书中不做赘述，有需要的读者可以回顾微积分的知识自行推导。经过一系列的推导，目标函数 $E(w)$ 的梯度为：

$$\nabla E(w) = - \sum_{i=1}^{n} (y_i - \widehat{y_i}) x_i \tag{11-5}$$

因此，感知器的参数修改规则为：

$$w_{new} = w_{old} + \eta \sum_{i=1}^{n} (y_i - \widehat{y_i}) x_i \tag{11-6}$$

利用这个公式，就可以对感知器进行有效的训练，并写出实际的训练代码实现一个感知器了。

如果根据式 11-6 来训练模型，那么每次更新的迭代，要遍历训练数据中所有的样本进行计算，我们称这种算法为批梯度下降（Batch Gradient Descent，BGD）。如果样本非常大，比如数百万到数亿，那么计算量就异常巨大。因此，实用的算法是随机梯度下降（Stochastic Gradient Descent，SGD）算法。在 SGD 算法中，每次更新的迭代只计算一个样本。这样对于一个具有数百万样本的训练数据，完成一次遍历就会更新数百万次，效率大大提升。由于样本的噪声和随机性，每次更新并不一定按照减少的方向。然而，虽然存在一定的随机性，大量的更新总体上是沿着减少的方向前进的，因此最后也能收敛到最小值附近。图 11.8 展示了 BGD 和 SGD 的区别。

如图 11.8 所示，椭圆表示的是函数值的等高线，椭圆中心是函数的最小值点。可以看到 BGD 是一直向着最低点前进的，而 SGD 明显躁动了许多，但总体上仍然是向最低点逼近的。

图 11.8

BGD 与 SGD 的差异
示意图

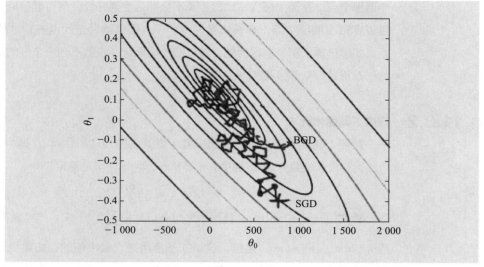

最后需要说明的是，SGD 不仅仅效率高，而且随机性有时候反而是好事。这一节例子中的目标函数是一个凸函数，沿着梯度反方向就能找到全局唯一的最小值。然而对于非凸函数（即多峰函数）来说，存在许多局部最小值。随机性有助于我们逃离某些很糟糕的局部最小值，从而获得一个更好的模型。

11.4 多层神经网络和反向传播

现在我们已经知道了感知器这个最简单的神经网络的工作原理。如前所述，感知器实际上是对单个生物神经元的模拟。这样的神经网络性能有限，这也是感知器在 20 世纪 70 年代之后就没有进一步流行的原因。为了能够提升神经网络的性能，更好地模拟生物神经网络，需要将大量的感知器按照一定规则有效地组织起来，即多层神经网络。在多层神经网络中，感知器又被称为神经元。感知器和神经元的差别在于激活函数。感知器往往使用的是阶跃函数，而神经元则使用的是 Sigmoid 等激活函数。大量的神经元被划分成若干层，每一层都包含若干神经元，前一层神经元的输出就是后一层神经元的输入，这样就组成了多层神经网络。

11.4.1 多层神经网络

图 11.9 是一个简单的多层人工神经网络（Multilayer Perceptrons，MLP），圆圈表示神经元，箭头表示数据传输的方向。神经网络包括输入层、隐藏层、输出层三个层。输入层用于从外界接收数据，隐藏层从输入层接收数据进行处理后传输给输出层，输出层输出最终的计算结果。其中，输入层的神经元数量由输入数据的维度来决

定。与感知器不同的是，在多层神经网络中通常输入层的每一个神经元只接收一维数据的输入。所以，一般来说具有 N 个维度（即 N 个变量）的数据就需要在输入层有 N 个神经元。输出层神经元的数量则是由具体的任务决定的。比如，如果要预测一个国家下一年的 GDP 总额，那么需要的输出就是一个实数。此时，在输出层只需要有一个神经元来输出一个具体的数值就可以达到目标。如果要做的是对一个输入样本进行分类，那么通常就会根据类别的数量来设置相同数量的多个输出神经元。每一个神经元输出的是样本归属于对应的那一类的概率值。最后再根据每一类的归属概率来计算样本最终的归属类别。隐藏层中的神经元数量则可以根据用户的需求任意设计，可以只有一个神经元（但通常不会这么做），也可以有上百万个神经元（实际应用中的深度学习模型通常会这么设计）。除了神经元的数量，隐藏层的层数也可以任意设计。图 11.9 示意的人工神经网络中包含了一层隐藏层，所有的隐藏层神经元都在这一层中。但是实际上可以设计成两层甚至多层隐藏层，每一层隐藏层都有各自的神经元。在神经网络发展初期，由于计算能力的限制，通常只设计一层隐藏层。随着计算机硬件计算能力的发展，越来越多的神经网络应用会设计多层隐藏层以进一步提升整体性能。

图 11.9
人工神经网络

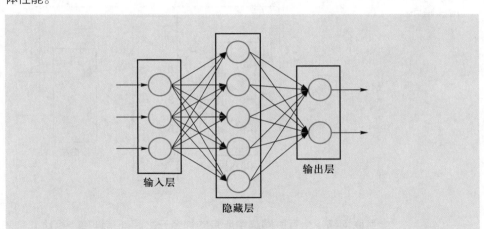

多层神经网络包含多种组织形式。

（1）　**前馈型网络。**前馈型网络的信号由输入层到输出层单向传输，每层的神经元仅与前一层的神经元相连，仅接受前一层传输来的信息。这也是最常见的神经网络。它的工作原理通常遵循以下规则：所有结点都完全连接；激活从输入层流向输出，无回环；输入和输出之间有一层隐含层。图 11.9 所示的就是一个典型的前馈神经网络。

（2）　**前馈内层互联网络。**前馈内层互联网络从外部看还是一个前馈型网络，但是内部有很多自组织网络在层内互联，如图 11.10 所示。

（3）　**反馈型网络。**反馈型网络（Recurrent Network）又称自联想记忆网络，其结构要比前馈型网络复杂得多。它在网络的输出层存在一个反馈回路到输入层作为输入层的一个输入，但网络本身还是反馈型结构，如图 11.11 所示。在这种网络中，每个神经元同

图 11.10
前馈内层互联神经
网络

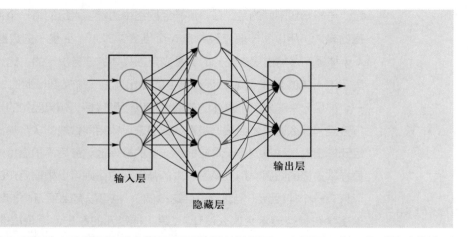

时将自身的输出信号作为输入信号反馈给其他神经元，它需要工作一段时间才能达到稳定。典型的反馈型神经网络有 Elman 网络和 Hopfield 网络。Hopfield 神经网络是反馈型网络中最简单且应用广泛的模型，它具有联想记忆的功能，如果将李雅普诺夫函数定义为巡游函数，Hopfield 神经网络还可以用来解决快速寻优问题。

图 11.11
反馈型神经网络

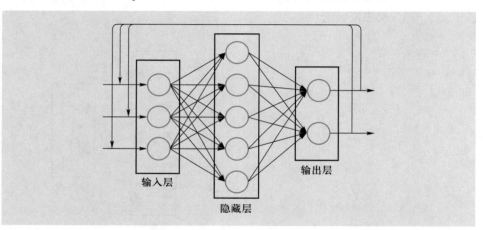

（4）　**全互联网络。**全互联网络中所有的神经元之间都有连接。相比之前的几个类型来说，结构上会更加复杂。

11.4.2　前馈型神经网络与反向传播

本书将主要介绍最基本的前馈型神经网络的工作原理。

神经网络实际上就是一个输入向量 x 到输出向量 y 的函数。前馈型神经网络需要首先将输入向量 x 的每个元素 x_i 的值赋给神经网络的输入层的对应神经元，然后依次向前计算每一层的每个神经元的值，直到最后一层输出层的所有神经元的值计算完毕。最后，将输出层每个神经元的值串在一起就得到了输出向量 y。其中每一步的计算过程都和感知器的计算过程类似，即按照设定的权重对输入进行加权求和，然后使用激活函数进行转换后输出。输入向量的维度和输入层神经元个数相同，而输入向量的某个元素对应到哪个输入结点是可以自由决定的。若一定要把第一个维度的变量值赋值给第二个结点也是完全没有问题的，但这样除了制造额外的工作量之外，并没有什么价值。同样，输出向量的维度和输出层神经元个数相同。

现在，需要知道一个神经网络的每个连接上的权值是如何得到的。如果说神经网络是一个模型，那么这些权值就是模型的参数，也就是模型要学习的东西。然而，一个神经网络的连接方式、网络的层数、每层的结点数这些参数，则不是学习出来的，而是人为事先设置的。这些人为设置的参数称为超参数（Hyper-Parameters）。接下来，将要介绍神经网络最常见的训练算法——反向传播算法（Back Propagation），即 BP 算法。

假设每个训练样本为（x,t），其中向量 x 是训练样本的特征，而 t 是样本的目标值。首先，根据上一节介绍的算法，用样本 x 的特征，计算出神经网络中每个隐藏层结点的输出 a_i，以及输出层每个结点的输出 y_i。然后，按照下面的方法计算出每个结点的误差项 δ_i。

- 对于输出层结点有公式：

$$\delta_i = y_i(1-y_i)(t_i-y_i) \tag{11-7}$$

式中：δ_i 是结点 i 的误差项；y_i 是结点 i 的输出值；t_i 是样本对应于结点 i 的目标值。

- 对于隐藏层结点，有公式：

$$\delta_i = a_i(1-a_i)\sum_{k \in outputs} w_{ki}\delta_k \tag{11-8}$$

式中：δ_k 是结点 i 的下一层结点 k 的误差项；a_i 是结点 i 的输出值；w_{ki} 是结点 i 到它的下一层结点 k 的连接的权重。

最后更新每个连接上的权重：

$$w_{ji} \leftarrow w_{ji} + \eta\delta_j x_{ji} \tag{11-9}$$

式中：w_{ij} 是结点 i 到结点 j 的权重；η 是学习速率；δ_j 是结点 j 的误差项；x_{ji} 是结点 i 传递给结点 j 的输入。

这就是使用反向传播算法来计算神经网络每个结点误差项和更新权重的方法。显然，计算一个结点的误差项，需要先计算每个与其相连的下一层结点的误差项。这就要求误差项的计算顺序必须是从输出层开始，然后反向依次计算每个隐藏层的误差项，直到与输入层相连的那个隐藏层。这就是反向传播算法的名字的含义。当所有结点的误差项计算完毕后，我们就可以根据式 11–9 来更新所有的权重。

11.4.3　反向传播和梯度下降

了解了反向传播算法后，大家可能会发现这个算法的基本形式和原理似乎和梯度下降优化算法非常相似。那么，它们之间是什么样的关系呢？

反向算法是用来计算损失函数相对于神经网络参数的梯度，而梯度下降法是一种优化算法，用于寻找最小化损失函数的参数。梯度下降法及其他优化算法（如 Adam 或 AdaGrad 等）都依赖反向算法来得到梯度。梯度下降的一个重要工作就是计算梯度。在一个简单的模型中，可以很容易地计算出梯度的值。但是当模型中有几百万个权重参数的时候，计算量就变得非常庞大，甚至是几乎无法计算。但是由于前馈神经网络的特殊结构，我们可以计算出每一个权重的梯度，并利用这个梯度来更新参数。所以，实际上上一节中所说的反向传播算法包含了两部分：反向传播误差以计算梯度、根据梯度来更新权重（即梯度下降优化）。

11.4.4　梯度消失和梯度爆炸

层数比较多的神经网络模型在使用梯度下降法对误差进行反向传播时会出现梯度消失和梯度爆炸问题。梯度消失问题和梯度爆炸问题一般会随着网络层数的增加变得越来越明显。例如，对于图 11.12 所示的含有 3 个隐藏层的神经网络，梯度消失问题发生时，靠近输出层的隐藏层 3（Hidden Layer 3）的权值更新相对正常，但是靠近输入层的隐藏层 1（Hidden Layer 1）的权值更新会变得很慢，导致靠近输入层的隐藏层权值几乎不变，仍接近于初始化的权值。这就导致隐藏层 1 相当于只是一个映射层，对所有的输入做了一个函数映射，这时此深度神经网络的学习就等价于只有后几层的隐藏层网络在学习。

图 11.12

多隐藏层神经网络

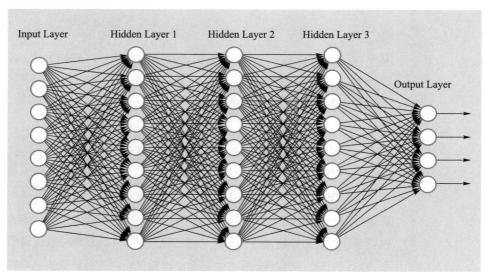

那么，为什么会出现梯度消失的现象呢？因为通常神经网络所用的激活函数是 Sigmoid 函数。这个函数有个特点，就是能将负无穷到正无穷的数映射到 0 和 1 之间，并且对这个函数求导的结果是 $f'(x) = f(x)(1-f(x))$。因此两个 0 到 1 之间的数相乘，得到的结果就会变得很小了。神经网络的反向传播是逐层对函数偏导相乘，因此当神经网络层数非常深的时候，最后一层产生的偏差因为乘了很多小于 1 的数而越来越小，最终就会变为 0，从而导致层数比较浅的权重没有更新，这就是梯度消失。

梯度爆炸的情况是：当初始的权值过大，靠近输入层的隐藏层1的权值变化比靠近输出层的隐藏层3的权值变化更快，就会引起梯度爆炸的问题。在深层网络或循环神经网络中，误差梯度可在更新中累积，变成非常大的梯度，然后导致网络权重大幅更新，并因此使网络变得不稳定。在极端情况下，权重的值变得非常大，以至于溢出、导致NaN值。网络层之间的梯度（值大于1.0）重复相乘导致的指数级增长会产生梯度爆炸。确定是否出现梯度爆炸的判断方法有三个：①模型无法从训练数据中获得更新（如低损失）。②模型不稳定，导致更新过程中的损失出现显著变化。③训练过程中，模型损失变成NaN。

通过上面的分析可以发现，梯度消失与梯度爆炸其实是一种情况。因此解决方案也是互通的。梯度消失、梯度爆炸问题的解决方案有很多种，常见的有以下这些：

（1）**预训练加微调。**此方法来自Hinton在2006年发表的一篇论文。Hinton为了解决梯度的问题，提出采取无监督逐层训练方法，其基本思想是每次训练一层隐结点，训练时将上一层隐结点的输出作为输入，而本层隐结点的输出作为下一层隐结点的输入，此过程就是逐层"预训练"（Pre-training）；在预训练完成后，再对整个网络进行"微调"（Fine-tunning）。此思想相当于先寻找局部最优，然后整合起来寻找全局最优。此方法有一定的好处，但是目前应用不是很多了。

（2）**重新设计网络模型。**梯度爆炸的一部分原因是神经网络层数过多，因此可以通过重新设计层数更少的网络来解决。使用更小的批尺寸对网络训练也有好处。另外，学习速率过大也可能导致梯度爆炸，相应的解决办法就是减小学习率。

（3）**使用ReLU激活函数。**梯度爆炸的发生可能是因为激活函数，如之前很流行的Sigmoid和Tanh函数。使用ReLU激活函数可以减少梯度爆炸。对于隐藏层而言，ReLU激活函数是最适合的激活函数，是目前使用最多的激活函数。当然如前所述，ReLU也有很多变种，针对某个特定模型需要不断尝试去找到最合适的激活函数。

（4）**使用长短期记忆网络。**循环神经网络本身就存在着固有的不稳定性，导致梯度爆炸随时可能发生。使用长短期记忆单元（LSTM）或相关的门控神经结构能够减少梯度爆炸的发生概率。LSTM相关的部分内容将会在下一章中详细讲解。

（5）**使用梯度裁剪。**当已经使用了上述方法但梯度爆炸仍然发生时，还可以检查并限制梯度的大小，这被称为梯度裁剪。梯度裁剪是处理梯度爆炸问题的一个简单但非常有效的解决方案。

（6）**使用权重正则化。**如果还是有梯度爆炸的问题，那么还可以对网络的权重大小进行校验，并对大权重的损失函数添加一项惩罚项，这也被称作权重正则化。常用的有L1（权重的绝对值和）正则化与L2（权重的绝对值平方和再开方）正则化。使用L1或L2惩罚项会减少梯度爆炸的发生概率。

11.5 其他形式的神经网络

上一节主要讲了最为常见的前馈反向传播神经网络，接下来我们来了解一下其他形式的神经网络。

11.5.1 无监督的神经网络

通常来说，神经网络都是有监督学习的，所以在训练过程中通过不断对比与训练样本中目标值的差异来判断学习的效果。但是还有一种神经网络是无监督的，即自组织神经网络模型（Self-organizing Map，SOM）。

在生物神经细胞中存在一种特征敏感细胞，这种细胞只对外界信号刺激的某一特征敏感，并且这种特征是通过自学习形成的。在人脑的脑皮层中，对于外界信号刺激的感知和处理是分区进行的，有学者认为，脑皮层通过邻近神经细胞的相互竞争学习，自适应地发展成为对不同性质的信号敏感的区域。根据这一特征现象，芬兰学者 Kohonen 提出了自组织特征映射神经网络模型（Self-organizing Feature Map，SOFM）。他认为一个神经网络在接受外界输入模式时，会自适应地对输入信号的特征进行学习，进而自组织成不同的区域，并且在各个区域对输入模式具有不同的响应特征。在输出空间中，这些神经元将形成一张映射图，映射图中功能相同的神经元靠得比较近，功能不同的神经元分得比较开，自组织特征映射神经网络也因此得名。

自组织竞争神经网络采用了与前向神经网络完全不同的思路，借鉴了竞争学习的思想，网络的输出神经元之间相互竞争，同一时刻只有一个输出神经元获胜，称为"胜者全得"神经元或获胜神经元。这种神经网络的生物学基础是神经元之间的侧抑制现象。所谓竞争学习是指同一层神经元之间相互竞争，竞争胜利的神经元修改与其连接的连接权值的过程。竞争学习是一种无监督学习方法，在学习过程中，只需要向网络提供一些学习样本，而无须提供理想的目标输出，网络根据输入样本的特性进行自组织映射，从而对样本进行自动排序和分类。

自组织神经网络包括自组织竞争神经网络、自组织特征映射神经网络、学习向量量化神经网络等结构形式。

1. 自组织竞争神经网络

（1） 自组织竞争神经网络的结构。假设网络输入为 R 维，输出为 S 个，典型的自组织竞争神经网络由隐藏层和竞争层两层组成，竞争层传递函数的输入是输入向量 p 与神经元权值向量 w 之间的距离取负以后和阈值向量 b 的和，即 $n_i = -\|w_i - p\| + b_i$。网络的输出由竞争层各神经元的输出组成，除了在竞争中获胜的神经元以外，其余的神经元的输出都是 0，竞争传递函数输入向量中最大元素对应的神经元是竞争的获胜者，其输出固定是 1。

（2） 自组织竞争神经网络的训练。竞争神经网络依据 Kohonen 学习规则和阈值学习规则进行训练，竞争神经网络每进行一步学习，权值向量与当前输入向量最为接近的神经元将在竞争中获胜，网络依据 Kohonen 准则对这个神经元的权值进行调整。假设竞争层中第 i 个神经元获胜，其权值向量 w_i 将修改为：$w_i(k)=w_i(k-1)-\alpha^*(p(k)-w_i(k-1))$。按照这一规则，修改后的神经元权值向量将更加接近当前的输入。经过这样调整以后，当下一次网络输入类似的向量时，这一神经元就很有可能在竞争中获胜，如果输入向量与该神经元的权值向量相差很大，则该神经元极有可能落败。随着训练的进行，网络中的每一个结点将代表一类近似的向量，当接受某一类向量的输入时，对应类别的神经元将在竞争中获胜，从而网络就具备了分类功能。

2. 自组织特征映射神经网络

自组织特征映射神经网络（SOFM）的构造是基于人类大脑皮质层的模仿。在人脑的脑皮层中，对外界信号刺激的感知和处理是分区进行的，因此自组织特征映射神经网络不仅仅要对不同的信号产生不同的响应，即与自组织竞争神经网络一样具有分类功能，而且还要实现功能相同的神经元在空间分布上的聚集。因此自组织特征映射神经网络在训练时除了要对获胜的神经元的权值进行调整之外，还要对获胜神经元邻域内所有的神经元进行权值修正，从而使得相近的神经元具有相同的功能。自组织特征映射神经网络的结构与竞争神经网络的结构完全相同，只是学习算法有所区别而已。

稳定时，每一邻域的所有结点对某种输入具有类似的输出，并且此聚类的概率分布与输入模式的概率分布相接近。

3. 学习向量量化网络

学习向量量化网络由一个竞争层和一个线性层组成。竞争层的作用仍然是分类，但是竞争层首先将输入向量划分为比较精细的子类别，然后在线性层将竞争层的分类结果进行合并，从而形成符合用户定义的目标分类模式，因此线性层的神经元个数肯定比竞争层的神经元的个数要少。

学习向量量化网络在建立的时候，竞争层和线性层之间的连接权重矩阵就已经确定了。如果竞争层的某一神经元对应的向量子类别属于线性层的某个神经元所对应的类别，则这两个神经元之间的连接权值等于 1，否则两者之间的连接权值为 0，这样的权值矩阵就实现了子类别到目标类别的合并。根据这一原则，竞争层和线性层之间的连接权重矩阵的每一列除了一个元素为 1 之外，其余元素都是 0。1 在该列中的位置表示了竞争层所确定的子类别属于哪一种目标类别（列中的每一个位置分别表示一种目标类别）。在建立网络时，每一类数据占数据总数的百分比是已知的，这个比例恰恰就是竞争层神经元归并到线性层各个输出时所依据的比例。由于竞争层和线性层之间的连接权重矩阵是事先确定的，所以在网络训练的时候只需要调整竞争层的权值矩阵。

4. 自组织神经网络的主要功能

自组织神经网络特别适合解决模式分类和识别方面的应用问题，其主要功能有三个：

（1） **保序映射。**SOM 网的功能特点之一是保序映射，即能将输入空间的样本模式类有序地映射在输出层。

【例 11-1】 将不同动物按其属性特征映射到两维输出平面上，使得相似的动物在 SOM 网输出平面上的位置相近。该训练集有 16 种动物，每种动物用 29 维向量表示，其中前 16 个分量构成符号向量，对不同的动物进行 16 取 1 编码，后 13 个分量构成属性向量，描述动物的 13 种属性，用 1 或 0 表示某种动物属性的有或无。动物属性如表 11.1 所示，输入结构如图 11.13 所示。

表 11.1
动物属性

动物 属性	鸽子	母鸡	鸭	鹅	猫头鹰	隼	鹰	狐狸	狗	狼	猫	虎	狮	马	斑马	牛
小	1	1	1	1	1	1	0	0	0	0	1	0	0	0	0	0
中	0	0	0	0	0	0	1	1	1	1	0	0	0	0	0	0
大	0	0	0	0	0	0	0	0	0	0	0	1	1	1	1	1
2 只脚	1	1	1	1	1	1	1	0	0	0	0	0	0	0	0	0
4 只脚	0	0	0	0	0	0	0	1	1	1	1	1	1	1	1	1
毛	0	0	0	0	0	0	0	1	1	1	1	1	1	1	1	1
蹄	0	0	0	0	0	0	0	0	0	0	0	0	0	1	1	1
鬃毛	0	0	0	0	0	0	0	0	0	1	0	0	1	1	1	0
羽毛	1	1	1	1	1	1	1	0	0	0	0	0	0	0	0	0
猎	0	0	0	0	1	1	1	1	0	1	1	1	1	0	0	0
跑	0	0	0	0	0	0	0	0	1	1	0	1	1	1	1	0
飞	1	0	0	1	1	1	1	0	0	0	0	0	0	0	0	0
泳	0	0	1	1	0	0	0	0	0	0	0	0	0	0	0	0

图 11.13
SOM 网络输入结构

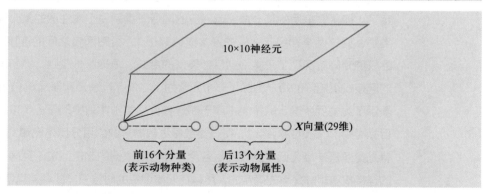

SOM 网的输出平面有 10×10 个神经元，用 16 个动物模式轮番输入进行训练，最后输出平面出现如图 11.14 所示的情况，可以看出属性相似的动物在输出平面上的位置相邻，实现了特征的保序分布。

图 11.14
SOM 网络输出结果

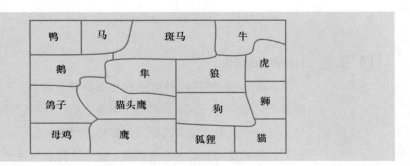

（2） **数据压缩**。数据压缩是将高维空间的样本在保持拓扑结构不变的条件下映射到低维空间。在这方面，SOM 网具有明显的优势。无论输入样本空间是多少维的，其模式样本都可以在 SOFM 网输出层的某个区域得到响应。SOM 网经过训练后，在高维空间相近的输入样本，其输出层响应神经元的位置也接近。因此对于任意 n 维输入空间的样本，均可通过映射到 SOM 网的一维或二维输出层上完成数据压缩。如上例中的输入样本空间为 29 维，通过 SOM 网后压缩为二维平面的数据。

（3） **特征抽取**。从特征抽取的角度看高维空间样本向低维空间的映射，SOM 网的输出层相当于低维特征空间。在高维模式空间，很多模式的分布具有复杂的结构，从数据观测很难发现其内在规律。当通过 SOM 网络映射到低维输出空间后，其规律往往一目了然，因此这种映射就是一种特征抽取。高维空间的向量经过特征抽取后可以在低维特征空间更加清晰地表达，因此映射的意义不仅仅是单纯的数据压缩，更是一种规律发现。

5. **自组织神经网络的优点及其局限性**

SOM 网络的最大优点是网络输出层引入了拓扑结构，从而实现了对生物神经网络竞争过程的模拟。除此之外，SOM 还有一些其他优点：

（1） 无监督学习，不需要额外标签。

（2） 最后产生的聚类结果具有比较高的可视化和可解释性，而且与 K-Means 不同的是，由于每次增量更新所有的质心，因此受初始质心选取的影响很小。

（3） 非常适合高维数据的可视化，能够维持输入空间的拓扑结构。

（4） 具有很高的泛化能力，甚至能识别之前从没遇过的输入样本。

无监督学习 SOM 算法现在发展得还不成熟，存在一些局限性：

（1） 网络结构是固定的，不能动态改变。

（2） 网络训练时，有些神经元始终不能获胜，成为"死神经元"。

（3） SOM 网络在没有经过完整的重新学习之前不能加入新的类别。

（4） 没有一个确定的目标函数，不容易对不同的聚类结果进行比较。

（5） 当输入数据较少时，训练的结果通常依赖于样本的输入顺序。

（6） 网络连接权的初始状态、算法的参数选择对网络的收敛性能有较大影响。

（7） SOM 不一定会收敛。

一些学者提出了不同的改进算法，从不同方面不同程度地克服了这些缺点。

11.5.2　Hopfield 网络

Hopfield 网络是一种常见的反馈型神经网络，主要用于联想记忆和优化计算。联想记忆是指当网络输入某一个向量之后，网络经过反馈演化，从网络的输出端得到另外一个向量，这样的输出向量称为网络从初始输入向量联想得到的一个稳定的记忆，也就是网络的一个平衡点。优化计算是指某一问题存在多个解法的时候，可以设计一个目标函数，然后寻求满足这一目标的最优解法。例如，在很多情况下可以把能量函数看作目标函数，得到最优解法需要使得能量函数达到极小值，也就是所谓的能量函数的稳定平衡点。总之，Hopfield 网络的设计思想就是在初始输入下，使得网络经过反馈计算，最后达到稳定状态，这时候的输出就是用户需要的平衡点。

从系统观点看，前馈型神经网络模型的计算能力有限，具有自身的一些缺点。而反馈型神经网络是一种反馈动力学系统，比前馈型神经网络拥有更强的计算能力，可以通过反馈而加强全局稳定性。反向传播神经网络模型虽然很适合处理学习问题，但是却不适合处理组合优化问题。理论上来说，如果参数设置得当，Hopfield 神经网络可以被用来优化任何问题。反馈型神经网络中，所有神经元具有相同的地位，没有层次差别。它们之间可以互相连接，也可向自身反馈信号。

Hopfield 网络结构如图 11.15 所示。网络结构上，Hopfield 神经网络是一种单层互相全连接的反馈型神经网络。每个神经元既是输入也是输出，网络中的每一个神经元都将自己的输出通过连接权传送给所有其他神经元，同时又都接收所有其他神经元传递过来的信息。即：网络中的神经元在 t 时刻的输出状态实际上间接地与自己 $t-1$ 时刻的输出状态有关。神经元之间互相连接，所以得到的权重矩阵将是对称矩阵。

图 11.15
Hopfield 网络结构

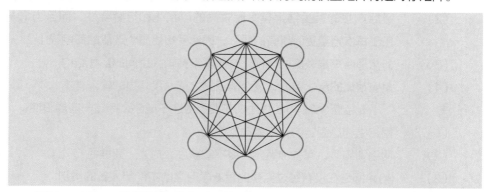

同时，Hopfield 神经网络成功引入能量函数的概念，使网络运行的稳定性判断有了可靠依据。基本的 Hopfield 神经网络是一个由非线性元件构成的全连接型单层递归系统，其状态变化可以用差分方程来表示。递归型网络的一个重要特点就是具有稳定状态：当网络达到稳定状态的时候，也就是它的能量函数达到最小的时候。这里的能量函数不是物理意义上的能量函数，而是在表达形式上与物理意义上的能量概念一致，即它表征网络状态的变化趋势，并可以依据 Hopfield 网络模型的工作运行规则不断地进行状态变化，最终能够到达具有某个极小值的目标函数。网络收敛就是指能量函数达到极小值。

Hopfield 神经网络模型有离散型和连续型两种。离散型适用于联想记忆；连续型适合处理优化问题。离散型 Hopfield 神经网络中每个神经元只取二元的离散值 0、1 或 -1、1。神经元 i 和神经元 j 之间的权重由 w_{ij} 决定。神经元有当前状态 u_i 和输出 v_i。虽然 u_i 可以是连续值，但 v_i 在离散模型中是二值的。连续型 Hopfield 神经网络中神经元的输出将是 0、1 之间的连续值，而不是之前离散型的二值。

11.6 案例分析：利用 Lending Club 数据预测借款人违约概率

Lending Club 是一个美国的网络 P2P 借贷平台。对于借贷而言，最重要的工作莫过于控制风险，即了解借款人是否能够按期如约还款。因此，当借款人向银行等机构申请贷款的时候，银行会对借款人的背景做一个详细的调查以控制贷款风险。在网络 P2P 平台上借贷款也同样需要对借款人的偿贷能力进行控制以保证贷款人的利益。在这个案例中我们将利用 Lending Club 的公开数据集建立神经网络模型对借款人的违约概率进行预测。

Lending Club 向公众开放了其贷款数据，包括贷款需求、贷款利率、贷款人情况等。为保证能够尽可能多地知道每一笔贷款的最终还贷结果，我们选取了 2016 年第二季度的数据集。数据集包含 145 个属性、97 854 个样本。简化起见，选取其中的 12 个属性作为本次案例的原始输入，包括贷款金额、利率、年收入等，如表 11.2 所示。

表 11.2
Lending Club 贷款
数据变量描述

	变量名	变量含义
输出变量	loan_status	贷款状态
输入变量	loan_amnt	贷款申请金额
	funded_amnt	申请时可用于贷款的金额
	term	贷款周期
	int_rate	利率
	grade	信用等级

变量名		变量含义
	emp_length	工作年限
	home_ownership	住房性质（自有住房、贷款、租房）
	annual_inc	年收入
输入变量	verification_status	收入来源是否核实
	purpose	贷款目的
	dti	负债率
	Delinq_2yrs	过去 2 年逾期 30 天以上次数

首先对数据进行处理。对于输出变量贷款状态而言，有坏账、正在借款期、违约、付清、缓冲期、拖欠 6 种状态。状态为正在借款期和缓冲期的样本无法确切知道其是否违约，所以将其删除。将坏账、违约、拖欠这三种状态均定义为违约。最终的输出变量为是否违约一个哑变量。

工作年限有部分申请用户未填写，因此删除这部分贷款申请样本。住房性质、贷款目的都是无序的分类变量，无法直接输入，因此需要将其转换为相对应的一组哑变量。收入来源是否核实也同样如此处理。信用等级原始数据为 A~G，显然应当是一个有序的分类变量，因此可以直接将其转换成对应的数值 1~7 作为信用分输入（转换成一组哑变量也可以）。此外，将贷款申请金额除以申请时可用于贷款的金额来求得一个值作为相对的贷款额度比例，并将其作为模型的输入。经过这些处理后，最终得到一个包含了 30 个输入变量、44 843 个样本的数据集。其中违约的样本占比约30%，样本的不平衡问题相对来说并不严重，暂时可以不做平衡处理。再进一步地，随机将其按照 70%：30% 的比例划分为训练集和测试集以保证得到的模型具备足够的泛化能力。

接下来以前馈型神经网络为例构建一个神经网络。首先是输入层的神经元。由于总共有 30 个输入变量，因此输入层需要有 30 个神经元。输入层神经元不需要激活函数。然后是输出层的神经元设计。由于我们已经将问题简化为是否违约这个二分类问题，所以在输出层有两种选择。第一种选择是只有一个神经元，那么输出的就是是否违约的概率，我们再人为设定一个阈值来将其划分为是否违约，类似于 Logistic 回归。这时候神经元的激活函数可以选择使用 Sigmoid、Tanh、ReLU 等各种激活函数。第二种选择是设置两个神经元，一个表示归属于不违约的概率，另一个表示归属于违约的概率。此时，在两个输出神经元分别输出了各自的概率后需要做一个 Softmax 处理以确定样本的类别归属。隐藏层的设计则相对来说比较自由。如果计算机硬件能力较强就可以设置多一些神经元和多层隐藏层，反之则可以少设置一些神经元并使用单层隐藏层。但通常来说隐藏层的神经元数量不会少于输入层的神经元数量。隐藏层的神经元数量和模型最终性能的关系较为复杂，受到多方面影响，在此就不展开论述了，有兴趣的读者可以自己探索。

构建完一个神经网络后，就可以对其进行训练。前馈型神经网络目前非常成熟，有大量的软件（比如 Weka）可供使用。用户只需要在图形化界面中通过鼠标点击和键盘输入参数就能完成整个模型的搭建和训练。此外，Python、R 等编程语言中也同样有成熟的库来实现神经网络。在运行神经网络的时候，通常还会在训练集中再划分出 10%~20% 的样本作为验证集以随时检验模型的性能。如果模型在验证集中的性能无法达到预期，则需要对模型进行调整。如果模型在验证集和测试集中都表现得足够出色，那么就可以将这个模型应用到实际的商业场景中了。需要注意的是，商业环境通常会随着时间变化，因此模型也需要在适当的时间重新训练更新以保证时效性。

关键术语

- 感知器 　　　　　　　Perceptron
- 激活函数 　　　　　　Active Function
- 人工神经网络 　　　　Artificial Neural Network
- 多层人工神经网络 　　Multilayer Perceptrons
- 反向传播 　　　　　　Back Propagation
- 自组织神经网络模型 　Self-organizing Map
- 学习速率 　　　　　　Learning Rate

本章小结

本章的主要内容包括感知器的工作原理、多层神经网络的概念、前馈型神经网络、反向传播算法及其他形式的多层神经网络。重点和难点在于感知器的训练过程和多层神经网络中反向传播算法的掌握。

本章首先利用生物神经网络引入人工神经网络的思想，介绍了最简单的人工神经网络——感知器，其相当于生物体中一个单独的神经细胞。

其次，对感知器的各个组成部分以及感知器的工作原理进行了详细的解释，并着重强调了感知器利用梯度下降优化算法进行训练的过程。

再次，基于感知器的基础知识，将感知器的概念扩展为更为常见的多层神经网络。介绍了不

同类型的多层神经网络，并着重讲解了前馈型神经网络，以及模型训练中常见的反向传播算法。反向传播算法利用多层神经网络的特殊结构将误差从后向前层层传递，优化了梯度优化算法的实现。随后讨论了多层神经网络实践中常见的梯度消失和梯度爆炸问题，并给出了常见的措施。

再其次，详细解释了两种其他形式的神经网络：无监督学习的自组织神经网络和反馈型网络 Hopfield 网络。

最后，以一个案例来展示神经网络在实际商业分析中的应用，以帮助学生更好地理解、掌握所学知识。

参考文献

［1］Tom M. Mitchell.机器学习［M］.曾华军，张银奎，等译.北京：机械工业出版社，2003.

［2］Amari，S. Topographic organization of nerve fields［J］. Bulletin of Mathematical Biology，1980（42）: 339-364.

第 12 章
深度学习

在前一章中我们已经学习了如何使用计算机来模拟人脑的运作机制。如前所述，虽然人工神经网络体现了人脑的运作机制的本质，但是由于当时的计算能力和算法的局限性，对其进行了极大的简化。简化带来的结果则是人工神经网络的性能不足以胜任实际工作的要求，更不用说媲美生物神经网络。随着硬件计算能力的日益提升以及算法的升级，人工神经网络进一步发展成为深度学习。深度学习中的神经网络相对于以前的神经网络主要是提升了神经元的数量、增加了隐藏层的层数，使得神经网络的实际性能得到了大幅提升。除了增加神经元和隐藏层这些简单直观的改进，深度学习还对人工神经网络模型从输入层到隐藏层的结构做了一系列的改进以进一步提升性能。这就是在本章中我们将要学习的深度学习模型的相关知识，包括深度学习的基本机制、主要的模型等。

12.1 深度学习概述

深度学习（Deep Learning）的概念大约于 2006 年提出，它源于对人工神经网络的进一步研究。传统的多层神经网络只有输入层、隐藏层、输出层，其中的隐藏层一般只使用一层，特殊情况下也仅使用几层。在神经网络模型中，特征由人工设计和抽取，其中抽取是在神经网络模型的输入之前完成。通过对神经网络进一步研究发现，一些经特殊设计的神经网络能够同时自动学习特征和分类。含有多个隐藏层的多层感知器就是一种深度学习结构，它是神经网络技术的进一步发展。近些年深度学习已经逐步形成一套完整的理论方法。

深度学习能使用非监督式或半监督式的特征学习和分层特征提取算法来替代手工获取特征，通过组合低层特征形成更加抽象的高层表示属性类别或特征，以发现数据的分布式特征表示。深度学习目前已经在多个应用领域表现出突出的性能，包括计算机视觉、图像处理、语音识别、自然语言处理等。例如，在语音识别应用中错误率降低了 30%，人脸图像处理中错误率降低了 15% 等。

12.1.1　深度学习的发展

具有深度网络结构的人工神经网络是深度学习最早的网络模型。迄今为止，深度学习已经经历了 3 次浪潮：20 世纪 40 年代到 60 年代，深度学习的雏形出现于控制论中；20 世纪 80 年代到 90 年代，深度学习表现为联结主义；直到 2006 年，深度学习概念才最终确立。

第 1 次浪潮出现在 20 世纪 40—60 年代。深度学习的前身是从神经科学的角度出发的简单线性模型，该模型被认为是受生物大脑启发而设计出来的系统，这一轮网络神经研究浪潮被称为控制论。神经元是脑功能的早期模型，该线性模型通过检验函数的正负来识别两种不同类别的输入。同一时期，自适应线性单元（Adaptive Linear Element，ADALINE）通过简单的返回函数本身的值来预测一个实数，并且还可以通过学习数据来预测这些实数。

这些简单的学习算法为现代深度学习提供了技术支撑。用于调节 ADALINE 的训练算法被称为随机梯度下降的一种特例。稍加改进后的随机梯度下降算法仍然是当今深度学习的主要训练算法。基于感知器和 ADALINE 中使用的函数 $f(x,w)$ 模型被称为线性模型。线性模型有很多局限性，最典型的是无法学习异或（XOR）函数。

第 2 次浪潮出现在 20 世纪 80 年代，在很大程度上是伴随一个被称为联结主义或并行分布处理浪潮而出现的。联结主义是在认知科学的背景下出现的。认知科学是联结思维的跨学科途径，即融合多个不同的分析层次。联结主义的其中一个概念是分布式表示，其核心思想是：系统的每一个输入都应该由多个特征表示，并且每一个特征都应该参与多个可能的输入表示。例如，假设有一个能够识别红色、绿色或蓝色的汽车、卡车和鸟类的视觉系统。按照传统组合的方法，需要红汽车、红卡车、红鸟类、绿汽车等 9 个（3×3）神经元，而用分布式表示，即用 3 个神经元描述颜色、3 个神经元描述对象身份，只需要 6 个神经元，描述红色的神经元可以从汽车、卡车、鸟类的图像中学习红色，描述卡车的神经元可以从红色、绿色、蓝色的颜色中学习卡车，因而表现出比传统方法更优越的学习能力。

第 2 次浪潮一直持续到 20 世纪 90 年代中期，BP 算法被指出存在梯度消失问题，也就是说在误差梯度后向传递的过程中，后层梯度以乘性方式叠加到前层，由于 Sigmoid 函数的饱和特性，后层梯度本来就小，误差梯度传到前层时几乎为 0，因此无法对前层进行有效的学习，该问题直接阻碍了深度学习的进一步发展。此外，支持向量机（SVM）等学习模型被提出。SVM 是一种有监督的学习模型，应用于模式识别、分类以及回归分析等方面表现出较好的学习性能。这些新的算法的提出也一定程度上延缓了深度学习的发展。

第 3 次浪潮始于 2006 年的突破。加拿大多伦多大学教授 Geoffrey Hinton 和他的学生 Ruslan Salakhutdinov 在顶尖学术刊物《科学》上发表了一篇文章，该文章提出了深层网络训练中梯度消失问题的解决方案：深度信念的神经网络可以使用一种贪婪逐层预训练的策略来有效地训练，其核心原理是无监督预训练对权值进行初始化然后再利用有监督训练微调。受该论文启发，一些科研机构也对此开展了研究工作，发现可以依赖同样的策略去训练许多其他类型的深度网络，并能系统地帮助提高在尝试样例上的泛化能力。深度学习（Deep Learning）概念由此确立，它强调现在有能力训练以前不可能训练的深层神经网络。如今深度学习在多个重要应用领域，如图像、声音、文本等都表现出优越于目前典型的其他机器学习技术。目前正开展新的无监督学习模型研究和小数据集的深度模型研究。

12.1.2 深度学习的主要过程

深度学习的基本结构是深度神经网络，例如含多个隐藏层的多层感知器就是一种深度学习结构。深度学习的动机在于建立、模拟人脑进行分析学习的神经网络，模仿人脑的机制来解释数据，通过组合低层特征形成更加抽象的高层表示属性类别或特征，以发现数据的分布式特征表示。如同传统机器学习中包括有监督学习和无监督学习两种学习方式，深度机器学习方法也分有监督学习与无监督学习。例如，卷积神经网络（Convolutional Neural Networks，CNN）就是一种深度的有监督学习下的机器学习模型，而深度置信网络（Deep Belief Nets，DBN）就是一种无监督学习下的机器学习模型。

BP 神经网络通过引入隐藏层增强了网络的复杂函数拟合能力获得很大成功，然而传统的反向传播算法（BP）在应用到更多层网络的时候面临着严重的问题，就是梯度消失问题和梯度爆炸问题，层数稍多就无法有效地计算梯度。这也成为深度学习研究中的重要研究课题。深度学习首先利用无监督学习对每一层进行逐层预训练，每次单独训练一层，并将训练结果作为下一层的输入；然后到最上层改用监督学习从上到下进行微调去学习模型。主要的训练过程如下：

（1）　　**自下而上的无监督学习。** 这个阶段是从底层开始，一层一层地往顶层训练，采用无标定数据（有标定数据也可）分层训练各层参数，这是一个无监督的特征学习过程，是和传统神经网络区别最大的部分。深度学习中的第一层对应着三层神经网络的隐藏层，学习中先用无标定数据训练该层参数。由于模型能力的限制以及稀疏性约束，因此这一层模型能够学习到数据本身的结构，同时也比输入更具有表示能力。然后逐层训练，在学习得到第 $n-1$ 层后，将 $n-1$ 层的输出作为第 n 层的输入，训练第 n 层，由此分别得到各层的参数。

（2）　　**自顶向下的有监督学习。** 这个阶段就是通过带标签的数据去训练，误差自顶向下传输，在第一步得到的各层参数的基础上，进一步微调整个多层模型的参数，以获得更优的模型参数值。深度学习的第一步不是随机初始化，而是通过学习输入数据的结构得到的，因而相比神经网络第一步的初始化权重，深度学习的初值设置会让初始的模型参数更接近全局最优。该阶段属于一个有监督训练的阶段。

12.2 卷积神经网络

卷积神经网络是目前比较流行的一种深度学习网络。与传统的网络结构不同，它包含非常特殊的卷积层和降采样层，其中卷积层和前一层采用局部连接和权值共享的方式进行连接，从而大大降低了参数数量。降采样层可以大幅降低输入维度，从而降低网络复杂度，使网络具有更高的鲁棒性，同时能够有效地防止过拟合。由于以上设计，卷积网络主要用来识别缩放、位移以及其他形式扭曲不变的二维图形，并且可以直接以原始图片作为输入，而无须进行复杂的预处理工作。

12.2.1 卷积神经网络的一般结构

常见的卷积神经网络前面几层是卷积层和降采样层交替出现的，然后跟着一定数量的全连接层。一个著名的卷积神经网络被称为 LeNet–5，如图 12.1 所示，它被大量应用于手写数字的识别。这个网络一共含有 7 层（不包含输入层），输入是 32×32 的图片。C1 是卷积层，它含有 6 个特征图，每一个的尺寸为 28×28，卷积核的尺寸为 5×5。S2 是一个降采样层，将输入由 28×28 降维成 14×14。同样，C3 是一个卷积层，S4 为一个降采样层，C5 是一个卷积核的尺寸为 1×1 的卷积层，F6 为全连接层，用于对此前学习到的局部特征进行整体学习，为后面的输出层提供更高级的特征信息。

图 12.1
LeNet–5 卷积神经
网络结构

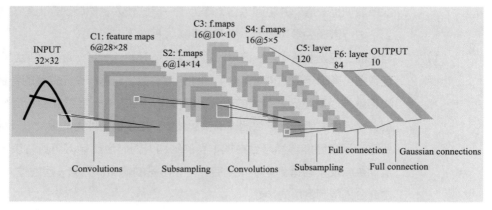

12.2.2 卷积层

卷积层（Convolutional Layer）的作用是对输入的数据应用提前设置好的滤波器（滤波器也叫卷积核，卷积时使用到的权用一个矩阵表示，行、列常用奇数，是一个权矩阵，通常定义为一个范围内的最小特征值），进行多次特征提取。滤波器的作用是对图像进行特征提取，提取出各个特征图，由此特征图的数目与滤波器的数目相等。例如，对输入的一张图像，使用 6 个 3×3 滤波器作为图像的第一卷积层，就可以得到 6 个特征图。特征图可以逐步获取，如果不断地应用滤波器，那么就可以一层一层地获取图像特征。假如滤波器的输入也是一个卷积层，那么就会从上一个特征图层中学习，并获得下一层的特征图。所以滤波器的选择至关重要，在每一层中选择不同的滤波器，将会获得不一样的特征。深度学习模型可以应用和选择已经设置好的滤波器，得到各类的特征图。如果将滤波的特征值当成输入，则可实现特征过滤，获得下一次滤波器所需的信息。

12.2.3 降采样层

降采样层也叫池化层，目的是减少特征图。在通过卷积获得了特征之后，这些特征理论上讲可以直接用于分类，如用于 Softmax 分类器，然而过量的特征容易导致过度拟合问题，同时也增加了选练的代价。例如，假设深度学习模型已经学习得到了 400 个定义在 8×8 输入上的特征，那么对于一个 96×96 像素的图像进行特征和图像卷积运算时，每一个特征和图像卷积都会得到一个（$96-8+1$）$\times$（$96-8+1$）=7 921 维的卷积特征。当这 7 921 维特征与已有的 400 个特征组合运算时，每个样例都会得到一个 $7\,921 \times 400$=3 168 400 维的卷积特征向量。目前典型的深度网络很难在规模庞大的特征向量上训练，同时训练过多的特征极易导致模型出现过度拟合问题。

现有的深度学习模型都需要对卷积层输出的特征进行选择，然而这种选择需要通过学习得到。一个图像上某些位置上出现的特征很可能在图像上的其他位置仍然有用，如果一个特征在多处都可用，那么这些特征可以进行聚合。通过聚合图像上的各类特征，能够计算出图像中一个区域上某个特定特征的最大值、最小值和平均值。通过评价和抽取主要的特征，既可以降低特征的维数，还能改善过度拟合的问题。深度学习的池化（Pooling）就是通过特征的聚合统计信息，从大量的卷积层输出的特征中抽取低维度有效特征的过程。

12.2.4 局部连接

卷积层最主要的两个特征就是局部连接和权值共享。局部连接是指卷积层的节点仅仅和其前一层的部分节点相连接，只用来学习局部特征，这和普通神经网络把输入层和隐藏层进行"全连接"的设计不同。从计算的角度看，对于较小的图像，从整幅图像中计算特征通常可行，但对于较大的图像，通过全连接的方式学习特征，时间复杂度会非常高。假如 96×96 的图像需要设计 104 个输入单元，去学习 100 个特征，那就会有 106 个参数需要去学习。与 28×28 的小图像相比较，计算过程也会慢 100 倍。

一种简单解决问题的方法是对隐含单元和输入单元间的连接加以限制：每个隐含单元只连接输入单元的一部分。每个隐含单元仅连接输入图像的一小片相邻区域（对于不同于图像输入的输入形式，也会有一些特别的连接到单隐藏层的输入信号"连接区域"选择方式）。例如，音频作为一种信号输入方式，一个隐含单元所需要连接的输入单元的子集，可能仅仅是一段音频输入所对应的某个时间段上的信号。每个隐含单元连接的输入区域大小一般被称作局部感受野（Local Receptive Field）。从图12.2 中我们可以看到，第 n+1 层的每个节点只与第 n 层的 3 个节点相连接，而非与前一层全部 5 个神经元节点相连，这样原本需要 5×3=15 个权值参数，现在只需要 3×3=9 个权值参数，减少了 40% 的参数量，同样，第 n+2 层与第 n+1 层之间也用同样的连接方式。这种局部连接的方式大幅减少了参数数量，加快了学习速率，同时也在一定程度上减少了过拟合的可能。

图 12.2
局部连接结构的
示意图

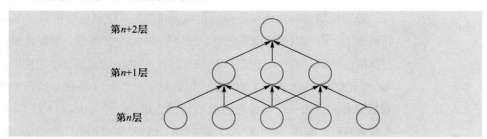

12.2.5 权值共享

卷积神经网络还有另外一大特征就是权值共享。权值共享的作用也是进一步减少参数的数量。权值共享是指利用图像空间上的局部相关性，把每个卷积核当作一种特征提取方式，而这种方式与图像数据的位置无关。这就意味着，对于同一个卷积核，它在一个区域所提取到的特征，也同样适用于其他区域。基于这种思想，将卷积层神经元与输入数据相连，同属于一个特征图谱的神经元，将共用一个权值参数矩阵，从而达到进一步减少参数数量的目的。比如一个 3×3 的卷积核，共 9 个参数，它会和输入图片的不同区域作卷积，来检测相同的特征。而只有不同的卷积核才会对应不同的权值参数，来检测不同的特征。如图 12.3 所示，通过权值共享的方法，这里一共只有 3 组不同的权值，如果只采用局部连接的方法，共需要 3×4=12 个权值参数，因此加上权值共享的方法后，更进一步地减少了参数数量。

图 12.3
权值共享结构图

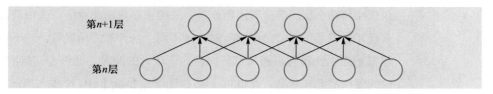

12.2.6 卷积层的卷积操作

卷积层的核心操作是卷积操作，即将输入特征图的某个子区域矩阵元素按顺序与同等尺寸的卷积核矩阵元素相乘求和。图 12.4 展示的是一个尺寸为 3×3 的卷积核与尺寸为 4×4 的输入执行卷积操作的过程，卷积核每次移动一个长度，由此可以使输出特征图中相邻神经元共享大部分输入，保证输入特征图中的某些区域不会被忽略掉。输出特征图中的一个神经元是输入数据中一个 3×3 的子区域和卷积核做卷积之后得到的结果，该 3×3 的区域即为感受野，是输出神经元所能感知到的部分。对于一个 $a \times a$ 大小的输入，$k \times k$ 的卷积核，如果移动长度为 1（$stride$=1），则输出特征图的大小为：$(a–k+1) \times (a–k+1)$。在卷积核进行特征抽取时，如果在采集输入图像的边缘特征时存在无法对齐的问题，常对输入图像的边缘进行填 0 补充，也可填充背景值补充。

图 12.4
卷积操作示意图

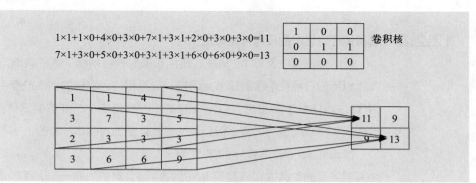

在完成卷积操作后，需要对卷积的结果加上一个偏置项（Bias），然后经过一个非线性的激励函数（如 Sigmoid 函数、Tanh 函数、ReLU 函数等）得到该层最终的输出结果：

$$x_j^l = f\left(\sum_{i \in M_j} x_i^{l-1} * k_{ij}^l + b_i^l \right) \tag{12–1}$$

式中：x_j^l 表示第 l 层的第 j 个特征图；f 表示激励函数；M 是输入特征图的集合；$*$ 表示卷积运算；k 表示卷积核；b 表示偏置项。

12.2.7 降采样层的降采样操作

降采样层主要进行降采样操作，进一步降低参数数量和模型复杂度。降采样操作通常也被称为池化操作，最常用的池化操作方法有最大池化法和平均池化法。池化操作是指在输入的特征图上以步长 s，对每个 $k \times k$ 的子区域进行特征映射（见图 12.5）。

之前我们已经阐述了深度学习中池化的概念。池化的作用在于：①保持特征不变性，也就是在图像处理中经常提到的特征的尺度不变性。池化操作就是图像的信息压缩，图像压缩时去掉的信息只是一些无关紧要的信息，而留下的信息则具有尺度不变性的特征，是最能表达图像特征的信息。②进行特征降维。一幅图像含有的信息量是很大的，特征也很多，但是有些信息对于做图像任务没有太多用途或者有重复，可以把这类冗余信息去除，把最重要的特征抽取出来。③在一定程度上防止过拟合，更方便优化。最大池化就是取子区域中的最大值作为映射的结果，而平均池化就是取子区域中的平均值作为映射的结果。如图 12.5 所示，输入特征图的大小为 4×4，对特征图中的每个 2×2 的子区域进行最大池化操作，步长为 2，即每个子区域不重叠，这样池化后得到 2×2 的输出特征图。

图 12.5
降采样操作示意图

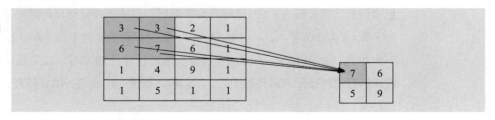

12.2.8 卷积神经网络中的反向传播算法

反向传播算法又称 BP 算法，是用于前向神经网络训练的典型方法。该算法的基本思想我们已经在前面的章节介绍过。在卷积神经网络的训练过程中，同样可以利用 BP 算法和梯度下降思想，只是针对不同的网络结构，训练的具体细节会略有不同，可根据实际情况进行调整，但是训练的整体思想是基本一致的。

假设有 m 个训练样本的集合 $\{(x^{(1)}, y^{(1)}), (x^{(2)}, y^{(2)}), \cdots, (x^{(m)}, y^{(m)})\}$，神经网络需要学习的参数为权值向量 W 和偏置项 b，对单独的一个训练样本 (x, y)，损失函数的定义如下：

$$J(W, b, x, y) = \frac{1}{2} \|h_{W,b}(x) - y\|^2 \tag{12-2}$$

式中：y 为真实结果；$h_{W,b}(x)$ 为神经网络的预测输出，对于包含 m 个样本的训练数据，定义整体损失函数为：

$$J(W, b) = \frac{1}{m} \sum_{i=1}^{m} J(W, b, x^{(i)}, y^{(i)}) = \frac{1}{m} \sum_{i=1}^{m} \left(\frac{1}{2} \|h_{W,b}(x^{(i)}) - y^{(i)}\|^2 \right) \tag{12-3}$$

训练中，需要通过优化参数 W 和 b，来最小化损失函数 $J(W, b)$。首先，初始化参数向量 W 和 b，一般初始化为接近 0 的随机值，然后对目标函数使用比如梯度下降的优化方法来优化参数。注意，必须对参数向量随机初始化，而不是全部初始化为 0 或是相同的数。如果参数向量的所有分量都初始化为相同的数值，那么隐藏层的多个不同的神经元可能会学到相同内容，这样会导致最终学习的效果变差。通常来说，神经网络的损失函数 $J(W, b)$ 是个非凸函数，往往会收敛于局部最小值，但在实际应用中，梯度下降法仍然能得到较好的结果。

通过对式 12-3 进行偏导运算获得式 12-4 和式 12-5，分别代表着权重的下降方向和阈值的下降方向。梯度下降算法的核心是按式 12-6 和式 12-7 对参数进行更新，

其中 α 是学习步长。由于神经网络包含多个隐藏层，但隐藏层和输出层并不直接相连，所以需要用到链式求导法则。

$$\frac{\partial}{\partial W_{ij}^{(l)}} J(W, b) \qquad (12-4)$$

$$\frac{\partial}{\partial b_i^{(l)}} J(W, b) \qquad (12-5)$$

$$W_{ij}^{(l)} = W_{ij}^{(l)} - \alpha \frac{\partial}{\partial W_{ij}^{(l)}} J(W, b) \qquad (12-6)$$

$$b_i^{(l)} = b_i^{(l)} - \alpha \frac{\partial}{\partial b_i^{(l)}} J(W, b) \qquad (12-7)$$

反向传播算法的一般推导过程如下：

设 J 为损失函数，L 为神经网络的总层数，$W_{jk}^{(l)}$ 为连接第（$l-1$）层第 k 个神经元到第 l 层第 j 个神经元之间的权值向量，$b_j^{(l)}$ 代表的是第 l 层的第 j 个神经元的偏置项，$a_j^{(l)}$ 表示第 l 层的第 j 个神经元的激励输出结果，即：$a_j^{(l)} = f\left(\sum_k W_{jk}^{(l)} a_k^{(l-1)} + b_j^{(l)}\right)$，其中 f 为激励函数，所以最后一层的预测输出为 $a^{(L)}$。$z_j^{(l)}$ 表示第 l 层的第 j 个神经元的输入值，即：$z_j^{(l)} = \sum_k W_{jk}^{(l)} a_k^{(l-1)} + b_j^{(l)}$。$\delta_j^{(l)}$ 表示第 l 层的第 j 个神经元的残差（真实值与预测值之间的误差），其计算式为：

$$\delta_j^{(l)} = \frac{\partial J}{\partial z_j^{(l)}} \qquad (12-8)$$

下面计算第 l 层的第 j 个神经元的残差：$\delta_j^{(l)}$，推导过程如下：

$$\delta_j^{(l)} = \frac{\partial J}{\partial z_j^{(l)}} = \sum_k \frac{\partial J}{\partial z_k^{(l+1)}} \cdot \frac{\partial z_k^{(l+1)}}{\partial a_j^{(l)}} \cdot \frac{\partial a_j^{(l)}}{\partial z_j^{(l)}}$$

$$= \sum_k \delta_k^{(l+1)} \cdot \frac{\partial(W_{kj}^{(l+1)} a_j^{(l)} + b_k^{(l+1)})}{\partial W_{kj}^{(l+1)}} \cdot f'(z_j^{(l)})$$

$$= \sum_k \delta_k^{(l+1)} \cdot W_{kj}^{(l+1)} \cdot f'(z_j^{(l)}) \qquad (12-9)$$

计算权重参数 $W_{jk}^{(l)}$ 的偏导数：

$$\frac{\partial J}{\partial W_{jk}^{(l)}} = \frac{\partial J}{\partial z_j^{(l)}} \cdot \frac{\partial z_j^{(l)}}{\partial W_{jk}^{(l)}} = \delta_j^{(l)} \cdot \frac{\partial(W_{jk}^{(l)} a_k^{(l-1)} + b_j^{(l)})}{\partial W_{jk}^{(l)}} = a_k^{(l-1)} \delta_j^{(l)} \qquad (12-10)$$

计算偏置 $b_j^{(l)}$ 的偏导数：

$$\frac{\partial J}{\partial b_j^{(l)}} = \frac{\partial J}{\partial z_j^{(l)}} \cdot \frac{\partial z_j^{(l)}}{\partial b_j^{(l)}} = \delta_j^{(l)} \cdot \frac{\partial(W_{jk}^{(l)} a_k^{(l-1)} + b_j^{(l)})}{\partial b_j^{(l)}} \qquad (12-11)$$

式 12-10 和式 12-11 计算后，可按式 12-6 和式 12-7 对权值向量和偏置进行更新。

12.2.9 卷积神经网络中的梯度下降

卷积神经网络常用于分类任务，因此其末尾通常会用一个 Softmax 回归分类器。在本小节讲解梯度下降算法中，我们也会以 Softmax 为例进行公式推算。Softmax 回归在人工神经网络的章节中也有所提及，它是逻辑回归由二分类推广到多分类得到的。在多分类问题中，标签一般有多个（k 个），如有 10 个类别，即 $k=10$。Softmax 回归是逻辑回归在多分类情况下的推广。

假设有 m 个训练样本的集合 $\{(x^{(1)}, y^{(1)}), (x^{(2)}, y^{(2)}) \cdots (x^{(m)}, y^{(m)})\}$，对于二分类问题，$y^{(i)} \in \{0, 1\}$，有如下表达式：

$$p(y=1|x;\theta) = h_\theta(x) \tag{12-12}$$

$$p(y=0|x;\theta) = 1 - h_\theta(x) \tag{12-13}$$

式中：p 表示概率值；θ 为需要优化的参数向量；$h_\theta(x)$ 为假设函数。在逻辑回归中，激励函数一般为 Sigmoid 函数，此时得到：

$$h_\theta(x) = g(\theta^T x) \tag{12-14}$$

$$g(x) = \frac{1}{1 + e^{-x}} \tag{12-15}$$

将式 12-12 和式 12-13 合并，得到如下等式：

$$p(y|x;\theta) = [h_\theta(x)]^y [1 - h_\theta(x)]^{1-y} \tag{12-16}$$

然后用极大似然估计，计算关于 θ 的似然函数：

$$l(\theta) = \prod_{i=1}^{m} [h_\theta(x^{(i)})]^{y^{(i)}} [1 - h_\theta(x^{(i)})]^{1-y^{(i)}} \tag{12-17}$$

取对数，得到：

$$\lg l(\theta) = \sum_{i=1}^{m} [y^{(i)} \lg h_\theta(x^{(i)}) + (1 - y^{(i)}) \lg (1 - h_\theta(x^{(i)}))] \tag{12-18}$$

于是损失函数为：

$$J(\theta) = -\frac{1}{m} \sum_{i=1}^{m} [y^{(i)} \lg h_\theta(x^{(i)}) + (1 - y^{(i)}) \lg (1 - h_\theta(x^{(i)}))] \tag{12-19}$$

由于该函数较为复杂，很难直接求解出 θ 的准确值，但数学上能够证明该损失函数是凸函数，因此可以用梯度下降法求解 θ 的值。对 θ_j 求偏导：

$$\frac{\partial J(\theta)}{\partial \theta_j} = -\frac{1}{m} \sum_{i=1}^{m} \left\{ \left[\frac{y^{(i)}}{g(\theta^T x^{(i)})} - \frac{1 - y^{(i)}}{1 - g(\theta^T x^{(i)})} \right] \cdot g(\theta^T x^{(i)})(1 - g(\theta^T x^{(i)})) x_j^{(i)} \right\}$$

$$= -\frac{1}{m} \sum_{i=1}^{m} \{ [y^{(i)}(1 - g(\theta^T x^{(i)})) - (1 - y^{(i)}) g(\theta^T x^{(i)})] x_j^{(i)} \}$$

$$= -\frac{1}{m} \sum_{i=1}^{m} \{ [y^{(i)} - g(\theta^T x^{(i)})] x_j^{(i)} \} \tag{12-20}$$

所以参数向量的更新公式为：

$$\theta_j := \theta_j - \alpha\left(-\frac{1}{m}\sum_{i=1}^{m}\left\{ \left[y^{(i)} - g(\theta^T x^{(i)}) \right] x_j^{(i)} \right\} \right) \qquad (12\text{-}21)$$

即：

$$\theta_j := \theta_j - \alpha\frac{1}{m}\sum_{i=1}^{m}\left\{ \left[g(\theta^T x^{(i)}) - y^{(i)} \right] x_j^{(i)} \right\} \qquad (12\text{-}22)$$

其中 α 为学习步长。在多分类问题上，Softmax 回归对逻辑回归进行了扩展。假设有 k 个类别，则有 $y^{(i)} \in \{1,2,3,\cdots,k\}$。

对于给定的输入 x，我们需要计算它属于每一个类别 j 的概率值 $p(y{=}j|x)$，所以在 Softmax 回归中，假设函数 $h_\theta(x)$ 将会输出一个 k 维的向量来表示输入属于每一个类别的概率。定义假设函数 $h_\theta(x)$ 如下：

$$h_\theta(x^{(i)}) = \begin{bmatrix} p(y^{(i)} = 1 | x^{(i)};\theta) \\ p(y^{(i)} = 2 | x^{(i)};\theta) \\ \vdots \\ p(y^{(i)} = k | x^{(i)};\theta) \end{bmatrix} = \frac{1}{\sum_{j=1}^{k}\exp^{\theta_j^T x^{(i)}}} \begin{bmatrix} e^{\theta_1^T x^{(i)}} \\ e^{\theta_2^T x^{(i)}} \\ \vdots \\ e^{\theta_k^T x^{(i)}} \end{bmatrix} \qquad (12\text{-}23)$$

其中 $\theta_1,\theta_2,\cdots,\theta_k$ 是需要学习的模型参数向量，为保证所有的概率之和为 1，式 12-23 中 $\sum_{j=1}^{k}\exp^{\theta_j^T x^{(i)}}$ 用于归一化的作用。定义示性函数：

$$I\{\text{表达式的值为真}\}=1 \qquad (12\text{-}24)$$

$$I\{\text{表达式的值为假}\}=0 \qquad (12\text{-}25)$$

逻辑回归的损失函数可转换为：

$$J(\theta) = -\frac{1}{m}\sum_{i=1}^{m}\left[y^{(i)}\lg h_\theta(x^{(i)}) + (1 - y^{(i)})\lg (1 - h_\theta(x^{(i)})) \right]$$

$$= -\frac{1}{m}\left[\sum_{i=1}^{m}\sum_{j=0}^{1} 1\{y^{(i)} = j\}\lg p(y^{(i)} = j | x^{(i)};\theta) \right] \qquad (12\text{-}26)$$

其中 $p(y^{(i)} = j | x^{(i)};\theta)$ 为：

$$p(y^{(i)} = j | x^{(i)};\theta) = \frac{e^{\theta_j^T x^{(i)}}}{\sum_{l=1}^{k} e^{\theta_l^T x^{(i)}}} \qquad (12\text{-}27)$$

当将式 12-27 推广到多分类，则 Softmax 回归的损失函数为：

$$J(\theta) = -\frac{1}{m}\left[\sum_{i=1}^{m}\sum_{j=0}^{k} 1\{y^{(i)} = j\}\lg \frac{e^{\theta_j^T x^{(i)}}}{\sum_{l=1}^{k} e^{\theta_l^T x^{(i)}}} \right] \qquad (12\text{-}28)$$

计算梯度：

$$\nabla_{\theta_j}J(\theta) = -\frac{1}{m}\sum_{i=1}^{m}\left[x^{(i)}(1\{y^{(i)} = j\}) - \frac{e^{\theta_j^T x^{(i)}}}{\sum_{l=1}^{k} e^{\theta_l^T x^{(i)}}} \right] \qquad (12\text{-}29)$$

根据上面的梯度表达式，可以使用梯度下降法来最小化损失函数，参数的更新规则为：$\theta_j := \theta_j - \alpha\nabla\theta_j J(\theta)$，其中 $j=1,2,\cdots,k$，α 为学习步长。

12.3 其他类型的深度学习神经网络

12.3.1 循环神经网络

虽然前馈型神经网络已经取得很大成功，但由于它无法明确模拟时间关系，并且所有数据点都是固定长度的向量，这导致了一些现实问题无法适用，因此就诞生了循环神经网络（Recurrent Neural Network，RNN）。循环即自我调用，循环神经网络与其他网络的不同之处在于它的隐藏层是能够跨越时间点的自连接隐藏层，隐藏层的输出不仅进入输出端，还进入了下一个时间步骤的隐藏层，所以它能够持续保留信息，能够根据之前状态推出后面的状态。这些网络中具有循环结构，能够使信息持续保存。过去的若干年里，在许多问题上使用循环神经网络已经取得了难以置信的成功，如语音识别、语言建模、机器翻译、图像字幕等。

循环神经网络序列是一种根据时间序列或字符序列进行自我调用的特殊神经网络。将它按序列展开后，就成为常见的三层神经网络，常应用于语音识别。循环神经网络的循环结构如图 12.6 所示。

图 12.6
循环神经网络的
循环结构

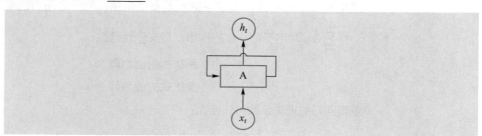

图 12.6 中，一组神经网络 A，接收参数，输出，循环 A 可以使信息从网络的某个步骤中传递到下一个步骤。它们与常规神经网络并非完全不同，可以将循环神经网络想象成有多层相同网络的神经网络，每一层将信息传递给下一层。展开循环后，如图 12.7 所示。

图 12.7
展开的循环神经网络

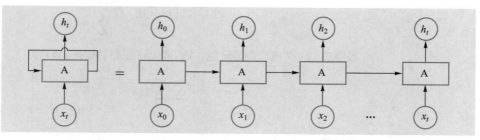

这种链状的性质表明，循环神经网络与序列和列表密切相关，这是处理这种数据所使用的神经网络的自然结构。RNN 每个时间状态的网络拓扑结构相同，在任意 t 时间下，包含输入层、隐藏层、输出层。RNN 的隐藏层的输出一分为二，一份传给输出层，一份与下一时刻输入层的输出一起作为隐藏层的输入。RNN 的激活函数仍为 Sigmoid 函数或 Tanh 函数。

标准 RNN 的重复模块只包含一个 Tanh 函数，如图 12.8 所示。

图 12.8
RNN 重复模块示意图

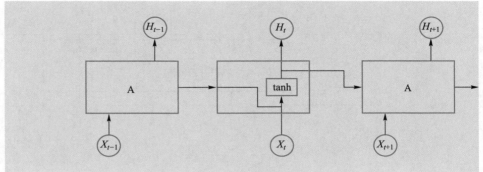

在一个应用 RNN 预测单词的案例中，假设只有四种字母的词汇 "hello"，然后想要用训练序列 "hello" 训练一个 RNN。这个训练序列实际上是来自 4 个独立的训练案例：①字母 e 应该在字母 h 出现的情况下才可能出现；②字母 l 应该出现在 he 出现的情况下；③字母 l 同样可以出现在 hel 出现的情况下；④字母 o 应该出现在 hell 出现的情况下。

12.3.2　长短期记忆网络

RNN 强调的一点就是，它们可能将前期信息与当前任务连接。如果 RNN 能够做到这点，它们会非常有用，但是它在某些情况下并不能做到这一点。例如，考虑一个语言模型，试图根据之前单词预测下一个。如果要预测 "the clouds are in the sky" 中最后一个单词，我们不需要更多的上下文——很明显下一个单词会是 "sky"。在这种情况下，如果相关信息与预测位置的间隔比较小，RNN 可以学会使用之前的信息。

但我们也有需要更多上下文的情况。考虑试图预测 "I grew up in France...I speak fluent French" 中最后一个词。最近信息显示下一个词可能是一门语言的名字，但是如果想要缩小选择范围，则需要包含 "法国" 的那段上下文，从前面的信息推断后面的单词。相关信息与预测位置的间隔很大是完全有可能的。不幸的是，随着这种间隔的拉长，RNN 就会无法学习连接信息。因此 RNN 也有缺点，跨时间步的反向传播扩展会有梯度消失问题，梯度消失会使 RNN 的长时记忆失效。

长短期记忆（Long-Short Term Memory，LSTM）网络是一种特殊的 RNN，能够学习长期依赖关系。它们由 Hochreiter 和 Schmidhuber 提出，能够解决梯度消失问题。在后期工作中又由许多人进行了调整和普及，LSTM 被设计成能够避免长期依赖关系问题的模型。所有的循环神经网络都具有一连串重复神经网络模块的形式。在标准的 RNN 中，这种重复模块有一种非常简单的结构，如图 12.8 中所示的结构，比如单个 Tanh 层。而在 LSTM 同样也有这种结构，但是重复模块有不同的结构。它有四层以特殊的方式相互作用的神经网络层，而不是单个神经网络层。结构如图 12.9 所示。

图 12.9
LSTM 重复模块示意图

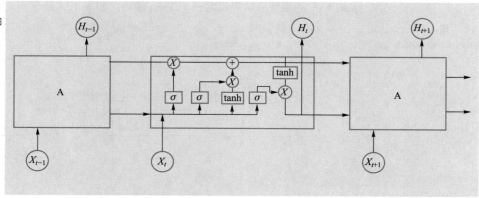

图 12.10
LSTM 神经元结构
示意图

LSTM 中的重复模块包含四个相互作用的激活函数（三个 Sigmoid，一个 Tanh），图中每条线代表一个完整向量，表示从一个节点的输出到其他节点的输入。圆圈代表逐点操作，比如向量加法；而方框代表门限激活函数。线条合并表示串联，线条分差表示复制内容并输出到不同地方，整个过程表示一个存储单元。

这个模型中，常规的神经元被存储单元替代，每个存储单元由输入门、输出门、遗忘门自有状态组成，如图 12.10 所示。

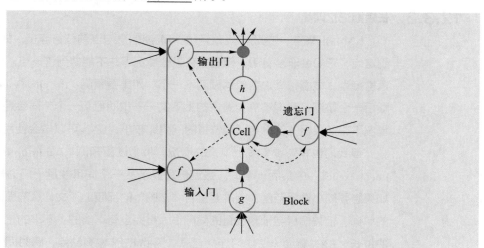

LSTM 的核心是 Cell 的状态，通过"门"来控制流入 Cell 信息，Sigmoid 层的输出为 1 则代表信息全部通过，输出为 0 表示内容被完全阻隔。LSTM 单元包含三个门来控制 Cell 状态，分别为输入门、输出门和遗忘门。在时刻 t，Cell 的状态通过式 12-30、式 12-31、式 12-32、式 12-33 和式 12-34 进行更新。

$$i_t = \sigma\left(W_i\left[h_{t-1}, X_t\right] + b_i\right) \qquad (12\text{--}30)$$

$$f_t = \sigma\left(W_f\left[h_{t-1}, X_t\right] + b_f\right) \qquad (12\text{--}31)$$

$$o_t = \sigma\left(W_o\left[h_{t-1}, X_t\right] + b_o\right) \qquad (12\text{--}32)$$

$$c_t = f_t \otimes c_{t-1} + i_t \otimes \tanh\left(W_c\left[h_{t-1}, X_t\right] + b_c\right) \qquad (12\text{--}33)$$

$$h_t = o_t \otimes \tanh\left(c_t\right) \qquad (12\text{--}34)$$

式中：i_t、f_t、o_t 和 c_t 分别代表在时刻 t 输入门、遗忘门、输出门和 Cell 的输出；b_i、b_f、b_o、b_c 分别为偏置向量；W_i、W_f、W_o、W_c 为权重矩阵。遗忘门负责控制继续保存长期状态 c，它决定了上一时刻的单元状态有多少保留到当前时刻。输入门负责控制把即时状态输入到长期状态 c，它决定了当前时刻网络的输入有多少保存到单元状态。输出门负责控制是否把长期状态 c 作为当前的 LSTM 的输出，控制单元状态有多少输出到 LSTM 的当前输出值。

原始 RNN 的隐藏层只有一个状态（h），它对于短期的输入非常敏感。在 LSTM 中添加增加一个状态，即 c，让它来保存长期的状态，那么就可以解决对短期输入敏感的问题，如图 12.11 所示。新增加的状态 c，称为单元状态（Cell State）。

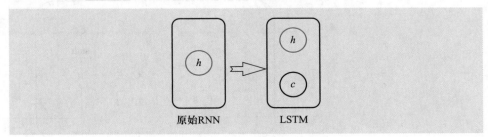

把 LSTM 按照时间维度展开，结果如图 12.12 所示。

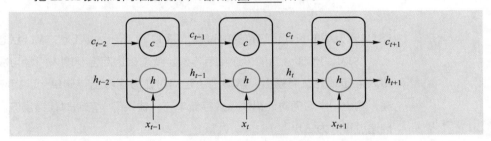

图 12.12 表明，在 t 时刻，LSTM 的输入有三个：当前时刻网络的输入值 x_t、上一时刻 LSTM 的输出值 h_t-1、上一时刻的单元状态 c_t-1；LSTM 的输出有两个：当前时刻 LSTM 的输出值 h_t 和当前时刻的单元状态 c_t。这些变量都是向量。

LSTM 运行的关键，就是控制长期状态 c。主要思路是使用三个控制开关来计算。第一个开关，负责控制继续保存长期状态 c；第二个开关，负责控制把即时状态输入到长期状态 c；第三个开关，负责控制是否把长期状态 c 作为当前的 LSTM 的输出。三个开关的作用如图 12.13 所示。

在算法中开关的实现主要是通过门（gate），如图 12.13 所示。门实际上就是一层全连接层，输入是一个向量，输出是一个 0 到 1 之间的实数向量，如式 12–35 所示。

$$g(x)=\sigma(Wx+b) \tag{12–35}$$

式中：σ 表示 Sigmoid 函数；W 表示权重；x 表示输入值；b 表示偏置项。大多数门采用 Sigmoid 作为激活函数。

LSTM 的核心是单元状态，即传输过程，如图 12.14 中的水平线，它表示的是

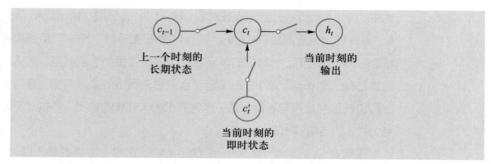

图 12.13
长期状态 c 的控制

上一个时刻的
长期状态

当前时刻的
输出

当前时刻的
即时状态

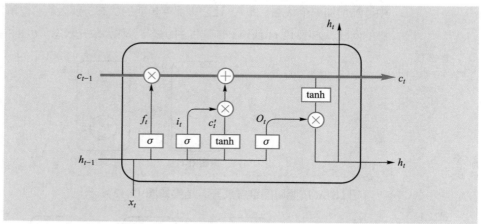

图 12.14
单元状态以及长期
记忆传递的过程

LSTM 单元中的长期记忆传递的过程，图 12.14 所示为 $t-1$ 状态到 t 状态。

　　LSTM 的传递分为前传递和后传递。就前传递而言，输入门学习决定何时让激活传入存储单元，而输出门学习则决定何时让激活传出存储单元。相应地，对于后传递，输出门学习何时让错误流入存储单元，输入门学习何时让错误流出存储单元。正传递过程分为三步。

　　第一步：通过遗忘门决定哪些信息从单元状态中抛弃。t 时刻输入的信息 x_t 和上一时间节点 $t-1$ 的输出结果 h_{t-1} 共同决定 $t-1$ 时刻有多少信息不需要保留至 t 时刻，t 时刻的输入值通过 Sigmoid 函数将多维的向量变为一个 0 到 1 之间的数值，来决定 $t-1$ 状态需要保留至 t 状态的信息量的比重，示意图如图 12.15 所示。

图 12.15
LSTM 遗忘门

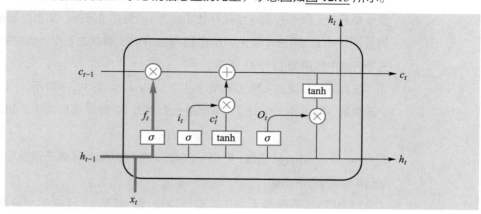

$$f_i=\sigma\left(W_f\cdot[\,h_{t-1},x_t\,]+b_f\right) \tag{12-36}$$

式中：σ 表示 Sigmoid 函数；W_f 是遗忘门连接的权重矩阵；h_{t-1} 是上一个时间节点的输出；x_t 是 t 时刻输入层的输入值；b_f 是遗忘门的偏置项。

第二步：通过输入门决定单元状态中保存哪些新信息，即它决定了当前时刻网络的输入 x_t 和上一节点的输出 h_{t-1} 有多少保存到单元状态 c_t。这个过程又分为两步：生成临时新状态和更新旧状态。生成临时新状态的过程是当前时刻网络的输入 x_t 和上一节点的输出 h_{t-1} 有多少经过 Tanh 激活函数计算得到临时记忆状态 c'_t，其中的 Tanh 函数和 Sigmoid 函数结构类似，只是 Tanh 的输出范围为 –1 到 1，可以相互转换，如式 12-37 所示。更新旧状态的过程是当前时刻网络的输入 x_t 和上一节点的输出 h_{t-1} 有多少经过 Sigmoid 激活函数计算得到 i_t，即有多少旧状态可以得到更新，这个过程是为了避免当前无关信息进入长期记忆中，如式 12.38 所示。输入门的示意图如图 12.16 所示。

图 12.16
LSTM 输入门

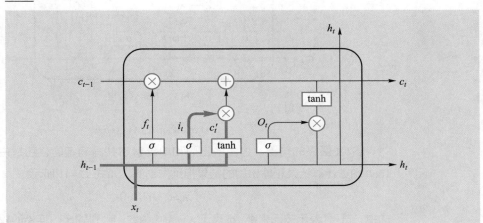

$$c'_t=\tanh\left(W_c\cdot[\,h_{t-1},x_t\,]+b_c\right) \tag{12-37}$$

$$i_t=\sigma\left(W_i\cdot[\,h_{t-1},x_t\,]+b_i\right) \tag{12-38}$$

式中：σ 表示 Sigmoid 函数；c'_t 是 t 时刻临时状态；i_t 是输入门中计算的当前状态所占比重；W_c 是单元状态连接的权重矩阵；W_i 是输入门连接的权重；h_{t-1} 是上一个时间节点的输出；x_t 是 t 时刻输入层的输入值；b_c 是单元状态的偏置项；b_i 是输入门的偏置项。

第三步：通过输出门决定要输出什么。这步的输出也分为两部分：一部分是当前时刻单元状态的输出；另一部分是当前时刻 LSTM 最终的输出。第三步的示意图如图 12.17 所示。

当前时刻的单元状态是由上一次的单元状态按元素乘以遗忘门，再用当前输入的单元状态按元素乘以输入门，最后将两个积加和产生的，如式 12-39 所示。当前时刻 LSTM 最终的输出是由输出门决定的，输出门的计算原理与遗忘门、输入门相同，如式 12-40 所示。

$$c_t=f_t^{\circ}c_{t-1}+i_t^{\circ}c'_t \tag{12-39}$$

图 12.17

单元状态输出与
LSTM 最终输出

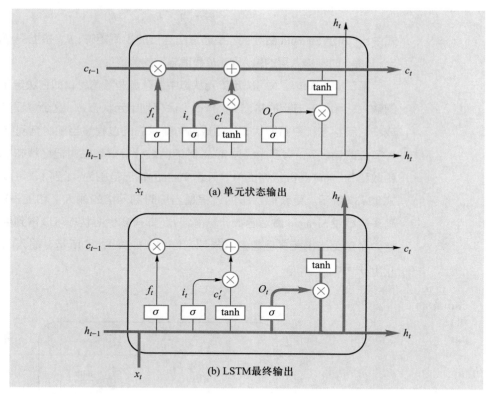

(a) 单元状态输出

(b) LSTM最终输出

$$o_t = \sigma \left(W_o \cdot \left[h_{t-1}, x_t \right] + b_o \right) \tag{12-40}$$

LSTM 最终的输出，是由输出门和单元状态共同确定的，它是由单元状态经过 Tanh 函数计算结果和输出门的结果相乘得到的，如式 12–41 所示。

$$h_t = o_t \circ \tanh \left(c_t \right) \tag{12-41}$$

式中：符号 $\circ$ 表示按元素乘；σ 表示 Sigmoid 函数；W_o 是输出门连接的权重矩阵；h_{t-1} 是上一个时间节点的输出；x_t 是 t 时刻输入层的输入值；b_o 是输出门的偏置项；c_t' 是 t 时刻临时状态；o_t 是 t 时刻输出门中的单元状态在输出中所占比重；c_t 是 t 时刻的状态。

从工作原理上，LSTM 的反向传播训练算法主要有三步：

（1）   前向计算每个神经元的输出值。一共有 5 个变量，计算方法就是前传递的结果。

（2）   反向计算每个神经元的误差项值。LSTM 误差项的反向传播包括两个方向：一个是沿时间的反向传播，即从当前 t 时刻开始，计算每个时刻的误差项；另一个是将误差项向上一层传播。

（3）   根据相应的误差项，计算每个权重的梯度。

12.3.3 递归神经网络

因为神经网络的输入层单元个数是固定的，因此必须用循环或者递归的方式来处理长度可变的输入。循环神经网络实现了前者，通过将长度不定的输入分割为等长度的小块，然后再依次输入到网络中，从而实现了神经网络对变长输入的处理。一个典型的例子是，当我们处理一句话的时候，可以把一句话看作词组成的序列，然后，每次向循环神经网络输入一个词，如此循环直至整句话输入完毕，循环神经网络将产生对应的输出。如此，我们就能处理任意长度的句子。然而，有时候把句子看做词的序列是不够的，比如"两个外语学院的学生"这句话是有歧义的：一个是"两个外语学院 / 的学生"，也就是学生可能有许多，但他们来自两所外语学院；另一个是"两个 / 外语学院的学生"，也就是只有两个学生，他们都是外语学院的。为了能够让模型区分出两个不同的意思，模型必须能够按照树结构去处理信息，而不是序列，这就是递归神经网络的作用。当面对按照树 / 图结构处理信息更有效的任务时，递归神经网络通常都会获得不错的结果。

当然，循环神经网络也确实可以归类到递归神经网络。从广义上说，递归神经网络分为结构递归神经网络和时间递归神经网络。从狭义上说，递归神经网络通常指结构递归神经网络，而时间递归神经网络则称为循环神经网络。两者最主要的差别就在于 Recurrent Neural Network 是在时间维度展开，Recursive Neural Network 在空间维度展开。

12.3.4 图神经网络

尽管传统的深度学习方法被应用在提取欧氏空间数据的特征方面取得了巨大的成功，但许多实际应用场景中的数据是从非欧式空间生成的，传统的深度学习方法在处理非欧式空间数据上的表现却仍难以使人满意。例如，在电子商务中，一个基于图（Graph）的学习系统能够利用用户和产品之间的交互来做出非常准确的推荐，但图的复杂性使得现有的深度学习算法在处理时面临着巨大的挑战。这是因为图是不规则的，每个图都有一个大小可变的无序节点，图中的每个节点都有不同数量的相邻节点，导致一些重要的操作（如卷积）在图像（Image）上很容易计算，但不再适合直接用于图。此外，现有深度学习算法的一个核心假设是数据样本之间彼此独立。然而，对于图来说，情况并非如此，图中的每个数据样本（节点）都会有边与图中其他数据样本（节点）相关，这些信息可用于捕获实例之间的相互依赖关系。

近年来，人们对深度学习方法在图上的扩展越来越感兴趣。在多方因素的成功推动下，研究人员借鉴了卷积网络、循环网络和深度自动编码器的思想，定义和设计了用于处理图数据的神经网络结构，由此图神经网络（Graph Neural Networks，GNN）应运而生。图神经网络可以划分为五大类别：图卷积网络（Graph Convolution Networks，GCN）、图注意力网络（Graph Attention Networks）、图自编码器（Graph Autoencoders）、图生成网络（Graph Generative Networks）和图时空网络（Graph Spatial-temporal Networks）。本书将以图卷积网络为例对图神经网络进行介绍。

图卷积网络将卷积运算从传统数据（如图像）推广到图数据。其核心思想是学习一个函数映射 $f(\cdot)$，通过该映射图中的节点 v_i 可以聚合它自己的特征 x_i 与它的邻居

特征 x_j（$j \in N(v_i)$）来生成节点 v_i 的新表示。图卷积网络是许多复杂图神经网络模型的基础，包括基于自动编码器的模型、生成模型和时空网络等。GCN 方法又可以分为两大类：基于谱（Spectral-based）和基于空间（Spatial-based）。基于谱的方法从图信号处理的角度引入滤波器来定义图卷积，其中图卷积操作被解释为从图信号中去除噪声。基于空间的方法将图卷积表示为从邻域聚合特征信息，当图卷积网络的算法在结点层次运行时，图池化模块可以与图卷积层交错，将图粗化为高级子结构。如图 12.18 所示，这种架构设计可用于提取图的各级表示和执行图分类任务。本书将重点讲述基于空间的 GCN。

图 12.18
GCN 架构示意图

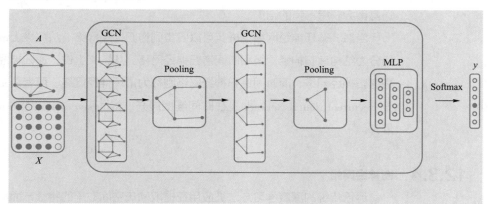

基于空间的图卷积神经网络的思想主要源于传统卷积神经网络对图像的卷积运算，不同的是基于空间的图卷积神经网络是基于节点的空间关系来定义图卷积的。为了将图像与图关联起来，可以将图像视为图的特殊形式，每个像素代表一个节点。如图 12.19 所示，每个像素直接连接到其附近的像素。通过一个 3×3 的窗口，每个结点的邻域是其周围的 8 个像素。这 8 个像素的位置表示一个结点的邻居的顺序。然后，通过对每个通道上的中心结点及其相邻结点的像素值进行加权平均，对该 3×3 窗口应用一个滤波器。由于相邻结点的特定顺序，可以在不同的位置共享可训练权重。同样，对于一般的图，基于空间的图卷积将中心结点表示和相邻结点表示进行聚合，以获得该结点的新表示。

图 12.19
图像卷积示意图

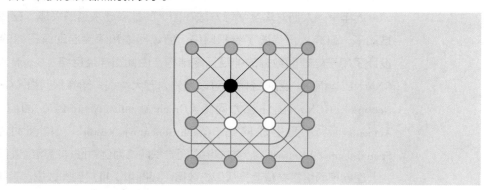

一种常见的操作是将多个图卷积层叠加在一起。根据卷积层叠的不同方法，基于

空间的 GCN 可以进一步分为两类: Recurrent-based 和 Composition-based 的空间 GCN。Recurrent-based 的方法使用相同的图卷积层来更新隐藏表示, Composition-based 的方法使用不同的图卷积层来更新隐藏表示。

图形神经网络的应用领域:

(1) 计算机视觉是图神经网络最大应用领域之一。研究人员在场景图生成、点云分类与分割、动作识别等多个方面探索了利用图结构的方法。

(2) 电子商务中基于图的推荐系统。系统以订单和用户为节点, 通过利用订单与订单、用户与用户、用户与订单之间的关系以及内容信息, 基于图的推荐系统能够生成高质量的推荐。

(3) 交通运输领域。有学者采用基于图的时空神经网络方法来预测交通网络中的交通速度、交通量或道路密度。模型的输入是一个时空图。在这个时空图中, 节点由放置在道路上的传感器表示, 边由阈值以上成对节点的距离表示, 每个节点都包含一个时间序列作为特征。目标是预测一条道路在时间间隔内的平均速度。另一个有趣的应用是出租车需求预测。这有助于智能交通系统有效利用资源, 节约能源。

(4) 研究分子的图结构, 它们可以用来学习分子指纹、预测分子性质、推断蛋白质结构、合成化合物。

(5) 除了以上四个领域外, 图神经网络还可以应用于其他问题, 如程序验证、程序推理、社会影响预测、对抗性攻击预防、电子健康记录建模、脑网络、事件检测和组合优化。

12.3.5 生成式对抗网络

生成式对抗网络（Generative Adversarial Net, GAN）是目前非常热门的一种深度学习模型。GAN 是由蒙特利尔大学 Ian Goodfellow 在 2014 年提出的机器学习架构。GAN 最初是作为一种无监督的机器学习模型, 生成对抗网络的变体也有很多, 如 GAN、DCGAN、CGAN、ACGAN 等。GAN 实际上由两个模型组成: 生成模型（Generative Model）和判别模型（Discriminative Model）。生成模型的任务是生成看起来自然真实的、和原始数据相似的实例, 而判别模型的任务是判断给定的实例是自然真实的还是人为伪造的（真实实例来源于数据集, 伪造实例来源于生成模型）。

GAN 的基本思想: 假设有一种概率分布 M, 它相对于我们是一个黑盒子。为了了解这个黑盒子中的东西是什么, 我们构建了两个东西 G 和 D, G 是另一种我们完全知道的概率分布, D 用来区分一个事件是由黑盒子中那个不知道的东西产生的还是由我们自己设的 G 产生的。不断地调整 G 和 D, 直到 D 不能把事件区分出来为止。在调整过程中, 需要优化 G 使它尽可能地让 D 混淆、优化 D 使它尽可能地能区分出假冒的东西。当 D 无法区分出事件的来源的时候, 可以认为, G 和 M 是一样的。从而了解到黑盒子中的东西。

这可以看做一种零和游戏, 可以通俗地理解为生成模型就像是一个试图生产和使用假币的造假团伙，而判别模型就像是检测假币的警察。生成器（Generator）试图欺骗判别器（Discriminator），判别器则努力不被生成器欺骗。判别器通过不断学习提高自身的识别能力，而生成器利用判别器不断提升生成样本能力，经过交替优化训练，两种模型都能得到提升。最终要得到的是效果很好、生产的产品足以乱真的生成模型（造假团伙）。当判别器对生成器生成的样本判断真伪概率为 50%，生成器训练完时说明生成器生成的样本达到了以假乱真的效果。

一个典型的 GAN 整体架构如图 12.20 所示，以生成图片为例。我们有两个网络：G（Generator）和 D（Discriminator）。G 是一个生成图片的网络，它接收一个随机的噪声 z，通过这个噪声生成图片，记做 $G(z)$。D 是一个判别图片是否真实的判别网络，其输入 x 代表一张图片，输出 $D(x)$ 代表 x 为真实图片的概率。一般而言，我们会设定概率值大于 0.5 是真，小于 0.5 是假。

训练过程非常直观。训练时先训练判别器：将真实数据的训练集（Training Set）打上真标签"1"，生成器生成的假图片打上假标签"0"，两者一同组成一批样本送入判别器，对判别器进行训练。计算目标函数时使判别器对真数据输入的判别趋近于真（1），对生成器生成的假图片的判别趋近于假（0）。此过程中只更新判别器的参数，不更新生成器的参数。

图 12.20

GAN 架构示意图

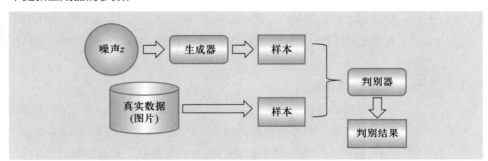

然后再训练生成器：将高斯分布的噪声 z（Random Noise）送入生成器，然后将生成器生成的假图片打上真标签（1）送入判别器（Discriminator）。计算目标函数时使判别器对生成器（Generator）生成的假图片的判别趋近于真（1）。此过程中只更新生成器的参数，不更新判别器参数。

GAN 的目标函数如下：

$$\min_{G}\max_{D}(D,G) = \mathbb{E}_{x \sim p_{data}(x)}\big[\lg D(x)\big] + \mathbb{E}_{z \sim p_z(z)}\big[\lg(1-D(G(z)))\big] \tag{12-42}$$

式中：$D(x)$ 表示 x 属于分布 M 的概率；$x \sim p_{data}(x)$ 表示 x 取自真正的分布；$z \sim p_z(z)$ 表示 z 取自我们模拟的分布；G 表示生成模型，D 表示分类模型。训练网络 D 使得最大概率地分对训练样本的标签（最大化 $\lg D(x)$ 和 $\lg(1-D(G(z)))$），训练网络 G 最小化 $\lg(1-D(G(z)))$，即最大化 D 的损失。而训练过程中固定一方，更新另一个网络的参数，交替迭代，使得对方的错误最大化，最终，G 能估测出样本数据的分布，也就是生成的样本更加真实。

GAN 的优点如下：

（1）　GAN 是一种以半监督方式训练分类器的方法。半监督学习结合了有监督学习和无监督学习，使用少量有标签数据和大量无标签数据进行学习。

（2）　G 的参数更新不是直接来自数据样本，而是使用来自 D 的反向传播。

（3）　理论上，只要是可微分函数都可以用于构建 D 和 G，因为能够与深度神经网络结合做深度生成式模型。

（4）　GAN 可以比信念网络（NADE、PixelRNN、WaveNet 等）更快地产生样本，因为它不需要在采样序列生成不同的数据。

（5）　模型只用到了反向传播，而不需要马尔科夫链。

（6）　相比于变分自编码器，GAN 没有引入任何决定性偏置（Deterministic Dias），变分方法引入决定性偏置，因为它们优化对数似然的下界，而不是似然度本身，这看起来导致了 VAE 生成的实例比 GAN 更模糊。

（7）　相比非线性 ICA（NICE、Real NVE 等），GAN 不要求生成器输入的潜在变量有任何特定的维度或者要求生成器是可逆的。

（8）　相比玻尔兹曼机和 GSN，GAN 生成实例的过程只需要模型运行一次，而不是以马尔科夫链的形式迭代很多次。

GAN 的弱点如下：

（1）　训练 GAN 需要达到纳什均衡，有时候可以用梯度下降法做到，有时候做不到。所以训练 GAN 相比 VAE 或者 PixelRNN 是不稳定的，但在实践中它还是比训练玻尔兹曼机稳定得多。

（2）　它很难去学习生成离散的数据，比如文本。

（3）　相比玻尔兹曼机，GAN 很难根据一个像素值去猜测另外一个像素值，GAN 天生就是做一件事的，那就是一次产生所有像素。

（4）　可解释性差。

12.4 案例分析：图像纹理转移问题

绘画是每个人都会在上学期间学习的一项技能。由于各自对世界的理解不同以及表现手法的差异，每个人的绘画都有自己的风格。那些传奇画家的作品更是如此。人们对这些作品进行欣赏的同时，也会希望自己可以创造出这样风格的作品。但是对于没有专业训练和绘画天赋的普通人来说，这可谓难于上青天。如果说要写实地将我们看到的场景记录下来还可以依靠越来越强大的相机的帮助，那么以个人喜爱的风格将场景展示出来几乎成了一个不可能完成的任务。但是，2016 年横空出世的 Prisma

这款 App 则帮助人们实现了这样的梦想。它能够将任意一张用户上传的图片在几分钟内转换成用户喜爱的风格。图 12.21 展示的就是将一张照片（右上）按照梵高《星夜》这一作品（左上）的风格进行了转化，得到了一张充满了浓郁梵高风格的新图像（下方）。这款 App 背后并不是有一批专业画师夜以继日地手工将用户上传的图像按照指定的风格重新绘制（实际上也不可能实现），而是依靠深度学习算法来实现自动的风格转换。Prisma 背后的算法原理实际上是基于发表在 2016 年计算机视觉顶级会议 CVPR（IEEE Conference on Computer Vision and Pattern Recognition）一篇题为"Image Style Transfer Using Convolutional Neural Networks"的文章中所提出的基于深度学习的算法。

图 12.21
图片风格转换例子

　　这种将一幅图像的风格转移到另外一幅图像上被认为是一个图像纹理转移问题。对于纹理合成，尽管传统的算法取得了显著的效果，但都受限于同一个基本问题：它们只使用了目标图像的低层图像特征在纹理转移中。理想情况下，一个风格转移算法应该能够从目标图像中提取图像语义内容（比如，目标和一般场景），通知纹理转移流程根据源图像风格渲染目标图像的语义内容。因此，一个先决条件是找到图像表示，可以独立对图像语义内容和风格构建模型变量。但使用一个通用性的方法将图像的内容从风格中分离仍然是一个非常困难的问题。然而，深度卷积神经网络产生的强大计算机视觉系统可以从图像中学习提取高层语义信息。采用充足标注的数据训练的卷积神经网络在特定任务中，比如物体识别，在一般的特征表示中学习提取高层图像内容，可以在数据集上泛化，甚至也可以应用于其他视觉信息处理任务，包括纹理识别和艺术风格分类。总的来说，就是利用一个在 ImageNet 上训练好的卷积神经网络 VGG–19。

给定一张风格图像 a 和一张普通图像 p，风格图像经过 VGG–19 的时候在每个卷积层会得到很多特征图，这些特征图组成一个集合 A。同样，普通图像 p 通过 VGG–19 的时候也会得到很多特征图，这些特征图组成一个集合 P，然后生成一张随机噪声图像 x，随机噪声图像 x 通过 VGG–19 的时候也会生成很多特征图，这些特征图构成集合 G 和 F 分别对应集合 A 和 P，最终的优化函数是希望调整 x 让随机噪声图像 x 最后看起来既保持普通图像 p 的内容，又有一定的风格图像 a 的风格。

通过这样一系列的处理我们就可以将一张普通的图片转换成为具有另一张图片风格的新图片。具体的实现可以通过 Tensorflow 等深度学习的开发框架调用包来实现。

关键术语

- 深度学习　　　　　Deep Learning
- 卷积神经网络　　　Convolutional Neural Networks
- 卷积层　　　　　　Convolutional Layer
- 池化　　　　　　　Pooling
- 循环神经网络　　　Recurrent Neural Network
- 长短期记忆网络　　Long-Short Term Memory
- 递归神经网络　　　Recursive Neural Network
- 图神经网络　　　　Graph Neural Networks
- 生成式对抗网络　　Generative Adversarial Net

本章小结

深度学习的概念源于人工神经网络的研究，其通过组合低层特征形成更加抽象的高层来表示属性类别或特征，以发现数据的分布式特征表示。不同于以往的表示型学习模型，深度学习能够自动挖掘特征，实现复杂的分类知识。

卷积神经网络作为深度学习的一个典型代表，属于有监督学习。卷积的基本结构包括两部分：一部分为特征提取层，每个神经元的输入与前一层的局部接受域相连，并提取该局部的特征。一旦该局部特征被提取后，它与其他特征间

的位置关系也随之确定下来。另一部分为特征映射层，网络的每个计算层由多个特征映射组成，每个特征映射是一个平面，平面上所有神经元的权值相等。

除了卷积神经网络外，还有很多其他类型的深度学习模型。比如循环神经网络也是深度学习的一个典型代表。在现实世界中，很多元素都是相互连接的，循环神经网络通过记忆上下文的信息，提供数据的深层次知识挖掘。从循环神经网络的构成上看，它是一个重复迭代的网络结构，

但也正是通过记忆上下文信息，使得初始信息和局部上下文信息得以沿着网络向下传递，使得信息得以保留。长短期记忆网络是循环神经网络的一个特例，它在语言处理模型、语音识别和视频处理上有较多应用，许多情况下能取得比传统语言模型更优的性能。与循环神经网络类似的一个模型是递归神经网络。此外还有图神经网络、生成式对抗网络等更为前沿的新型深度学习模型。

深度学习训练算法的实现较为复杂，虽然工作原理不难，但由于算法细节较多，且通常是大规模并行运算，因此建议调用软件工具包完成。现有较多深度学习开发包可供使用，包括 TensorFlow、Caffe、cuDNN、scikit-neuralnetwork、PyTorch 等。在多种语言上都有深度学习开发包，如 Matlab、Python、Java 等。深度学习是一个正在发展的研究领域，新的技术也层出不穷，并且逐步应用在众多研究领域。

即测即评

参考文献

［1］Goller C，Kuchler A. Learning task-dependent distributed representations by backpropagation through structure［C］. Proceedings of International Conference on Neural Networks（ICNN），1996（1），347–352.

［2］Richard Socher，Cliff Chiung-Yu Lin，Andrew Y. Ng，et al. Parsing natural scenes and natural language with recursive neural networks［C］. In Proceedings of the 28th International Conference on International Conference on Machine Learning（ICML），Omnipress，Madison，WI，USA，2011：129–136.

［3］Ian Goodfellow，Yoshua Bengio，Aaron Courville. Deep learning［M］. MIT Press，2016.

第 13 章
推荐系统

信息过载（Information Overload）通常是指用户周围的信息已经超越了用户所能接受、处理或有效利用的范围，用户无法从中发现自己感兴趣的信息。随着网络的迅速发展，网络信息呈指数级增长，带来的信息过载问题严重影响了用户的使用体验，人们发现越来越难以从互联网上的海量信息中找出最适合自己的内容。为了解决由信息过载所造成的选择困难问题，推荐系统应运而生。由于能够挖掘用户兴趣的特点，推荐系统已经成为为用户提供个性化服务的重要技术手段，并得到了非常广泛的应用。本章将介绍推荐系统的基本概念及几种最经典的推荐算法。

13.1 推荐系统概述

13.1.1 推荐系统的概念

推荐系统主要利用用户的行为信息，挖掘出用户的个性化需求，通过用户兴趣模型主动向用户提供满足其需求的信息，帮助用户发现那些他们感兴趣但很难发现的物品（Item）。系统通常由用户模块、分析模块和推荐模块三部分组成。用户模块用于收集用户历史信息；分析模块用于建立用户和物品之间的联系，分析用户偏好；推荐模块则根据分析模块得到的结果推荐用户感兴趣的物品。

在电子商务领域，亚马逊是最早为用户提供个性化推荐服务的厂商。亚马逊通过记录用户对商品的浏览记录、购买记录等各种信息，对这些用户行为记录进行挖掘，获得用户的兴趣，并依此向用户推荐相关的物品，在实际应用中取得了良好的效果。在线视频提供商 Netflix 也在其视频业务中使用了推荐系统，利用用户对电影的评分信息，挖掘用户可能喜欢的电影并推荐给用户。

国内的诸多厂商都已经在其产品中利用了推荐技术。例如，网易云音乐、QQ 音乐等为用户推荐其可能感兴趣的音乐；淘宝、京东等厂商根据用户搜索记录和购买记录为用户推荐相关的商品；今日头条等新闻推荐类产品为用户提供感兴趣的新闻资讯。通过捕捉用户在平台上的所有行为并依靠强大的算法支撑，个性化推荐能够做到比用户更加了解自己的需求。在使用提供个性化服务的产品后，用户的体验得到了极大的改善，厂商的产品也得到了更多的推广和使用。

13.1.2　推荐算法的分类

推荐系统的基本思想是根据用户的历史购买记录或浏览记录等，在用户和物品之间建立联系，将用户可能感兴趣的物品推荐给用户。根据推荐算法所用数据的不同分为基于内容的推荐、基于协同过滤的推荐以及混合推荐三大类。结合不同的思想和方法，又衍生出很多种推荐算法，如基于知识的推荐、基于社区的推荐、基于标签的推荐、基于深度学习的推荐、基于知识图谱的推荐等。本书仅介绍最基本的推荐算法。

1.　基于内容的推荐（Content-based Recommendation）

基于内容的推荐算法通过计算用户感兴趣的内容与备选推荐内容之间的相似度来决定是否推荐。例如，用户喜欢励志类电影，那么系统可能会直接为他推荐《阿甘正传》这部电影。基于内容的推荐是在物品的内容信息上做出推荐的，不需要依据用户对物品的评价意见，更多地需要用机器学习的方法从关于内容的特征描述的事例中得到用户的兴趣资料。

基于内容的推荐算法是最早进行实际应用的算法，其主要优点是，只要得到了物品或者用户的特征数据，就可以处理冷启动问题，因此能对具有小众口味的用户产生有效的推荐，在一些特定的场景下表现良好。此外，由于特征数据都是显式的，所以最终的模型有比较好的可解释性。

但该方法也有一定的局限性。首先，基于内容推荐需要预先提供用户和物品的特征数据，对人工标记特征要求较高。比如电影推荐系统，需要提供用户感兴趣的电影类别、演员、导演等数据作为用户特征，还需要提供电影的内容属性、演员、导演、时长等数据作为电影的特征。在实际应用中，对这些数据进行预处理时往往会遇到很大的困难，尤其是多媒体数据（视频、音频、图像等）。在数据的预处理过程中，很难对物品的内容进行准确的分类和描述；当数据量很大时，预处理效率会很低。另外，基于内容推荐的物品往往和用户已经购买或浏览的物品具有很大的相似度，不利于用户在推荐系统中获得惊喜；而且该方法无法衡量待推荐物品品质的优劣，推荐失败的概率也很高。

2.　协同过滤推荐（Collaborative Filtering Recommendation）

1992 年，施乐（Xerox）公司为了解决 Palo Alto 研究中心的信息过载问题、提高员工的工作效率、节省邮件查收所浪费的大量时间，第一次在 Tapestry 邮件系统中采用协同过滤的概念来帮助员工筛选邮件，这也是协同过滤算法首次被提出。1994 年，美国明尼苏达州立大学双城分校计算机科学与工程系的研究实验室 GroupLens 研究小组设计了新闻推荐系统，该工作为推荐问题建立了一个形式化的模型，为随后几十年推荐系统的发展带来了巨大影响，使推荐系统逐渐成为一个重要的研究领域。

与基于内容的推荐不同，协同过滤推荐的基本思想是分析用户已经产生的行为，如用户的浏览行为、购买行为、评分行为等，而不关心推荐对象本身的内容。它利用已有用户的历史行为数据，预测当前用户可能感兴趣的物品。例如，要为某用户推荐他真正感兴趣的物品，可以首先找到与此用户有相似兴趣的其他用户，然后将他们感兴趣的物品推荐给该用户。算法不需要预先获得用户或物品的特征数据，仅依赖用户的历史行为数据，采用最近邻技术，利用用户的历史喜好信息计算用户之间的距离，然后利用目标用户的最近邻居用户对物品评价的加权平均值来预测目标用户对特定物品的喜好程度，并根据喜好程度对目标用户进行推荐。

协同过滤算法主要包括基于用户的协同过滤（User-based CF）和基于物品的协同过滤（Item-based CF）等，是推荐系统中应用最早和最为成功的技术之一。最主要的优点是可以协助发掘用户的新喜好，并且适用于任何领域的推荐，不受推荐内容和种类的影响。早期的推荐系统如 PHOAKS、GroupLens、Jester 等都是采用协同过滤算法构建的，并且都取得了巨大的成功。

虽然协同过滤作为一种典型的推荐技术有相当广泛的应用，但仍有许多问题需要解决。协同过滤方法的核心是基于历史数据，所以对新物品和新用户都有"冷启动"的问题，且推荐的效果依赖于用户历史偏好数据的多少和准确性。根据历史数据对用户的偏好进行建模后，很难根据用户新的行为数据进行用户偏好模型更新，这也导致这个方法不够灵活。在大部分应用中，用户历史偏好是用稀疏矩阵进行存储的，而对稀疏矩阵的计算存在明显的问题。例如，少部分人的错误偏好可能会对推荐的准确度有很大的影响。此外，这种方法对于一些特殊品位的用户也不能给予很好的推荐。

3. 混合推荐（Hybrid Recommendation）

基于内容的推荐算法与基于协同过滤的推荐算法各有利弊。基于协同过滤的推荐算法在实际应用过程中经常由于数据稀疏问题难以使用；基于内容的推荐算法由于没有使用相似用户的相关信息而使其推荐的准确率难以提高。因此有学者提出将协同过滤推荐算法与基于内容的推荐算法相融合，利用两种算法的优势提高准确性并解决冷启动等问题。工业界常用的模型往往是混合推荐模型，如淘宝就是应用了混合推荐算法。

混合推荐的实现方法有很多，其中最简单的就是分别用基于内容的推荐算法和基于协同过滤的推荐算法去产生一个推荐预测结果，然后用某种方法对两个结果进行组合。尽管从理论上有很多种推荐组合方法，但在某一具体问题中并不见得都有效，组合推荐一个最重要的原则，就是组合后要能避免或弥补单一推荐技术的弱点。以下是几种可参考的组合方法：

（1） 加权（Weight）：加权多种推荐结果。

（2） 变换（Switch）：根据问题背景、实际情况或要求变换采用不同的推荐技术。

（3） 混合（Mixed）：同时采用多种推荐技术给出多种推荐结果为用户提供参考。

（4） 特征组合（Feature Combination）：推荐算法采用来自不同推荐数据源的特征组合。

（5）　层叠（Cascade）：先用一种推荐技术产生初步推荐结果，再在此推荐结果上采用另一种推荐技术进一步做出更精确的推荐。

（6）　特征扩充（Feature Augmentation）：通过一种技术产生附加的特征信息，再将这些特征信息嵌入另一种推荐技术的特征输入中。

（7）　元级别（Meta-level）：用一种推荐方法产生的模型作为另一种推荐方法的输入。

13.1.3　推荐系统的评测指标

一个推荐系统是否优秀，必须通过一些评价指标来衡量。不同的实验方法用到的推荐系统的测评指标也不同，常用的测评指标有精确率、召回率、覆盖率、多样性、新颖性、惊喜度、用户满意度等。

（1）　**精确率。**精确率（Precision）是推荐系统中最重要的测评指标，用来描述所预测的推荐列表中有多少是用户真正感兴趣的。精确率的定义如下：

$$Precision = \frac{\sum\limits_{u \in U} |R(u) \cap T(u)|}{\sum\limits_{u \in U} |R(u)|} \tag{13-1}$$

式中：U 是被推荐用户 u 的集合；$R(u)$ 是推荐列表中的物品集合；$T(u)$ 是被推荐用户 u 喜好的物品集合。

（2）　**召回率。**召回率（Recall）是另一个重要指标，描述的是真正用户感兴趣的列表中有多少是被推荐算法准确预测出来的。召回率的定义为：

$$Recall = \frac{\sum\limits_{u \in U} |R(u) \cap T(u)|}{\sum\limits_{u \in U} |T(u)|} \tag{13-2}$$

式中：$R(u)$ 是推荐列表中的物品集合；$T(u)$ 是被推荐用户 u 喜好的物品集合。

（3）　**覆盖率。**覆盖率（Coverage）描述一个推荐系统对长尾物品的发掘能力。覆盖率有不同的定义方法，最简单的定义为推荐系统能够推荐出来的物品占总物品集合的比例。覆盖率越高，说明推荐算法发掘长尾物品的能力越强，系统中有更多的物品能够被推荐给用户。覆盖率的定义如下：

$$Coverage = \frac{|\bigcup\limits_{u \in U} R(u)|}{|I|} \tag{13-3}$$

式中：U 是被推荐用户 u 的集合；$R(u)$ 是推荐列表中的物品集合；I 是总物品集合。

（4）　**多样性。**多样性（Diversity）描述的是推荐列表中物品类型的差异性程度。系统推荐给用户的物品包含的类型越广泛，则系统的多样性越高。用户 u 的推荐列表的多样性定义如下：

$$Diversity(R(u)) = 1 - \frac{\sum\limits_{i,j \in R(u), i \neq j} s(i,j)}{\frac{1}{2}|R(u)|(|R(u)| - 1)} \tag{13-4}$$

式中: $s(i,j)$ 为物品 i 与物品 j 之间的相似度, $s(i,j) \in [0,1]$; $R(u)$ 是推荐列表中的物品集合。推荐系统的整体多样性可以定义为所有用户推荐列表多样性的平均值, 即:

$$Diversity = \frac{1}{|U|} \sum_{u \in U} Diversity(R(u)) \qquad (13-5)$$

式中: U 是被推荐用户 u 的集合。

(5) **新颖性**。新颖的推荐是指给用户推荐那些他们以前没有听说过的物品。在一个网站中实现新颖性的最简单办法是, 把用户之前在网站中对其有过行为的物品从推荐列表中过滤掉。

(6) **惊喜度**。与新颖性不同, 如果推荐结果和用户的历史兴趣不相似, 却让用户觉得满意, 那么就可以说推荐结果的惊喜度很高, 而推荐的新颖性仅仅取决于用户是否听说过这个推荐结果。

(7) **用户满意度**。用户作为推荐系统的重要参与者, 其满意度是评测推荐系统的最重要指标。但是, 用户满意度没有办法离线计算, 只能通过用户调查或者在线实验获得。

13.1.4 推荐系统中的用户隐私问题

系统在产生推荐时不可避免地会使用到用户的一些信息, 包括用户的浏览记录等历史数据和用户个人的年龄、性别等基本信息, 其中很多都涉及用户的隐私。这些信息一旦泄露, 会造成巨大的安全隐患, 可能对用户产生严重的伤害。因此, 在推荐系统的设计和应用过程中, 需要考虑相应的安全机制和安全管理措施。

13.2 基于内容的推荐

13.2.1 算法的主要思想

基于内容的推荐 (Content-based Recommendation) 是根据用户过去喜欢的物品, 为用户推荐和他过去喜欢的物品相似的物品。该算法需要先对物品标记上相应的属性特征, 然后从用户的历史数据中提取用户对物品的偏好, 再通过计算待推荐物品的属性特征与用户偏好的物品属性特征之间的相似度来确定用户偏好与待推荐物品的相匹配程度, 取相似度最高的 N 个物品进行推荐。基于内容的推荐算法一般只依赖于用户自身的行为数据为用户提供推荐, 不涉及其他用户的行为数据。

基于内容的推荐算法关注的是推荐物品的内容, 如推荐物品的特征信息、标签、用户评论、人工标注的信息等。用户的历史数据主要是指用户对物品的操作行为, 可以是评论、收藏、点赞、观看、浏览、点击、加购物车、购买等。这些都可以作为内容推荐的信息来源，且不限于文本，包括图片、语音、视频等形式。

以电影为例。基于内容的推荐算法计算相似度的依据是电影的类型、国家（地区）、导演、演员等电影本身的特征信息。推荐系统首先分析某用户评分比较高的电影的共同特征，如图 13.1 所示，用户 X 对电影 A、电影 B、电影 C 的评分很高。电影 A 的类型是"爱情、浪漫"，电影 B 的类型是"爱情、剧情"，电影 C 的类型是"爱情、犯罪"，由此可以学习到用户 X 对电影类型的偏好是"爱情"。电影 D 的类型是"爱情、奇幻"，系统通过相似度计算，发现电影 D 的类型与用户 X 对电影类型的偏好相似度较高。因此，系统认为电影 D 也是用户 X 所喜欢的，将会把电影 D 推荐给用户 X。

图 13.1
基于内容的推荐
算法思想

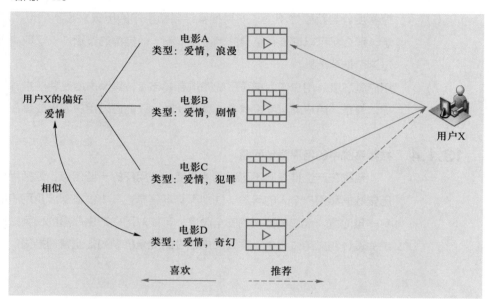

13.2.2 算法的步骤

基于内容的推荐主要分为以下三个步骤，其算法流程如图 13.2 所示。

（1） 物品特征表示。抽取出物品的属性特征来表示这一物品。

（2） 用户偏好学习。利用用户过去喜欢的物品的特征数据，学习出此用户的偏好，建立用户偏好模型。

（3） 推荐列表生成。将学习到的用户偏好与待推荐物品的特征进行相似度计算后，根据相似度进行降序排名，推荐 Top N 物品给用户。

基于内容推荐的关键问题是对物品特征和用户偏好进行建模，主要方法有向量空间模型、线性分类、线性回归等。

1. 物品特征表示（Item Representation）

物品（Item）通常可以用一些特征（Feature）来描述，这些特征也称属性。若用 f_j 表示物品的第 j 个特征，所有特征即构成了物品的特征向量 *Item*。

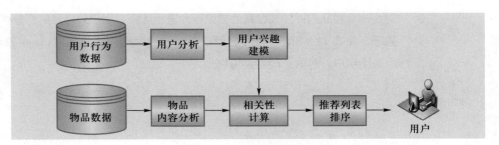

图 13.2
基于内容的推荐
算法流程

$$Item=(f_1,f_2,\cdots,f_j,\cdots,f_n) \tag{13-6}$$

由于不同属性对于不同物品的重要性不同，因此，可用权重表示物品某个特征的重要性。物品特征权重矩阵如表 13.1 所示。其中 $item_i$ 表示第 i 个物品；f_j 表示物品的第 j 个特征；w_{ij} 表示第 i 个物品第 j 个特征的权重，可以是连续值，也可以是布尔值。

表 13.1
物品特征权重矩阵 I

	f_1	f_2	$\cdots$	f_j	$\cdots$	f_n
$item_1$	w_{11}	w_{12}	$\cdots$	w_{1j}	$\cdots$	w_{1n}
$item_2$	w_{21}	w_{22}	$\cdots$	w_{2j}	$\cdots$	w_{2n}
$\cdots$	$\cdots$	$\cdots$	$\cdots$	$\cdots$	$\cdots$	$\cdots$
$item_i$	w_{i1}	w_{i2}	$\cdots$	w_{ij}	$\cdots$	w_{in}
$\cdots$	$\cdots$	$\cdots$	$\cdots$	$\cdots$	$\cdots$	$\cdots$
$item_m$	w_{m1}	w_{m2}	$\cdots$	w_{mj}	$\cdots$	w_{mn}

因此，某特定物品的特征向量可以用物品的特征权重来表示。即：

$$Item_i=(w_{i1},w_{i2},\cdots,w_{ij},\cdots,w_{in}) \tag{13-7}$$

例如，现在有一组电影数据，用电影类型来表示每部电影的特征，可以得到表 13.2 所示的电影特征权重矩阵。

表 13.2
电影特征权重矩阵 I

	剧情 f_1	传记 f_2	动作 f_3	喜剧 f_4	悬疑 f_5	音乐 f_6	家庭 f_7	古装 f_8
电影 1	1	1	0	0	0	1	1	0
电影 2	0	1	0	1	0	0	1	1
电影 3	1	0	1	1	0	0	0	1
电影 4	0	0	1	1	1	1	1	0
电影 5	0	0	1	0	1	0	1	0
电影 6	1	0	0	1	0	1	1	1

2. 偏好学习（Profile Learning）

完成物品特征表示后，可以根据用户的历史行为数据对用户的偏好进行建模。用户偏好模型，用来描述用户对不同物品特征的偏好程度，这种偏好程度通常利用用户对某一个物品的评分或者其他操作行为进行计算。用户对物品的评分可以用评分矩阵表示，如表 13.3 所示。其中，可以采用 $User_k$ 表示第 k 个用户；$item_i$ 表示第 i 个物品；r_{ki} 表示用户 k 对第 i 个物品的评分。

表 13.3
用户对物品的
评分矩阵

	$item_1$	$item_2$	...	$item_i$	...	$item_m$
$User_1$	r_{11}	r_{12}	...	r_{1i}	...	r_{1m}
$User_2$	r_{21}	r_{22}	...	r_{2i}	...	r_{2m}
...	?	?	...	?	...	?
$User_k$	r_{k1}	r_{k2}	...	r_{ki}	...	r_{km}
...	...	...	...	...	...	...
$User_x$	r_{x1}	r_{x2}	...	r_{xi}	...	r_{xm}

用户对某一物品特征 j 的偏好程度可由下式计算：

$$p_{kj} = \frac{\sum_{i=1}^{m} r_{ki} \cdot w_{ij}}{m_k} \tag{13-8}$$

式中：p_{kj} 表示用户 k 对特征 f_j 的偏好程度；m_k 是用户 k 做出了评分的物品数量；r_{ki} 表示用户 k 对第 i 个物品的评分；w_{ij} 表示第 i 个物品第 j 个特征的权重。

进一步可得到用户 k 的物品特征偏好向量 P_k。

$$P_k = (p_{k1}, p_{k2}, \cdots, p_{kj}, \cdots, p_{kn}) \tag{13-9}$$

假设在电影系统中用户 k 为自己看过的电影进行了评分，如表 13.4 所示。其中"?"的部分表示该用户尚未看过，需要确定是否要向该用户推荐。

表 13.4
用户 k 的电影偏好矩阵

	电影 1	电影 2	电影 3	电影 4	电影 5	电影 6
用户 k	?	5	3	?	4	?

由表 13.2 中的数据可知，电影共有 8 个特征，电影 2、电影 3 和电影 5 在各特征上的权重为：

$$电影_2 = (0,1,0,1,0,0,1,1)$$
$$电影_3 = (1,0,1,1,0,0,0,1)$$
$$电影_5 = (0,0,1,0,1,0,1,0)$$

由表 13.4 中的数据可知，用户 k 共对 3 部电影进行了评分，电影 2、电影 3 和电影 5 的评分分别为：

$$r_{k2} = 5; \quad r_{k3} = 3; \quad r_{k5} = 4$$

通过计算，可得用户 k 在电影各个特征上的偏好分别为：

$$p_{k1} = \frac{r_{k2} \cdot w_{21} + r_{k3} \cdot w_{31} + r_{k5} \cdot w_{51}}{3} = \frac{5 \times 0 + 3 \times 1 + 4 \times 0}{3} = 1$$

$$p_{k2} = \frac{r_{k2} \cdot w_{22} + r_{k3} \cdot w_{32} + r_{k5} \cdot w_{52}}{3} = \frac{5 \times 1 + 3 \times 0 + 4 \times 0}{3} = 1.67$$

$$p_{k3} = \frac{r_{k2} \cdot w_{23} + r_{k3} \cdot w_{33} + r_{k5} \cdot w_{53}}{3} = \frac{5 \times 0 + 3 \times 1 + 4 \times 1}{3} = 2.33$$

$$p_{k4} = \frac{r_{k2} \cdot w_{24} + r_{k3} \cdot w_{34} + r_{k5} \cdot w_{54}}{3} = \frac{5 \times 1 + 3 \times 1 + 4 \times 0}{3} = 2.67$$

$$p_{k5} = \frac{r_{k2} \cdot w_{25} + r_{k3} \cdot w_{35} + r_{k5} \cdot w_{55}}{3} = \frac{5 \times 0 + 3 \times 0 + 4 \times 1}{3} = 1.33$$

$$p_{k6} = \frac{r_{k2} \cdot w_{26} + r_{k3} \cdot w_{36} + r_{k6} \cdot w_{56}}{3} = \frac{5 \times 0 + 3 \times 0 + 4 \times 0}{3} = 0$$

$$p_{k7} = \frac{r_{k2} \cdot w_{27} + r_{k3} \cdot w_{37} + r_{k5} \cdot w_{57}}{3} = \frac{5 \times 1 + 3 \times 0 + 4 \times 1}{3} = 3$$

$$p_{k8} = \frac{r_{k2} \cdot w_{28} + r_{k3} \cdot w_{38} + r_{k5} \cdot w_{58}}{3} = \frac{5 \times 1 + 3 \times 1 + 4 \times 0}{3} = 2.67$$

因此，用户 k 的电影偏好向量为：

$$P_k = (1, 1.67, 2.33, 2.67, 1.33, 0, 3, 2.67)$$

3. 推荐列表生成（Recommendation Generation）

得到了用户的偏好后，通常会通过物品特征向量与用户的偏好向量的相似度计算进行二者的匹配，以确定哪些物品可以推荐给相应的用户。余弦相似度是最常用的计算方法，其计算方法如下：

$$S(P_k, item_i) = \frac{\sum\limits_{j=1}^{n} p_{kj} \cdot w_{ij}}{\sqrt{\sum\limits_{j=1}^{n} p_{kj}^2} \cdot \sqrt{\sum\limits_{j=1}^{n} w_{ij}^2}} \tag{13-10}$$

式中：$S(P_k, item_i)$ 表示第 k 个用户的偏好与第 i 个物品的相似度；p_{kj} 表示用户 k 对特征 f_j 的偏好程度；w_{ij} 表示第 i 个物品第 j 个特征的权重；n 表示特征数量。

余弦值的范围在 $[-1, 1]$ 之间，值越趋近于 1，代表两个向量的方向越接近，相似程度越高；越趋近于 -1，代表两个向量的方向越相反，相似性越低。计算出余弦相似度后，按余弦值的大小进行排序，把排在最前面的 N 个物品推荐给用户 k。

上述例子中，如果需要确定是否将电影 1、电影 4 和电影 6 推荐给用户 k，首先需要计算用户 k 与这三部电影的相似度。根据表 13.2 中的数据可知，电影 1、电影 4 和电影 6 在各特征上的权重分别为：

$$电影_1 = (1, 1, 0, 0, 0, 1, 1, 0)$$
$$电影_4 = (0, 0, 1, 1, 1, 1, 1, 0)$$
$$电影_6 = (1, 0, 0, 0, 1, 0, 1, 1)$$

根据这三部电影在各特征上的权重和用户 k 的电影偏好向量 P_k 的值，可计算用户 k 的偏好与三部电影的相似度分别为：

$$S(P_k,\text{电影 }1) = \dfrac{\sum\limits_{j=1}^{8} p_{kj} \cdot w_{1j}}{\sqrt{\sum\limits_{j=1}^{8} {p_{kj}}^2} \cdot \sqrt{\sum\limits_{j=1}^{8} {w_{1j}}^2}}$$

$$= \dfrac{1\times1+1.67\times1+2.33\times0+2.67\times0+1.33\times0+0\times1+3\times1+2.67\times0}{\sqrt{1^2+1.67^2+2.33^2+2.67^2+1.33^2+0^2+3^2+2.67^2} \cdot \sqrt{1^2+1^2+0^2+0^2+0^2+1^2+1^2+0^2}}$$

$$= 0.48$$

$$S(P_k,\text{电影 }4) = \dfrac{\sum\limits_{j=1}^{8} p_{kj} \cdot w_{4j}}{\sqrt{\sum\limits_{j=1}^{8} {p_{kj}}^2} \cdot \sqrt{\sum\limits_{j=1}^{8} {w_{4j}}^2}}$$

$$= \dfrac{1\times0+1.67\times0+2.33\times1+2.67\times1+1.33\times1+0\times1+3\times1+2.67\times0}{\sqrt{1^2+1.67^2+2.33^2+2.67^2+1.33^2+0^2+3^2+2.67^2} \cdot \sqrt{0^2+0^2+1^2+1^2+1^2+1^2+1^2+0^2}}$$

$$= 0.71$$

$$S(P_k,\text{电影 }6) = \dfrac{\sum\limits_{j=1}^{8} p_{kj} \cdot w_{6j}}{\sqrt{\sum\limits_{j=1}^{8} {p_{kj}}^2} \cdot \sqrt{\sum\limits_{j=1}^{8} {w_{6j}}^2}}$$

$$= \dfrac{1\times1+1.67\times0+2.33\times0+2.67\times0+1.33\times1+0\times0+3\times1+2.67\times1}{\sqrt{1^2+1.67^2+2.33^2+2.67^2+1.33^2+0^2+3^2+2.67^2} \cdot \sqrt{1^2+0^2+0^2+0^2+1^2+0^2+1^2+1^2}}$$

$$= 0.68$$

可见：

$$S(P_k,\text{电影 }1)<S(P_k,\text{电影 }6)<S(P_k,\text{电影 }4)$$

所以，若向用户 k 推荐电影，在电影 1、电影 4 和电影 6 这三部影片中，将首先推荐电影 4。

13.2.3　算法的优缺点

基于内容的推荐算法可以使用当前的用户评价来构建用户的个人数据，不需要使用其他用户的数据，可以为具有特殊品味的用户做预测。由于过程简单，解释性强，推荐的结果容易被人接受。

但由于推荐的主要依据之一是用户的历史数据，因而在无法获得用户偏好的情况下，会有冷启动问题。此外，由于算法只根据当前用户的历史偏好进行推荐，因而不会推荐与该用户曾经喜欢的物品不相似的物品，使得推荐结果的新颖性较差。

13.3 基于用户的协同过滤

13.3.1 算法的主要思想

基于用户的协同过滤（User-Based CF）的假设是：用户有相同偏好的时候，在其他方面也会有相同的偏好，而且用户偏好不会发生太大变化。因此，该算法主要是给用户推荐那些和他有共同兴趣爱好的用户喜欢的物品。算法的核心思想是如何确定用户的最近邻集合，其基本原理是根据用户的评分信息，确定用户间的相似度，形成目标用户的最近邻集合，再根据近邻用户们对项目的评分来预测目标用户对未知项目的评分，选出评分最高的前几项，进行 Top N 推荐。

如图 13.3 所示，假设需要为用户 X 进行电影推荐。首先，从用户浏览、访问等记录中找出爱好相似的用户集合，假设用户 X 和 Y 为相似用户。然后找出用户 Y 喜欢但用户 X 没有看过的电影。由图可知，用户 Y 喜欢电影 A、电影 B 和电影 C，其中电影 C 是用户 X 没看过的。因此，算法认为用户 X 也会喜欢电影 C，就会把电影 C 推荐给用户 X。

图 13.3
基于用户的协同过滤
推荐算法思想

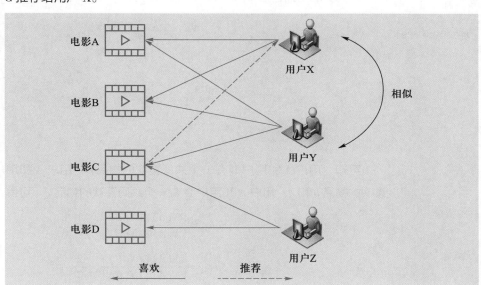

13.3.2 算法的步骤

基于用户的协同过滤推荐是根据用户以往的购买记录、评分记录、消费记录、收藏记录等，寻找具有相同偏好的用户群体，继而推荐给用户所需要的信息或者预测用户可能感兴趣的内容，帮助用户过滤掉无用的信息，实现个性化推荐。因此，算法主要分为两个步骤：首先找到与目标用户兴趣最为接近的用户，即邻居用户；再从邻居用户中找到邻居用户所喜欢而目标用户没有尝试过的物品推荐给目标用户。其中，邻居用户群体主要是通过计算用户行为的相似度来计算用户之间的相似度获得。其算法流程如图 13.4 所示。

图 13.4
基于用户的协同过滤
推荐算法流程

1. 用户相似度计算

假设给定用户 u 和 v，$N(u)$ 表示用户 u 喜欢的物品集合，$N(v)$ 为用户 v 喜欢的物品集合。通常用 Jaccard 系数或者余弦相似度计算两个用户之间的相似度。

（1）基于 Jaccard 系数的用户相似度计算。基于 Jaccard 系数的用户相似度主要通过两个用户共同喜欢的物品集合的数量占两个用户喜欢的所有物品的数量的比例来度量。两个用户的相似度 Sim_{uv} 可以用下式表示：

$$Sim_{uv} = \frac{|N(u) \cap N(v)|}{|N(u) \cup N(v)|} \tag{13-11}$$

【例 13-1】 假设有用户 A、用户 B、用户 C、用户 D，这四个用户在过去一个月中所购买的物品包括 a、b、c、d、e。每个用户的购买情况如表 13.5 所示。

表 13.5
用户购买物品情况表

用户	所购买的物品				
	a	b	c	d	e
用户 A	√	√		√	
用户 B	√		√		
用户 C		√		√	
用户 D			√	√	√

可知，用户 A 和用户 B 有一个共同喜欢的物品 a，用户 A 和用户 C 有两个共同喜欢的物品 b 和 d，用户 A 和用户 D 有一个共同喜欢的物品 d。可得：

$$Sim_{AB} = \frac{|N(A) \cap N(B)|}{|N(A) \cup N(B)|} = \frac{1}{4}$$

$$Sim_{AC} = \frac{|N(A) \cap N(C)|}{|N(A) \cup N(C)|} = \frac{2}{3}$$

$$Sim_{AD} = \frac{|N(A) \cap N(D)|}{|N(A) \cup N(D)|} = \frac{1}{5}$$

可以看出用户 A 和用户 C 的相似度最大，如果把用户 A 购买过的商品 a 推荐给用户 C，用户 C 喜欢的概率较大。

（2）基于余弦的用户相似度计算。用户 u 和 v 之间的余弦相似度可以通过如下方式计算：

$$Sim_{uv} = \frac{|N(u) \cap N(v)|}{\sqrt{|N(u)| \times |N(v)|}} \tag{13-12}$$

构造用户相似度矩阵，矩阵中的值即为用户相似度 Sim_{uv}。根据例 13-1 中用户购买物品的情况，可以得到用户的相似度矩阵如表 13.6 所示。

表 13.6

用户相似度矩阵示例

用户	用户			
	A	B	C	D
A	1	$\dfrac{1}{\sqrt{3\times2}}$	$\dfrac{2}{\sqrt{3\times2}}$	$\dfrac{1}{\sqrt{3\times3}}$
B	$\dfrac{1}{\sqrt{3\times2}}$	1	0	$\dfrac{1}{\sqrt{2\times3}}$
C	$\dfrac{2}{\sqrt{3\times2}}$	0	1	$\dfrac{1}{\sqrt{2\times3}}$
D	$\dfrac{1}{\sqrt{3\times3}}$	$\dfrac{1}{\sqrt{2\times3}}$	$\dfrac{1}{\sqrt{2\times3}}$	1

由此，可以直观地看到用户偏好的相似情况，从中找到与目标用户偏好相近的邻居用户。如与用户 A 的偏好最相近的是用户 C。

2. 物品推荐

首先需要从矩阵中找出与目标用户 u 最相似（相似度最高）的 K 个用户，用集合 $S(u,K)$ 表示；再将 S 中用户喜欢的物品全部提取出来，并去除 u 已经喜欢的物品，构成候选物品集合 I。最后，将对各物品的预测评分（即用户对物品感兴趣的程度）进行 Top N 排名，依据排名进行推荐。

对于每个候选物品 i（$i\in I$），用户 u 对它感兴趣的程度 $p(u,i)$ 为：

$$p(u,i)=\sum Sim_{uv}\times r_{vi} \tag{13-13}$$

式中：Sim_{uv} 表示用户 u 和用户 v 的相似度；r_{vi} 表示用户 v（$v\in S(u,K)$）对物品 i 的喜爱程度，即用户 v 对物品 i 的评分。当没有具体评分，只有喜欢 / 不喜欢或购买 / 未购买时，r_{vi} 的值为 1（喜欢 / 购买）或 0（不喜欢 / 未购买）。

假设要给用户 A 推荐物品，选取 A 的三个相似用户 B、C 和 D，即：

$$S(u,K)=S(A,3)=\{B,C,D\}$$

由表 13.5 中的数据可知，B、C 和 D 购买过并且 A 没有购买过的物品有 c 和 e，采用 Jaccard 系数计算用户相似度，则可得用户 A 对物品 c 和 e 的喜欢程度 $p(A,c)$ 和 $p(A,e)$ 为：

$$p(A,c)=Sim_{AB}\times r_{Bc}+Sim_{AC}\times r_{Cc}+Sim_{AD}\times r_{Dc}=\frac{1}{4}\times1+\frac{2}{3}\times0+\frac{1}{5}\times1=0.45$$

$$p(A,e)=Sim_{AB}\times r_{Be}+Sim_{AC}\times r_{Ce}+Sim_{AD}\times r_{De}=\frac{1}{4}\times0+\frac{2}{3}\times0+\frac{1}{5}\times1=0.2$$

由此可见，用户 A 对物品 c 的喜欢程度大于物品 e。如果只向 A 推荐一个物品，则推荐物品 c。

13.3.3 算法的优缺点

基于用户的协同过滤算法是根据用户的行为（浏览行为、购买行为）来自动进行推荐，对推荐对象没有要求，可以处理非常复杂的非结构化对象，如电影、音乐，因此推荐范围广泛且可实现自动推荐。该算法是根据目标用户的偏好寻找与其兴趣相近的邻居用户，再根据邻居用户喜欢的物品列表对目标用户进行相应的推荐，所以可能会推荐一些该用户以前没有接触的东西，从而激发该用户的潜在兴趣，在推荐结果的新颖性方面有较好的表现。

对于新用户，基于用户的协同过滤算法可能会因无法找到与新用户有相同偏好的用户群体而不能进行个性化推荐，因此同样存在冷启动问题。算法也会因用户和物品数量多但有用户行为的物品少而存在数据稀疏问题，影响查找相似用户的准确性。以电商平台的推荐系统为例，系统中往往包含数以万计的商品，每个用户购买的商品在其中所占的比例可能会非常小，不同用户之间购买的商品很难有交集，导致算法很难寻找到目标用户的相似用户群体。此外，基于用户的协同过滤算法的计算量会随着用户和物品的数量增加而增加，在数据量很大的情况下计算用户之间的相似度，可能会导致维度灾难。因此，在实际应用中，只单独使用基于用户的协同过滤算法的推荐系统较少。

13.4 基于物品的协同过滤

13.4.1 算法的主要思想

基于物品的协同过滤算法（Item-Based CF）的核心思想是如何确定物品的最近邻集合，其基本原理是根据用户对物品的评分，计算用户未评分的物品与用户已评分物品的相似度，形成近邻物品集，再以相似度作为权重，加权用户已评价物品的评分，作为目标用户的预测评分，最后进行 Top N 推荐。

基于物品的协同过滤算法并不利用物品的内容属性计算物品之间的相似度，它主要通过分析用户的行为记录计算物品之间的相似度，如用户对物品的评分高低、用户收藏与否等。因此，可以先将对物品 A 与物品 C 共同做出评分的用户提取出来，如果这些用户对两个物品的评分相近，那么 A 和 C 两个物品相似度就高；反之则相似度低。

如图 13.5 所示，因为喜欢电影 A 的用户大都喜欢电影 C，所以认为电影 A 和电影 C 具有很大的相似度。当用户 X 喜欢电影 A 时，就将电影 C 推荐给目标用户 X。

13.4.2 算法的步骤

基于物品的协同过滤算法首先根据用户对物品的评分等行为计算物品之间的相似度；然后选择与特定物品最相似的 k 个物品构成推荐列表；最后根据推荐列表向特定用户推荐在列表中该用户还没有发生过行为的物品。该方法是根据用户对物品的偏好计算物品的相似性。其算法流程如图 13.6 所示。

图 13.5

基于物品的协同过滤
推荐算法思想

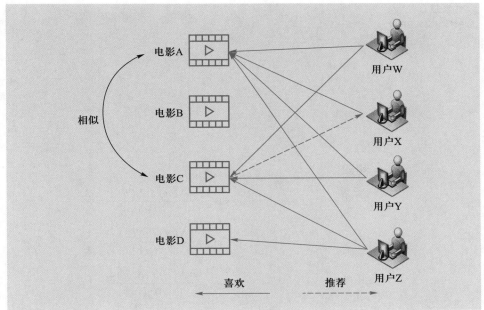

图 13.6

基于物品的协同过滤
推荐算法流程

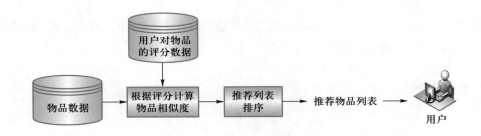

1. 物品相似度计算

在用户评价矩阵的基础上，可以进行物品相似度的计算，主要包括基于共现度的物品相似度计算、基于余弦的物品相似度计算以及基于 Pearson 相关系数的物品相似度计算等方法。

（1）基于共现度的物品相似度计算。给定物品 i 和物品 j，令 $N(i)$ 和 $N(j)$ 分别表示喜欢物品 i 和 j 的用户。那么物品 i 和 j 的相似度 Sim_{ij} 为：

$$Sim_{ij} = \frac{|N(i) \cap N(j)|}{|N(i)|}$$

（13–14）

式中：$|N(i) \cap N(j)|$ 表示同时喜欢物品 i 和物品 j 的用户数量；$|N(i)|$ 表示喜欢物品 i 的用户总数；Sim_{ij} 的值在 0 到 1 之间。上述公式可以理解为喜欢物品 i 的用户中有多少比例的用户也喜欢物品 j。

【例 13–2】 假设有用户 H、用户 I、用户 J 和用户 K，这四个用户在过去一个月中所购买的物品包括 a、b、c、d、e。每个用户的购买情况如表 13.7 所示。

表 13.7
用户购买物品情况表

用户	所购买的物品				
	a	b	c	d	e
用户 H	√	√		√	
用户 I	√			√	
用户 J		√		√	
用户 K	√	√	√	√	√

可知:

$$Sim_{ab} = \frac{|N(a) \cap N(b)|}{|N(a)|} = \frac{2}{3}$$

$$Sim_{ac} = \frac{|N(a) \cap N(c)|}{|N(a)|} = \frac{1}{3}$$

$$Sim_{ad} = \frac{|N(a) \cap N(d)|}{|N(a)|} = 1$$

$$Sim_{ae} = \frac{|N(a) \cap N(e)|}{|N(a)|} = \frac{1}{3}$$

其他物品间的相似度也可通过此方法计算得出。由此,可得到物品相似度矩阵如表 13.8 所示。

表 13.8
基于共现度的物品
相似度矩阵

	a	b	c	d	e
a	1	2/3	1/3	1	1/3
b	2/3	1	1/3	1	1/3
c	1	1	1	1	1
d	3/4	3/4	1/4	1	1/4
e	1	1	1	1	1

由表 13.8 可见,这种方法存在一些弊端。首先,它使物品相似度计算受到了方向性的影响,比如,$Sim_{ad} \neq Sim_{da}$。其次,如果某一物品是热门物品,则可能造成所有物品都与该物品具有较高的相似度,即 Sim_{ij} 的值将会偏大,甚至接近于 1。例如,H、I、J、K 四个用户都购买了物品 d,这说明物品 d 是热门商品,大部分用户都很喜欢。由表 13.8 可见,$Sim_{ad}=1$,$Sim_{bd}=1$,$Sim_{cd}=1$,$Sim_{ed}=1$。为了避免这种现象,需要消除两两物品相似度计算的方向性影响,并且对热门物品进行惩罚,减少热门物品为相似度带来的影响。改进后的公式如下:

$$Sim_{ij} = \frac{|N(i) \cap N(j)|}{\sqrt{|N(i)||N(j)|}} \tag{13-15}$$

由此可得新的物品相似度矩阵(见表 13.9)。

表 13.9
基于改进共现度的
物品相似度矩阵

	a	b	c	d	e
a	1	$2/\sqrt{3\times3}$	$1/\sqrt{3\times1}$	$3/\sqrt{3\times4}$	$1/\sqrt{3\times1}$
b	$2/\sqrt{3\times3}$	1	$1/\sqrt{3\times1}$	$3/\sqrt{3\times4}$	$1/\sqrt{3\times1}$
c	$1/\sqrt{1\times3}$	$1/\sqrt{1\times3}$	1	$1/\sqrt{1\times4}$	$1/\sqrt{1\times1}$
d	$3/\sqrt{4\times3}$	$3/\sqrt{4\times3}$	$1/\sqrt{4\times1}$	1	$1/\sqrt{4\times1}$
e	$1/\sqrt{1\times3}$	$1/\sqrt{1\times3}$	$1/\sqrt{1\times1}$	$1/\sqrt{1\times4}$	1

在本例中，用户 K 购买了所有物品，即用户 K 是个活跃用户。这个用户对物品两两相似度的贡献远小于只买了两种物品的用户对物品相似度的贡献。因此，需要用 IUF（Inverse User Frequence，即用户活跃度对数的倒数）作为参数，进一步修正公式以惩罚活跃用户。也就是说，需要降低这类活跃用户的行为对物品相似度的贡献。增加了用户活跃度惩罚因子的公式如下：

$$Sim_{ij} = \frac{\sum \dfrac{1}{\lg(1+|N(i)\cap N(j)|)}}{\sqrt{|N(i)||N(j)|}} \tag{13-16}$$

式中：u 为同时喜欢物品 i 和物品 j 的用户。

（2） 基于余弦的相似度计算。基于余弦的相似度计算是通过计算两个用户打分向量之间的夹角余弦值来计算物品之间的相似性，具体公式如下：

$$Sim_{ij} = \frac{\sum\limits_{u\in U(i)\cap U(j)} r_{ui}r_{uj}}{\sqrt{\sum\limits_{u\in U(i)\cap U(j)} r_{ui}^2}\sqrt{\sum\limits_{u\in N(i)\cap N(j)} r_{uj}^2}} \tag{13-17}$$

式中：$U(i)$ 和 $U(j)$ 分别表示喜欢物品 i 和 j 的用户；u 代表同时喜欢物品 i 和 j 的用户；r_{ui} 和 r_{uj} 分别表示用户 u 对物品 i 和 j 的评分。

基于余弦的相似度计算方法没有考虑不同用户的打分习惯，有的用户偏向于打高分，而有的用户偏向于打低分，导致两个物品相似度大小受到用户打分习惯的影响。因此，通过减去用户打分的平均值来消除不同用户打分习惯的影响，得到修正的余弦相似度计算公式如下：

$$Sim_{ij} = \frac{\sum\limits_{u\in U(i)\cap U(j)} (r_{ui}-r_u)(r_{uj}-r_u)}{\sqrt{\sum\limits_{u\in U(i)\cap U(j)} (r_{ui}-r_u)^2}\sqrt{\sum\limits_{u\in N(i)\cap N(j)} (r_{uj}-r_u)^2}} \tag{13-18}$$

式中：r_u 表示用户 u 打分的均值。

（3） 基于 Pearson 相关系数的相似度计算。也可以利用 Pearson 相关系数计算物品相似度，具体公式如下：

$$Sim_{ij} = \frac{\sum\limits_{u\in N(i)\cap N(j)} (r_{ui}-r_u)(r_{uj}-r_u)}{\sqrt{\sum\limits_{u\in N(i)\cap N(j)} (r_{ui}-r_u)^2}\sqrt{\sum\limits_{u\in N(i)\cap N(j)} (r_{uj}-r_u)^2}} \tag{13-19}$$

可见，基于 Pearson 相关系数的物品相似度计算公式与修正的余弦相似度计算公式是一样的。这说明 Pearson 相关系数就是把两组数据标准化处理之后的向量夹角的余弦，基于修正的余弦相似度的物品相似度计算更多地体现了用户间的相关性而非相似性。Sim_{ij} 的取值范围为 $[-1, 1]$，当两个物品的正相关关系很强时，Sim_{ij} 趋于 1；当两个物品的负相关关系很强时，Sim_{ij} 趋于 -1；当两个物品不相关时，Sim_{ij} 趋于 0。

2. 建立推荐列表

计算出物品两两之间的相似度后，可以构造物品之间的相似度矩阵。再结合目标用户的兴趣计算出推荐分值，用于建立推荐列表。计算推荐分值的方法有两种：加权求和法和线性回归法。

（1）**加权求和法。** 加权求和法是一种比较常用的方法，其基本思路是对用户给物品的评分进行加权求和，权值为物品与物品之间的相似度。也就是说，物品和用户曾经感兴趣的物品越相似，越有可能在用户的推荐列表中获得比较高的推荐指数。假设已经获取了目标用户 v 曾经感兴趣的物品集合 $G(v)$，想知道用户 v 对物品 j 的评分预测值，即将物品 j 推荐给用户 v 的推荐指数 P_{vj}。首先找出与物品 j 最相似的 k 个物品的集合 $S(j)$，然后用公式计算 P_{vj}：

$$P_{vj} = \sum_{i \in G(v) \cap S(j)} Sim_{ij} r_{vi} \tag{13-20}$$

式中：物品 i 既位于用户 v 曾经感兴趣的物品集合中，又位于与物品 j 相似的物品的集合中；Sim_{ij} 为物品 i 与物品 j 之间的相似度；r_{vi} 为用户 v 对物品 i 的打分。如果用户对物品的兴趣是用布尔值表示的，那么 r_{vi} 只取 0 或 1 即可。

此方法也可以用矩阵的形式表示。设 $G(v) \cap S(j)$ 中共有 m 个物品，将用户 v 对集合 $G(v) \cap S(j)$ 中每个物品的喜爱程度（打分值）表示为矩阵 $A_{1 \times m}$，将物品 j 与这 m 个物品的相似度矩阵表示为矩阵 $B_{m \times 1}$，从而计算将物品 j 推荐给用户 v 的推荐指数 P，$P = AB$。

（2）**线性回归。** 线性回归法是利用目标用户对曾经感兴趣的物品的打分情况建立线性回归模型。

$$P_{vi} = \alpha P_{vk} + \beta + \varepsilon \tag{13-21}$$

假设要计算对用户 v 推荐物品 j 的推荐指数 $P_{vj'}$。式 13-21 中，物品 i 和物品 k 都是用户 v 曾经感兴趣的物品，且与物品 j 相似，即 $i, k \in G(v) \cap S(j)$。P_{vi} 和 P_{vk} 是用户 v 对物品 i 和物品 k 的评分，因此都是已知的。可以据此估计出线性回归模型的参数 α 和 β。然后利用模型计算出 $P_{vj'}$：

$$P_{vj'} = \alpha \overline{P}_v + \beta \tag{13-22}$$

式中：$\overline{P}_v$ 表示用户 v 对集合 $G(v) \cap S(j)$ 中所有物品喜好程度的平均值。

上述两种方法都可以计算出单个物品的推荐指数。在推荐系统中通常存在多个备选对象，分别计算出每个备选对象的推荐指数，然后按推荐指数从高到低进行排序，形成推荐列表。最后，从推荐列表中选择排在首位的物品或者 top N 的物品推荐给用户。

13.4.3　算法的优缺点

　　与基于内容的推荐算法相比，基于物品的协同过滤算法推荐结果更加准确。基于内容的推荐算法只考虑了物品本身的性质，将物品按特征信息形成集合，一旦用户对集合中的某一种物品感兴趣，便会向用户推荐集合内其他物品。而基于物品的协同过滤算法从用户的行为出发，推荐的结果更具有可信度，降低了偶然行为对预测结果的影响。

　　由于用户数量通常远大于物品数量，因此，与基于用户的协同过滤算法相比，基于物品的协同过滤算法计算效率更高。在物品数量较多时，通常以一定的时间间隔离线进行计算，然后将物品相似度数据缓存在内存中，以便可以根据用户的新行为实时向用户做出推荐。

　　综上所述，基于物品的协同过滤算法的推荐结果更加个性化，能够反映用户的个人兴趣，对挖掘长尾物品有很大帮助，因此被广泛应用于电子商务系统。但基于物品的协同过滤同样存在新用户冷启动问题。

关键术语	
■　信息过载	Information Overload
■　基于内容的推荐	Content-based Recommendation
■　协同过滤推荐	Collaborative Filtering Recommendation
■　基于用户的协同过滤推荐	User-based Collaborative Filtering Recommendation
■　基于物品的协同过滤推荐	Item-based Collaborative Filtering Recommendation
■　混合推荐	Hybrid Recommendation
■　物品特征表示	Item Representation
■　偏好学习	Profile Learning
■　推荐列表生成	Recommendation Generation

本章小结

推荐系统能够精确地匹配用户与需求，降低人们在信息过载时代获取信息的成本，已经成为为用户提供个性化服务的重要技术手段，并得到了非常广泛的应用。经典的推荐算法可分为基于内容的推荐、基于协同过滤的推荐以及混合推荐三大类，其中基于协同过滤的推荐又分为基于用户的协同过滤和基于物品的协同过滤两种。

基于内容的推荐关注推荐物品的内容，是根据用户过去喜欢的物品，为用户推荐和他过去喜欢的物品相似的物品。基于用户的协同过滤主要是给用户推荐那些和他有共同兴趣爱好的用户喜欢的物品，推荐结果着重于反映和用户兴趣相似的小群体的热点。基于物品的协同过滤算法根据用户对物品的评分计算物品之间的相似性，给用户推荐那些和他们之前喜欢的物品相似的物品，

推荐结果着重于维系用户的历史兴趣。

基于内容的推荐算法与基于协同过滤的推荐算法各有利弊。基于内容的推荐算法因没有使用其他相似用户的相关信息而导致准确率难以提高；基于协同过滤的推荐算法在实际应用过程中经常由于数据稀疏问题难以使用。因此工业界常用的是将协同过滤算法与基于内容算法相融合的混合推荐模型，利用两种算法的优势提高准确性并解决冷启动等问题。

传统的推荐算法推荐的准确性或多样性还不够，因此又衍生出很多新的推荐算法，如基于知识的推荐、基于社区的推荐、基于标签的推荐、基于深度学习的推荐、基于知识图谱的推荐等。在未来的应用中，还需要综合考虑时间、空间、任务等因素，在提高推荐准确性的同时增加推荐的多样性。

即测即评

参考文献

[1] Resnick P，Iacovou N，Suchak M，et al. GroupLens: An open architecture for collaborative filtering of net news [C] // Proceedings of the 1994 ACM Conference on Computer Supported Cooperative Work，Oct 22–26，1994. New York，NY，USA: ACM，1994: 175–186.

[2] Resnick P，Varian H R. Recommender systems [J]. Communications of the ACM，1997，40 (3): 56–58.

[3] Linden G，Smith B，York J. Amazon.com recommendations: Item-to-item collaborative filtering [J]. IEEE Internet Computing，2003，7 (1): 76–80.

[4] Adomavicius G，Tuzhilin A. Toward the next generation of recommender systems: A survey of the state-of-the-art and possible extensions [J]. IEEE Transactions on Knowledge and Data Engineering，2005，17 (6): 734–749.

[5] Koren Y，Bell R M，Volinsky C，et al. Matrix factorization techniques for recommender systems [J]. IEEE Computer，2009，42 (8): 30–37.

[6] Shi Y，Larson M，Hanjalic A. Collaborative filtering beyond the user-item matrix [J]. ACM Computing Surveys，2014，47 (1): 1–45.

第14章
广告点击率预测

广告点击率预测在互联网广告上扮演着重要的角色，不仅承载着广告媒体平台的收入、广告用户体验，还关系到广告主的投放效果，是所有互联网效果广告的核心模块。点击率预测是指对某个广告将要在某个场景下展现前，通过机器学习模型预估其可能的点击率概率，为最终的广告投放选择提供决策参考。本章将介绍搜索广告点击率预测的相关方法。

14.1 搜索引擎商业模式

随着信息技术的发展，搜索引擎（百度、Google、Bing 等）成为大家快速找到目标信息的常用途径。搜索引擎，通常指的是收集了互联网上几千万到几十亿个网页并对网页中的每一个词（即关键词）进行索引，建立索引数据库的全文搜索引擎。当用户查找某个关键词时，所有在页面内容中包含了该关键词的网页将作为搜索结果被搜出来，这些结果将按照与搜索关键词的相关度高低依次排列。搜索引擎的返回结果一般包含广告以及自然结果，如图 14.1 所示。

(1) **搜索广告**。搜索广告业务是搜索引擎公司的最主要收入来源，如国内最大的搜索引擎公司百度，全年营收超过 1 000 亿元，其中搜索广告占比超过 50%。

(2) **自然结果**。自然匹配结果是根据用户输入的搜索词从其网页索引库中获取的最相关或者可能点击率最高的内容。衡量一个搜索引擎用户的满意度主要是自然结果的相关性，相关性越高，用户满意度越大，后续再来搜索的可能性也越大。

搜索引擎的商业模式，一般叫做竞价排名或者关键字竞价排名。在整个商业模式中涉及三个参与方：搜索引擎、广告主和用户。广告主在搜索引擎上获取了用户，并向搜索引擎支付广告费用；用户在搜索引擎获取了信息和服务，并且向广告主支付费用。搜索引擎创造的总社会价值是用户向所有广告主支付的费用总和，获取的收益是广告主支付的费用总和。用户越多，广告主越多，搜索引擎的收益就越大（见图 14.2）。

图 14.1
搜索引擎的返回结果

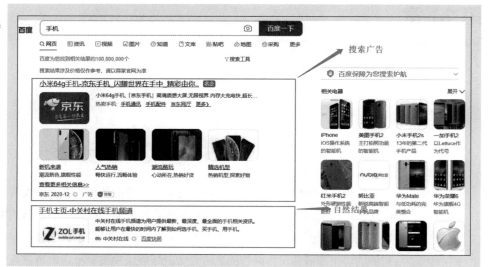

图 14.2
搜索引擎的商业模式

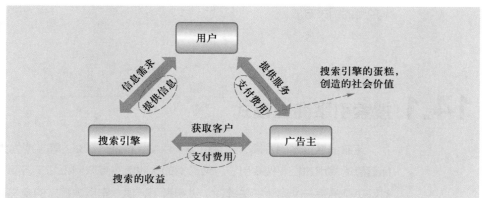

　　竞价广告最常用的付费模式是点击收费。广告主在搜索引擎的广告系统上设定好关键词的出价，当用户点击广告时，按一定的计费规则向广告主收费。早期，广告是按最高出价排序，不考虑用户搜索词和广告之间的相关性。这有两个缺点：一方面让用户的体验受损，因为看到的广告内容和自己的搜索无关；另一方面由于广告和用户的需求不太相关，导致点击少，在按点击收费的模式下搜索引擎的收益就少。之后广告点击率预测（Predict Click Through Rate，PCTR）出现了。点击率预测是对每次广告的点击概率进行预测，用于判断用户点击该广告的概率有多大。此时的竞价排序规则一方面依赖于价格，一方面依赖于预测的点击率。如图 14.3 所示，左表是每个广告预估的 CTR（点击率），CPC（每次点击的收费，也可以理解为广告主的出价）以及计算出来的 ECPM（每千次广告曝光的期望收益），ECPM 高的广告会排在搜索结果页的前面。PCTR 不仅提高了用户对广告结果的满意度，也提高了广告的效果和搜索引擎的收益，可以说是一举三得，是对搜索广告的帕累托改进。理论上在其他条件不变的情况下，只要不断地优化广告的 PCTR，搜索引擎的收益就会不断提升。

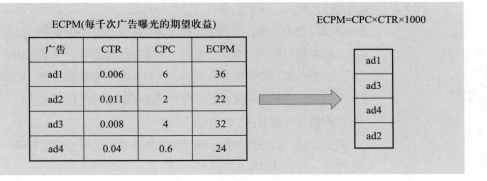

图 14.3
ECPM 成为广告排序
的指标

14.2 广告点击率预测

14.2.1 点击率预测原理

　　点击率预测学习是利用广告的曝光和点击数据，把曝光有点击的广告作为正样本，曝光没有点击的广告作为负样本，学习什么样的用户点击哪些广告的概率更大的模型。点击率预测一种简单的方法是基于历史统计的方法。例如，给定搜索词（query），某广告在过去一段时间有 N 次展现、K 次点击，根据最大似然估计，给定的（query，广告）的 PCTR=K/N。使用这种方法实际中会面临几个问题：①数据稀疏性问题，比如 500 万的 query、500 万的广告需要有 25 万亿广告对，很多广告对可能都没有统计数据可以用。②数据量不足。很多长尾的搜索词和广告可能就展现过几次，数据不可靠。③点击率不一定是恒定的。随着时间的变化或者不同人群的变化，同样的（query，广告）对点击率差异很大。解决的方案是利用广告、query 以及用户的各种特征，通过机器学习模型来预测点击率。

　　PCTR 预测的机器学习模型和通用机器学习模型大同小异。先简单回顾一下通用机器学习模型的步骤：

（1）　**理解实际问题，将其抽象为机器学习能处理的数学问题。**CTR 预测问题可以分为分类问题和回归问题。大多公司是转为 0–1 的分类问题，即给定一个（user，query，ad）预测被点击或者不被点击的概率。

（2）　**获取数据。**数据决定机器学习结果的上限，而算法只是尽可能地逼近这个上限。要确保数据的准确性。根据垃圾数据建立模型，学习到的模型也只是垃圾的输出。在点击率预测的场景下，数据主要是从日志中获取广告展现和点击的样本。

（3）　**特征工程。**特征工程包括从原始数据中进行特征构建、特征提取、特征选择等。特征工程做得好能更好地发挥数据的能量，使算法的效果和性能得到显著提升。机器学习的大部分时间就花在特征工程上面，一般情况下特征工程会占到整个机器学习 70% 以上的时间。

（4）　　**模型训练和调优**。现在有很多机器学习算法工具包可以使用，可以用不同的模型和方法去尝试，使得效果达到最优。模型调优中要判断模型是否过拟合、欠拟合，常见的手段是绘制学习曲线、交叉验证等。当发生过拟合时，要增加训练的数据量，或者降低模型的复杂度；当发生欠拟合时，提高特征的数量和质量，增加模型的复杂度。这是一个反复、不断逼近最优的过程，需要不断地迭代和尝试。

完整的流程如下：

数据收集→数据预处理→构造数据集→特征工程→模型选择→超参选择→离线评估和调优→在线 AB 测试

14.2.2　广告点击率预测的基础数据

CTR 预测主要依赖四类数据：用户画像、广告、上下文和场景信息，如图 14.4 所示。

图 14.4
广告点击率预测的
基础数据

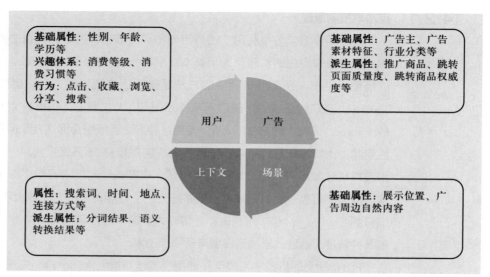

（1）　　用户画像即用户的特征。这个概念最早由交互设计之父 Alan Cooper 提出，是建立在一系列属性数据之上的目标用户模型。大部分大数据公司会耗费巨大的精力去构建统一的用户画像，为不同的业务提供基础数据服务。典型的用户画像包括基础属性和兴趣体系。基础属性包括年龄、性别、地域、籍贯、职业、学历等。这些数据一方面可以通过用户主动提交的信息进行收集，另一方面可以利用用户的行为通过数据模型进行推测。例如，要判断用户的性别，可以通过用户的搜索行为进行判断，比如用户一直搜索女性相关的小说和电影等，那么可以判断该用户大概率是女性用户。兴趣体系包括的范围比较广，比如运动偏好、资讯偏好和消费等级等。比如用户搜索高端价格的产品比较多且有成交记录，那么可以判断该用户是消费等级比较高的用户。用户特征体系为每个用户计算用户画像，每个人都有自己独特的标签。一个典型的用户画像标签如下："陈某，女，30 岁，黑龙江人，北京工作，IT 行业，已婚，有孩子，喜欢看言情类小说，喜欢电商，消费能力强。"用户画像怎么用呢？举个简单的例子：当一个消费等级比较高的用户搜索手机时，优先给该用户推送苹果或者华为的高端机比推送低端的手机被点击和关注的概率会更高。每个公司都想要更全的用户画像数据来为产品和模型服务，受限于能获取到的数据，一般只会有用户的部分画像，但是也已经能极大地提高模型的效果。需要注意的是，采集以及使用用户的画像数据需要符合数据隐私的规范，目前国内对隐私保护的法律越来越健全，这是另外一个话题，不在此讨论了。

（2）　广告。广告的基础属性一般包含几个维度：广告主（广告主的画像会包括 ID、公司和公司类别）、广告账号、广告创意、广告所属行业、广告落地页的质量、历史广告表现、近期广告表现和广告的实时 CTR 等。广告创意是和该广告链接的最相关的数据特征，比如广告的标题、图片视频等。在早期，图片和视频的处理技术不够强，这两方面的素材特征比较难处理，要依赖人工进行图片和视频特征的标注。但是随着深度学习在图片处理技术的发展，已经有很多手段可以对图片和视频进行多模态特征的抽取，以便在模型中使用。

（3）　上下文特征包括用户的搜索词、搜索词通过各种手段处理过的结果、搜索的时间与地点、连接的方式（PC 或者手机）、网络环境等。除了这些，上下文还会包括当时的热点事件、热点新闻、天气、节日等。这些数据特征不一定对模型都产生正向的作用，需要在模型中去筛选。

（4）　产品场景一般是展现广告的产品位置和形态，比如是在搜索结果页面左边的第 1 条广告还是在信息流中间的第 5 条广告等。为了方便进行数据处理，不同位置的广告都会有唯一的广告位标记。

14.2.3　广告点击率预测的特征工程

　　用户、广告、上下文以及场景的基础数据为 CTR 预测特征工程提供了基础来源。主要有特征离散化和特征交叉两种预处理。

（1）　**特征离散化。**例如，把年龄分为几个区间：儿童、少年、青年、中年、老年等。一般离散化的特征的值相加和相减是没有意义的，比如 20 岁和 25 岁这两个值比较大小是没有意义的，因为往往 20 岁和 25 岁的人对同一个广告的兴趣度差异不会很大。因此会采用离散化的处理方法，比如把年龄分为 0~10 岁、11~20 岁、21~30 岁、31~40 岁、41~50 岁、51~60 岁、60 岁以上 7 个段，当用户的年龄为 20 岁时，表示为（0，1，0，0，0，0，0），即包含用户年龄的分段为 1，其他分段为 0。

（2）　**特征交叉。**把多个特征进行交叉的值用于训练，这种值可以表示非线性的关系。广告点击率预测中应用最多的是广告和用户的特征交叉、广告和性别的交叉、广告和年龄的交叉以及广告和地域的交叉，如图 14.5 所示。

　　为什么要做特征的交叉呢？比如一个用户是 20 岁，点击过一个广告，如果不做

图 14.5
特征交叉

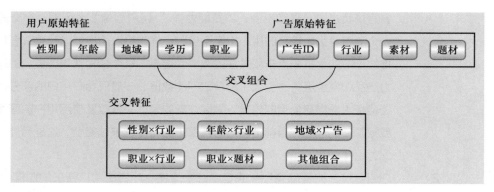

交叉的话，那么在 20 岁这个特征上对所有的广告的特征都是 1，这显然是不合理的。有意义的是，这个 20 岁的人和美容相关的广告是一个值，和体育相关的广告是另一个值，这样才更合理。同理，性别的特征是一样的，女性 20 岁体育广告一个值，女性 20 岁美容广告一个值。交叉的维度可以从二阶到三阶，甚至更高阶。但是更高阶的处理需要消耗更多的计算和时间，要具体问题具体对待。

【例 14-1】 假设一个广告分类的问题，根据用户和广告类型的相关特征，预测用户是否点击广告。是否点击是机器学习的目标，性别和广告类型是特征，由于特征都是类别类型的，会转为离散型的独热编码数据特征输入模型中（见表 14.1）。

表 14.1

样本编号	性别	广告类型	是否点击
1	男	游戏	1
2	女	美妆	1
3	男	美妆	0
4	女	游戏	0

原始的离散化处理如下：

（1） **性别离散化**。男为 1，女为 0，则性别是一个二维的向量，［1,0］表示男性，［0,1］表示女性。

（2） **广告类型的离散化**。只有两种类型，则用二维向量可以表示，有多少个广告类型则用多少维的向量表示。游戏在第一维度，美妆在第二维度，则［1,0］表示游戏，［0,1］表示美妆。

无交叉特征表如表 14.2 所示。

表 14.2

样本编号	性别 = 男	性别 = 女	广告类型 = 游戏	广告类型 = 美妆	是否点击
1	1	0	1	0	1
2	0	1	0	1	1
3	1	0	0	1	0
4	0	1	1	0	0

性别和广告类型最终的交叉特征如表 14.3 所示。

表 14.3

样本编号	性别=男	性别=女	类型=游戏	类型=美妆	性别=男类型=游戏	性别=男类型=美妆	性别=女类型=游戏	性别=女类型=美妆	是否点击
1	1	0	1	0	1	0	0	0	1
2	0	1	0	1	0	0	0	1	1
3	1	0	0	1	0	1	0	0	0
4	0	1	1	0	0	0	1	0	0

为什么特征交叉会有更好的效果呢？来看下逻辑回归（LR）模型的公式：

$$y' = \sigma\left(\sum_{i=1}^{n} w_i\, x_i + b \right) \tag{14-1}$$

LR 模型拟合样本数据就是找到 4 个特征的权重使得样本的总体损失函数最小，将四个特征的权重记为 w_1、w_2、w_3 和 w_4，具体将无特征交叉表的数据代入 LR 模型公式（忽略其他）得到如下等式：

$$w_1+w_3=1$$
$$w_1+w_4=0$$
$$w_2+w_4=1$$
$$w_2+w_3=0$$

将第一个等式和第二个等式相减，第三个和第四个等式相减得到：

$$w_3-w_4=1$$
$$w_4-w_3=1$$

显然不存在这组权重的数据。

用有交叉的特征表做拟合时，（性别＝男，类型＝游戏）和（性别＝女，类型＝美妆）样本标签为 1，其余为 0，因此只需简单地将这两个特征的权重 W 设置得比较大，其余权重为 0，就能很好地拟合样本了。

特征工程还包括特征选择、特征缩放、特征提取等，本章就不展开了。

14.3 CTR 预测机器学习模型的发展

14.3.1 LR 机器学习模型

点击率预测的经典模型是逻辑回归（LR）。它具备简单、时间复杂度低和可大规模并行化的优良特性，虽然 LR 本身是线性模型，但是特征工程师们通过手动地设计交叉特征以及特征离散化的方法，给予了 LR 模型非线性学习的能力。LR 模型描述如下：

$$f(user,ad)=\frac{1}{1+e^{-w^{\mathrm{T}}x}} \qquad\qquad (14-2)$$

式中：x 是特征工程中做好的特征向量；w 也是一个向量，表示每个特征 x 的权重。w 每取一个值，对相同的用户和广告对就能得到一个预估的 CTR。LR 模型的训练就是用大量的特征样本来做训练，在大规模的机器学习上，这样的样本可能会达到几亿甚至几十亿以上。这个训练的过程也叫做拟合分布的过程，往往使用的是极大似然估计的方式去拟合，具体的公式推导过程就不详细展开了。

虽然 LR 模型有上面提到的很多优点，但是也有很多不足，比如依赖于大量的特征工程、需要将业务的背景知识通过特征交叉融入模型、特征交叉的组合难以穷尽以及对于没有出现过的交叉特征无法学习，因此工业界一直在努力寻找特征自动化的方法。

14.3.2 GBDT+LR 特征自动化初探索

Facebook 在 2014 年提出了 GBDT（Gradient Boosting Decision Tree）+LR 的组合模型进行 CTR 预测，本质上是通过提升树模型的特征组合能力来替代原先工程师们手动组合特征的过程。GBDT 具备特征筛选的能力，因为每次分裂选择增益最大的分裂特征和分裂点，也具备高阶特征组合的能力。树模型天然就是非线性的，因此通过 GBDT 来自动生成特征是一个非常自然的思路。这个方法并非是端到端的模型，而是两阶段模型，先通过 GBDT 训练得到特征向量之后，再把这个特征向量输入 LR 模型，LR 模型的训练并不会对 GBDT 进行更新。具体来讲有以下几个步骤。

首先，GBDT 对原始训练数据做训练，得到一个二分类器。可以利用网格搜索等方法寻找 GBDT 的最佳参数组合，提升 GBDT 的效果。

其次，GBDT 输出的并不是最终的二分类概率值，而是把模型中的每棵树计算得到的预测概率值所属的叶子结点位置记为 1，构造出新的训练数据。例如，假设 GBDT 有两个弱分类器，每棵树有 5 个叶子结点，对于某个特定样本来说，落在了第一棵树的第 3 个结点，得到的向量为 $[0,0,1,0,0]$，第二棵树的第四个结点，得到的向量为 $[0,0,0,1,0,]$，把所有树的向量合在一起，得到的最终向量为 $[0,0,1,0,0,0,0,0,1,0,]$（见图 14.6）。这里的思想与独热编码类似。由于每一弱分类器有且只有一个叶子结点输出预测结果，所以在一个具有 n 个弱分类器、共计 m 个叶子结点的 GBDT 中，每一条训练数据都会被转换为 $n \times m$ 维稀疏向量，且有 n 个元素为 1，其余元素全为 0。

最后，新的训练数据构造完成后就要与原始训练数据的特征和标签（比如是否被点击）一并输入 LR 分类器中训练。用 GBDT 生成训练数据的方法可能导致新的训练数据特征维度过大的问题，在 LR 这一层中，可使用正则化来减少过拟合的风险，在

图 14.6
用 GBDT 构造出新的
训练数据

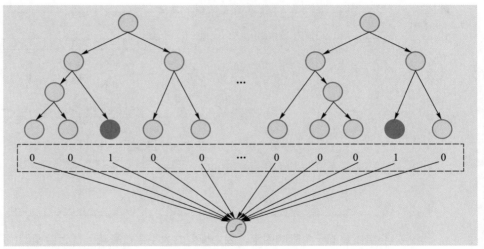

Facebook 的论文中采用的是 L1 正则化。

GBDT+LR 的优势在于特征工程的自动化，不足在于：①两阶段的非端到端的模型；②CTR 预估场景涉及大量的高维稀疏特征，树模型处理上不太合适；③GBDT 模型本身比较复杂，无法做到在线学习（Online Learning），模型对数据的拟合会比较滞后。

14.3.3 深度学习模型

深度学习是目前机器学习和人工智能最热的领域了，已经在多个场景取得了巨大的进步。深度学习的算法模型众多，究其共性的话，表示学习是核心的观点之一。在点击率预测场景上，希望借助深度学习来节约特征工程的巨大投入，让点击率预估模型自动完成特征构造和特征选择的工作以及端到端的学习。

深度学习模型框架很多，各有优缺点，本节介绍一个深度学习模型的框架：Wide&Deep。Wide&Deep 是谷歌用于 Appstore 中的推荐算法，结合了逻辑回归和神经网络两个模型的优点，比单独使用一个模型效果有明显提升。其基本思想是线性模型易于使用、易于扩展和理解，使用一些简单的特征工程就能捕捉各个特征之间的关系，但是线性模型不擅长的是泛化（Generalization），因为线性模型很难捕捉到隐含的特征间的内在联系。泛化是深度神经网络的强项，通过多层之间的抽象能够提取出人工或者特征工程无法找出的隐含特征，使得模型具有一定的推理能力。

图 14.7 是 Wide&Deep 模型的结构图，其中左边部分是 LR 回归，右边部分是深度学习部分（DNN 模型），是一个具有 Embedding 层和若干隐层的深度神经网络，通过 Embedding 层将离散特征转换为低维实数向量，然后各层之间使用全连接，最后一层是 LR 和 DNN 的最后隐层的结合，通过 Sigmoid 函数输出预测的点击率。

LR 和 DNN 模型是联合训练的，联合训练相比较于模型组合方法是有优势的，既可以提升模型的准确度，又可以减小模型的大小。模型大小在超大规模机器学习中是

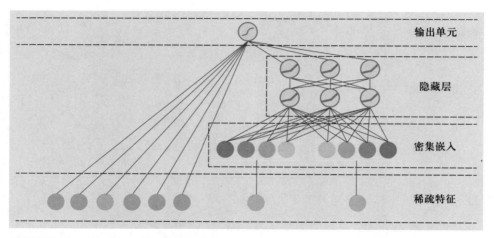

图 14.7
Wide&Deep 模型
结构图

输出单元

隐藏层

密集嵌入

稀疏特征

非常重要的一个影响因素，因为模型的大小直接影响到线上做模型预测时的效率（延时、QPS 等指标）。

关键术语

- 点击率   Click Through Rate
- 每千次展示的期望收益   Effective Cost Per Mille（ECPM）
- 用户画像   User Portrait
- 上下文特征   Contextual Features
- 特征工程   Feature Engineering
- 特征离散化   Feature Discretization
- 特征交叉   Feature Crossover
- 泛化   Generalization

本章小结

本节介绍了搜索广告的商业生态，包括搜索引擎和用户以及广告主之间的关系，从商业模式中引出 PCTR 这个核心因素，它是提升搜索广告系统各参与方满意度的大杀器，它的提升是对整个系统的帕累托提升。然后介绍了 PCTR 模型的线上系统构成以及离线 PCTR 预估的方法，包括数据和样本的选择、特征工程的工作。最后回顾了 PCTR 模型的发展历程，从经典的 LR 到 GBDT+LR 以及深度学习中的 Wide&Deep。

第 15 章
信息流中的内容推荐

信息流被大量地应用在资讯、社交以及电商等领域，是能带来极大商业价值的产品形态之一。提升信息流内容的分发效果是一个充满挑战性的任务，当前主流的做法是实现个性化的推荐，也叫做千人千面的推荐，达到的目的就是对于每个用户而言，都能持续看到各自喜欢的内容。怎么做到千人千面的推荐呢？本章将介绍信息流中的内容推荐，通过构建一整套的推荐方案来实现个性化推荐的目的。

15.1 信息流产品商业生态

今日头条是信息流产品中千人千面推荐的佼佼者，它借助机器学习算法这一颠覆性的内容分发模式，成功从传统信息门户网站中脱颖而出。当然今日头条的成功不只是机器学习算法，它构建了整个内容的生态和平台，致力于实现用户内容消费→平台变现→创作者内容分成的闭环。内容生态的模式如图 15.1 所示。

图 15.1
内容生态的模式

- 媒体、自媒体等内容提供商(CP)入驻内容平台(如头条号、百家号等)并在平台发布内容

- 鉴定内容质量、内容健康度
- 内容标签化处理

内容生态

吸引创作者生产
内容审核处理
内容分发与展现
变现与分成

- 基于信息流和电商导购等变现
- 创作者获得分成

- 内容平台将内容精准分发给不同用户群体，获取用户流量

15.2 信息流推荐系统

信息流产品很多人都体验过，打开一个信息流产品（今日头条、腾讯新闻等），

会看到各种各样的内容，比如新闻、军事、体育、娱乐、历史、小说等，有些是热点新闻，有些是个人的兴趣爱好。面对海量的内容，这些产品是如何从中寻找用户喜欢的内容并且推送到用户面前的呢？先来想象一下，你现在打开了某个信息流产品，那接下来会发生什么呢？信息流的前端会去请求后台，后台又会去请求推荐系统，推荐系统再去内容池里面做各种搜索，找到几篇你比较喜欢的内容。那么问题来了，推荐系统怎么知道你喜欢什么类型的内容呢？不错，就是用户画像。在前面章节的点击率预估中也讲到过用户画像。每个用户身上都会有一些标签，表示用户喜欢什么或者不喜欢什么，比如你喜欢财经和体育；每篇内容也有自己的标签，表示这是什么样的内容（称之为内容画像），比如一篇内容的标签是历史或者体育等。有了这两种标签，推荐系统的工作就容易了，就是把用户和内容的标签相匹配。比如用户喜欢体育的内容，那么推荐系统就会把体育的内容推送给用户。然而，体育品类这么大，怎么知道用户喜欢的是什么具体的运动呢？这就需要把用户画像和内容画像的标签再细化，从一级到二级甚至到三级，更加精准地刻画用户的喜好。总的来说，内容推荐系统做的事情本质上就是解决用户、环境以及内容的匹配问题。

　　一个完整的信息流内容推荐系统如图 15.2 所示。可分为三大部分：①数据模型训练部分，包括用户画像、内容画像（内容理解）以及模型训练。这部分主要是学习出用户的内容偏好。②在线应用部分，包括内容召回、内容排序和人工干预。这部分

图 15.2
一个完整的信息流
内容推荐系统

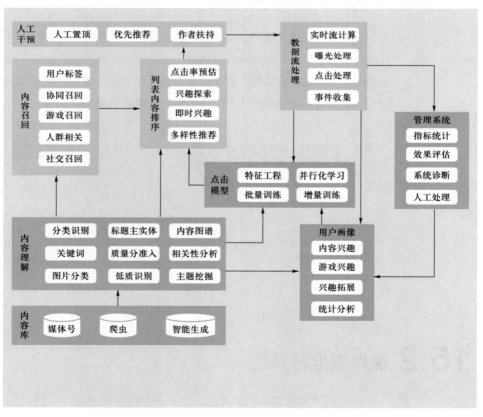

是在线实时的匹配过程，从海量内容中找到用户感兴趣的内容。③数据流以及数据报表部分，为系统提供实时和离线的数据支持。其中最核心的模块是用户画像、内容画像、内容召回和内容排序。

15.2.1 信息流内容推荐中的用户画像

广告点击率预测中介绍过用户画像，这里针对信息流的场景再做一些展开。一般是用标签的方式对用户画像进行刻画。标签是对多维事物的降维理解，抽象出事物具有代表性的特点。所有的标签最终会构成一个立体的画像，来帮助企业或平台更好地理解用户。标签系统的构建通常会有以下几个步骤（见图 15.3）：

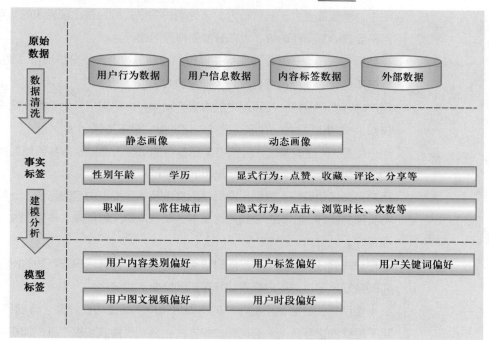

图 15.3
标签系统的构建

（1）　原始数据。所谓原始数据，就是用来构建用户画像的基础数据，一般情况下包含以下几个方面：

①　用户行为数据。用户浏览内容的行为，可用来了解用户喜欢什么品类的内容以及偏好程度，比如点击的内容，是否有分享、收藏行为，看了多长时间。

②　用户信息数据。用户的性别、年龄、学历、注册时间、手机机型等。这些数据在不同的产品中大同小异，都是力求提高用户信息的完善程度。

③　内容标签数据。对内容进行描述的数据，如内容标签、关键词、内容的长度、内容的形式等。

④　外部数据。单一的产品能收集的用户标签数据可能不够完整，如果公司有多条产品线，可以使用用户在其他产品线上的偏好和数据标签，让用户的画像更加完善。

（2）　事实标签，可以分为静态画像和动态画像。

① 静态画像。独立于产品场景之外的属性，如用户的自然人属性，包括年龄、性别、地域、职业等比较稳定的数据。性别是不会更改的，地域和职业也比较稳定，一般在较长的时间内也不会更改，可看做静态画像。

② 动态画像。包括用户在场景中所产生的显式行为和隐式行为。

a. 显式行为：用户在产品上明确地表达了自己对内容的喜好的行为，如点赞、收藏、关注、评分、评论等。评论的处理比较复杂，需要通过自然语言处理等方法来判断用户对内容的情感是正向、负向还是中性的。

b. 隐式行为：用户没有明确地表达自己的偏好，但是用实际的行动如点击、停留时长等行为来表达自己的喜好。这种行为的权重一般会小于显式行为，但是在实际的业务系统中，重要性要大于显式行为。因为用户的显式行为是比较稀疏的，可能只有 5% 的用户会去分享和评论等，大部分数据都是隐式行为。

（3） 模型标签。模型标签是事实标签通过加权计算或者聚类分析所得。通过加工处理后，标签所包含的信息量得到提升，推荐的效果也会更好。

① 用户内容类别偏好。按照用户的内容类别偏好，把用户分为全类别用户（所有类别都喜欢）、时事新闻类、军事历史类、体育类、娱乐类等。

② 用户标签 / 关键词偏好。根据事实标签中的动态画像以及内容所属的标签，计算用户的标签偏好。关键词偏好也是类似的计算过程。

③ 用户图文视频偏好。根据用户阅读图文以及视频类型内容的习惯，计算用户对不同内容类型的偏好。比如在极端的情况下，某些用户只看视频，不看图文，对视频类型有强偏好。

④ 用户时段偏好。根据用户不同时段阅读的内容，计算用户在不同时间段对不同标签内容的偏好。它是对用户标签偏好在时间维度上的细化。

模型标签一般是根据用户的行为将用户的标签加权计算，得到每个标签的分数，用于后续的推荐算法。有两种加权方法，分别是横向加权和纵向加权。横向加权是指如果用户阅读了一个品类的内容，则得 1 分，阅读了 100 篇则得 100 分，这样可以通过分数来表示不同品类标签的差异；纵向加权是从时间维度上，比如随着时间的延长，权重的分数会递减，这样考虑的目的是增加用户最近喜欢的内容的权重，让推荐会随着用户的兴趣度的转移而更快地适应用户。

15.2.2 信息流内容推荐中的内容画像

内容画像的数据是基于内容理解的算法得来的，可定义为：对各种图文、视频等内容，进行多维度的理解，包括打标签、分类、抽取关键词、使用多模态向量等。从形态上看，包括文本内容理解和视频内容理解。

（1） **文本内容理解。**信息流的图文资讯中有大量的文本信息，包含图文标题、正文、评论等数据，需要对这些文本信息进行归一化、抽取分类、标记，甚至建立知识图谱等，通过各种手段加强内容的理解深度和广度，常见的有文本分类和文本标签。文本分类是把文本分为体育、财经等具有代表性的特征的类别，常用的方法有 LSTM、TextCNN、Bert 等。相比文本分类，文本标签是更细粒度的刻画，比如一个篮球分类的文章里面的典型标签是詹姆斯、NBA、湖人队等，经典的方法有 TFIDF、基于 Doc 和 Tag 的语义排序、Textrank 等。

（2） **视频内容理解**。随着长短视频的兴起，视频内容的生产量和消费量也大大提升。对视频内容的理解除了使用视频标题这一文本内容之外，更多的信息来自视频内容本身，因此需要从视频内容中提取主要的实体和内容等，给视频做分类和打标签。视频分类相对于图文分类，增加了时间上的维度，包含的语义信息更加丰富，如把视频中的帧用一些采样的方法提取出来，然后把这些帧（其实就是很多图片）输入到模型中去做分类。视频标签的基本原理也是对视频提取帧，然后识别帧里面的典型内容实体，如通过人脸识别标注出明星等。

内容理解的进一步发展是能自动地根据内容之间的关系，提高刻画用户真实意图的能力。例如，用户看了一个丰田凯美瑞的车的内容，实际上用户并不只是对凯美瑞感兴趣，而是对省油耐用的轿车感兴趣，要做到这样，则要求内容理解能自动地对各个实体层的内容进行抽象和泛化，构建一整张图谱，包括分类层、概念层、实体层以及事件层，能对用户意图进行推理。概念层的挖掘是比较困难的，一方面训练样本少，人工不好标注，另一方面是粒度问题。比如"明星"是一个概念，但是不能精准地识别用户的兴趣，相比之下"阳光帅气的明星"就比较合理。

15.2.3　信息流内容推荐中的内容召回

内容召回的目的在于当用户和内容的量级比较大，如对百万或者千万量级的用户以及内容进行匹配计算时，会产生大量的计算，但同时，大量内容中真正精品以及用户喜欢的只是少数，对所有的内容都进行匹配计算会浪费大量的资源和时间，因此需要采用召回策略，以保证每次用户发出请求后能及时地看到内容（见图 15.4）。"及时"在产品的用户体验中是非常重要的，可以说让用户等上几秒基本上就会让用户失去耐心。召回作为内容抽取的第一步是非常重要的，如果召回的内容不对，后续的模型和特征再好，那怎么排都是错的。

图 15.4
召回策略

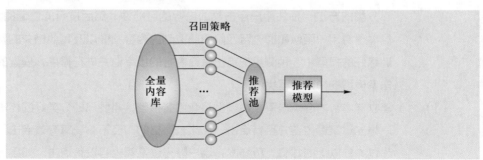

召回策略有很多种，基本的要求是召回的策略要全，所以实际的业务中会有多路召回。实现的思路一般是离线维护一个倒排表，倒排的 Key 可以是分类、标签、实体、来源等，排序考虑热度、新鲜度等。线上召回可以迅速从倒排中根据用户兴趣标签对内容做截断，高效地从很大的内容库中筛选出比较靠谱的一小部分内容。典型的召回有：

（1）　**兴趣标签召回**。根据用户的画像标签去召回对应标签的内容，该种召回会让推荐系统看起来比较懂你。比如用户的标签分数为（NBA 0.5，电商 0.3，历史 0.1，军事 0.1），那么就会根据这些标签去内容倒排库中进行内容召回，多召回一些用户兴趣度高的内容，兴趣度低的少召回一些。

（2）　**热销召回**：将一段时间内的热门内容召回。这个思路的出发点是用户除了关注自己的兴趣点之外，对于当前的热点事件、其他用户都喜欢看的内容也会感兴趣。因此一般会在系统中维护一块近期点击率高的内容，作为一个召回来源。

（3）　**时间召回**：将一段时间内最新的内容召回。在新闻、比赛等时效性比较强的领域是很通用的一种召回。

（4）　**基于用户的协同召回**。基于用户与用户行为的相似性推荐，会有一定的信息茧房突破能力，发现用户的潜在兴趣偏好。

（5）　**基于物品的协同召回**。核心思想是给用户推荐那些和他们之前喜欢的内容相似的内容。不同于基于内容属性的相似性推荐，基于物品的协同过滤的相似性主要利用了用户行为。计算方法可以基于用户集合的相似度计算，或者基于用户评分余弦相似度计算。值得注意的是，在相似度计算中存在物品热门问题，即热门物品和很多其他物品的相似度都偏高，推荐结果过于热门会使得个性化感知下降，对热门物品进行降权处理会降低热门物品的影响。

15.2.4　信息流内容推荐中的内容排序

对召回的内容进行排序，把用户最感兴趣的内容排在前面，分精排和混排两个阶段。

1.　内容排序中的精排

精排是指通过模型的方法构建分类模型，如上一章提到的点击率模型，也是通过二分类的方法，预估用户点击某篇内容的可能性，然后按可能性值的大小进行排序。具体是将用户画像和通过召回阶段获取到的内容画像以及其他相关的特征，放到预先训练好的模型中，预测用户点击每篇内容的概率值并进行排序。模型的构建过程和点击率模型的构建过程类似。

（1）　**建立样本**。内容点击率预估模型是有监督模型，需要已经分类好的样本。正样本：用户曝光过某篇内容并且有点击，在比较严格的口径下，要算有效点击，比如停留时间超过 5 秒以上的才算。负样本：用户曝光过某篇内容没有点击。如果正负样本差距过大，可以将负样本随机采样后与正样本一起训练（见图15.5）。

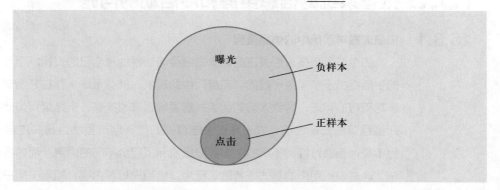

图 15.5

正样本与负样本

（2）**特征构建**。如广告点击率预估通过对用户画像、内容画像和用户行为的数据进行组合和交叉等，得到各种维度的数据。

（3）**模型训练**。LR 模型、GBDT+LR 模型或者 Wide&Deep 等模型，相比传统的机器学习模型、深度学习模型具有更加复杂的模型结构，具有可以拟合任何函数的能力，同时由于其结构的灵活性，甚至可以模拟出用户兴趣的变迁过程。在目前的工业系统中，深度学习模型已经逐渐替代了传统的机器学习模型。

2. 内容排序中的混排

混排是产品人员为了提高产品的用户体验提出的内容重排的方案，一般基于某种特定的规则。想象一下如果没有混排，产品体验会是怎么样的。在精排阶段是通过深度学习模型进行排序输出的，假设用户最喜欢的是体育类的詹姆斯，则不例外，关于詹姆斯的文章都会排在最前列，会导致用户看到的都是詹姆斯的文章，推荐的内容会过于单一。因此会在精排之后做一个混排，让内容有更多的样式和品类。典型的混排规则有：

（1）**类别混排**。一般的信息流产品每次前端向后端请求 10 条内容，为了避免内容过于单调，会在产品上做一个强规则，比如 10 条内容必须包含三种类别，每种类别不少于2 条。举个例子，在某次请求中，虽然精排给出的最前面的 10 条都是军事类，但是在混排阶段，会强制地把排在军事后的体育、娱乐类别的内容提到前面，让用户看到更多类别的内容。

（2）**样式混排**。图文内容有好几种样式，如左文右图、大图文、三图文、大视频、小视频等。为了让产品的呈现更加多样化，混排阶段会做一些规则，比如左文右图、大图文的穿插、三篇左文右图的内容之后会加一个大图文等。

（3）**频控规则**。曝光控制，已经曝光过的内容不会再给用户推送，避免用户看到已经看过的内容。

15.3 推荐系统的信息茧房和冷启动的问题

15.3.1 信息流推荐系统中的信息茧房

信息茧房是指人们关注的信息领域会习惯性地被自己的兴趣所引导，从而将自己的生活桎梏于像蚕茧一般的"茧房"中的现象。推荐系统从存在开始就会被人们冠以信息茧房的标签，导致人们的阅读兴趣领域越来越狭窄，但是果真如此么？回顾一下在推荐算法出现之前，或者是在杂志订阅时代，用户虽然也是关注自己感兴趣的内容本身，但通过订阅不同的杂志实际接收到了完全不同的消息。而内容平台的推荐算法，通过识别用户的显式或者隐式行为，给用户推荐内容，相当于用户在无意识的情况下"订阅"了不同的"杂志"，而且这些杂志的范围会比订阅时代更加广泛。但是不可否认，打开世界，为用户探索更多的内容，也是推荐系统需要长期关注的问题，这些问题处理好之后可能会让用户有更多的惊喜。要想打破信息茧房，追求长期价值，带用户探索更多的内容，一般有如下方法：

（1）　内容覆盖上，需要扩大内容储备，让小众的兴趣点也能实现内容覆盖。内容池是最基础的，如果连内容池都没有足够的不同方面和类目的内容，那谈何带给用户更多的探索。

（2）　产品设计上，需要让用户能够方便地表达自己的兴趣爱好，比如把内容的分类标签体系很好地呈现给用户，用户可以自己表达兴趣。比如，用户喜欢看体育、军事和历史等，系统收集到这些信息就自然而然地会给用户推送该类内容。

（3）　内容推荐上，除了展示用户感兴趣的内容，系统可以尝试用一部分流量来探索其他类别的内容。一种是用随机的方案，例如系统并不知道用户是否喜欢历史的内容，但是由于每个用户留有一部分流量是作为探索的，因此产品也会将历史相关的内容推送给用户，随着时间的积累就会把系统中所有类别的内容都推送给用户，这样可以得到更多的用户偏好。不过随机的方案会在一定程度上损失效率，可以考虑用协同的方式来做用户兴趣类别的探索，这样的成功率会更高一些。另外之前在召回阶段提到的热销内容也是探索的一种方式。

15.3.2 信息流推荐系统中的冷启动

冷启动是信息流推荐系统中要解决的重要问题。冷启动问题主要分为2类、用户冷启动和内容冷启动。用户冷启动，主要解决如何给新用户做个性化推荐的问题。当新用户到来时，系统没有相关的行为数据，所以也无法根据新用户的历史行为预测其兴趣，从而无法借此给他做个性化推荐。内容冷启动，主要解决如何将新的内容推荐给可能对它感兴趣的用户。

用户冷启动的解决思路：①热销内容，把最近大家都喜欢看的内容推给新用户，这是一个比较不错的选择。②利用用户的基本注册信息，如年龄、性别、地域、手机机型等相对没那么精准的信息进行类别的推荐。③利用用户在其他产品上的兴趣数据（如果平台有多个产品线的话）。④在用户进入平台的时候，提示用户进行感兴趣内容的类别或者标签选择。

内容冷启动的解决思路：①内容质量评级。在大的平台上每天会产生大量的内容，如果所有的内容都要推给用户，一方面会有大量的低质恶俗的内容骚扰用户，另一方面也会浪费宝贵的流量。因此新内容在进入平台后都会进行内容的质量评级，只保留高质量内容进入后续的推荐池。②为新内容的点击率赋予初始值。新内容在推荐系统中比较吃亏的原因是没有历史数据，可以通过赋予一定的初始值，比如同类别内容的均值，以降低没有历史数据的影响。③给予一定的流量进行新内容的探索，保证新内容会累积到足够的数据。

关键术语

- 信息流　　　Information Flow
- 内容推荐　　Content Recommendation
- 用户画像　　User Portrait
- 静态画像　　Static Portrait
- 动态画像　　Dynamic Portrait
- 内容画像　　Content Portrait
- 内容召回　　Content Recall
- 内容排序　　Content Sorting
- 冷启动　　　Cold Boot

本章小结

本章介绍了信息流中内容推荐的技术方案。首先介绍信息流内容推荐的系统性方案，主要包括用户画像、内容画像（也叫做内容理解）、内容召回和内容排序。用户画像从原始数据、事实标签以及模型标签几个步骤产生，主要是衡量用户的内容偏好；内容画像是通过技术手段来刻画和表示内容，让算法可以理解内容；内容召回包括兴趣召回、热销召回、协同召回等方案，多种召回方式让召回的内容更全；内容排序包括精排和混排，精排用到的是点击率预测的深度学习方案，混排是用一些规则去做内容的重排序，让用户体验更好。最后介绍了信息茧房、冷启动相关的问题。

第 16 章
游戏运营中的数据挖掘

游戏运营在整个游戏的生命周期里占据了很大的比重，是把一款游戏推上线，有计划地开展产品的营销手段，使玩家不断地了解并进入游戏，在游戏里面活跃并最终付费，达到提高游戏收入目的不可或缺的途径。本章介绍通过数据和模型的手段来提升游戏运营中拉新、活跃以及付费方案的效果。

16.1 游戏中的智能化运营场景

随着互联网特别是移动互联网迅速发展，游戏作为一种全新的社会行为方式已经进入了蓬勃发展的阶段，游戏的商业化也是很多科技公司收益的主要来源。索尼、微软、苹果、谷歌等都是全球游戏收入靠前的公司。游戏发行是游戏获得成功不可或缺的环节。随着大数据的使用，当前游戏的运营更加精准化和智能化，为游戏发行的成功保驾护航。可以说在当前的游戏运营中，数据分析和挖掘贯穿游戏的整个生命周期，无论是玩家的新进、留存、流失、回流还是商业化，都要靠数据分析以及数据挖掘来指导运营，提升运营的效率。

任何游戏最终目的都是取得商业化的成功，只做活跃不做商业化的游戏是无法生存的。先看一下游戏公司的商业化公式：

游戏利润 = 注册用户 × 留存率 × 付费渗透率 ×ARPPU– 研发费用 – 营销费用

ARPPU（Average Revenue Per Paying User）是指公司取自每个付费用户的平均收益。从游戏运营角度来看，如何增加并巩固游戏活跃用户，如何提高付费渗透率和提升 ARPPU 是游戏商业化成功最为关键的环节。因此可以把游戏的智能化运营分为两大部分：①活跃部分，包括新增、激活和留存；②收入部分，包括刺激用户付费、提升付费渗透率以及提高付费用户的收益。

16.2 游戏运营中的新增用户

游戏新进用户管理是任何游戏在上线前期最重要的事情，对于游戏来说没有用户就没有了一切。游戏新增方面，不同公司实现的途径不一样，但说到底都是通过广告进行用户导入。有两种运营模式：一种称为游戏联合运营，顾名思义就是指网络游戏研发厂商以合作分成的方式将产品嫁接到其他合作平台之上运营，即研发厂商提供游戏客户端、游戏更新包、充值系统、客服系统等必要资源，合作平台提供平台租用权、广告位等资源进行合作运营；另外一种称之为买量，即游戏公司自己花钱通过购买流量的方式进行推广。不管是联营还是买量，最终都是把游戏的广告素材在特定时间呈现给目标用户，进行用户引导，都需要通过数据能力的挖掘来提升广告投放的效率。

要提高游戏广告的效率，除了游戏广告素材创意之外，核心是要找到游戏的潜在目标用户。试想一下，如果给老年用户投放二次元游戏，估计转化率会低得不可思议。因此对游戏进行用户定位以及挖掘潜在用户号码包是游戏新进导入的重点工作。那么，如何做游戏潜在用户的挖掘呢？或者说怎么用机器学习的方法来挖掘潜在游戏用户呢？思路也很简单，将游戏的注册用户作为目标去学习玩该游戏的用户的行为特征，然后对未注册的用户进行模型预测，挖掘潜在用户。游戏潜在用户的识别过程包括模型训练和用户预测两个阶段，如图 16.1 所示。

图 16.1
游戏潜在用户的
识别过程

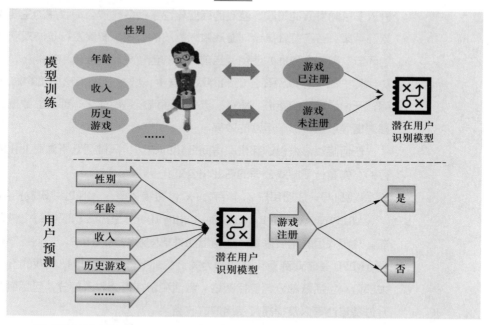

模型特征的制作、训练和之前提到的点击率模型是一样的，唯一区别在于模型目标：点击率模型在于预测用户是否会点击某个广告，游戏潜在用户模型在于预估用户是否会注册某个游戏。使用特征如下：①用户的自然人特征，如性别，年龄、地域、

学历、职业、收入等。②用户的历史游戏特征，如用户历史游戏注册信息、活跃度信息、付费信息等。

　　每个游戏公司特别是大型游戏公司会发行很多游戏，有很多用户的历史游戏信息，这些特征对于预估用户是否会玩某个新游戏至关重要。玩家的游戏行为会有一些连贯性，喜欢玩某个品类游戏的玩家，对于该品类的新游戏也会有一定的兴趣。一些小游戏公司可能没有很多用户积累，不过也不是问题，因为如果在大的媒体平台上进行买量，大的媒体平台都会有类似的用户转化预估模型来提升买量的效率。

　　一般新增用户的模型执行链路如下：

　　潜在用户预估模型→媒体平台→目标用户触达→游戏新增用户→潜在用户预估模型

　　从系统上来看，游戏买量能否做好不只是用户预估得准就行了，还涉及广告素材的制作、媒体平台的出价策略以及对买量用户的运营策略等，是一个复杂的系统工程，就不在本文展开了。

16.3　游戏运营中的流失用户干预

　　每个游戏在用户进来之后就会面临用户流失的问题。游戏用户流失的原因有很多，如自然流失、周期性流失（比如玩家最近很忙）、被竞品吸引等，实际运营中很难做到把每个玩家的流失原因都找出来。但是从大数据上，可以做到对玩家的行为进行分析，提前预知可能流失的玩家，在游戏内做精准的干预；针对已经流失的玩家，可以通过游戏外的渠道，如短信、买量等渠道进行精准的流失召回。总的来说，流失预警和流失召回都是对玩家的流失行为进行干预，最大限度地延长用户在游戏中的停留时间，延长玩家的游戏生命周期。

16.3.1　流失预警

　　流失预警是指用游戏内外的行为数据，如玩家近期的游戏对局数、游戏时长、等级、击杀、升级、获得金币的变化情况，对在未来某个时间段内可能流失的用户进行预测，为游戏运营的流失干预提供目标用户。和经典的分类模型一样，流失预警需要用流失用户作为目标，去预测将要流失的用户，把模型预估出来的将要流失的用户作为流失预警的干预目标用户。根据运营的定义，一般情况下，可以把用户分为周流失、双周流失、月流失等不同周期，实际建模中根据运营需求获取对应的目标用户。

（1）　样本构造。以双周流失预警为例，正样本是指自采样日期算起，14 天前有登录行为，接下来 14 天持续未登录的用户；负样本是指自采样日期算起，14 天前有登录行为，接下来 14 天中有一次及以上登录行为的用户。因此做双周流失预警，至少需要有一个月的用户历史数据；做月流失预警，至少需要有两个月的用户历史数据。

（2） 特征工程。在游戏的流失预警中构造的特征总体可以分为三类：某日的状态特征，比如玩家最高等级、总注册天数、总好友数等；区间聚合特征，计算的时间窗口内（14 天）的数据，比如最近 14 天总在线时长、最近 14 天总流水、最近 14 天总登录次数、最近 14 天的总付费次数、最近 14 天的总对局数、最近 14 天的胜率等；变化特征，表示玩家在不同的时间窗口内游戏行为的变化，比如玩家最近 4 周的登录天数变化、最近 4 周的充值变化，变化的趋势可以用斜率来表示。

确定了样本以及特征工程之后，具体的建模以及模型的评估就和点击率预估模型是一样的，这里就不展开了。

（3） 流失预警的使用场景。当用户打开游戏时，系统会去请求流失预警模型判断用户是否需要干预，如果用户需要干预，则通过运营配置的规则给用户推送一个关怀礼包或者相关的任务来提升用户的活跃度。对用户进行干预也有很多方案，一般情况下会对用户的游戏行为进行分析，或者做聚类分析等，这样不同的或者不同类别的用户会有个性化的干预措施来提升干预的效果。例如，若通过数据分析发现用户战力比较低可能是流失的原因，那么当用户进入游戏的时候，不仅可以推送战力提升的礼包，也可以引导用户进入一些特殊的任务，用户完成任务的时候会得到额外的惊喜奖励，从而让玩家提升战力，持续在游戏内活跃。

16.3.2 流失玩家召回

流失召回是针对已经流失的玩家通过游戏外的渠道进行触达和召回，把这些曾经活跃过的玩家再次导入游戏。不同于流失预警，流失召回的触达渠道是在游戏外，比如广告买量、短信等方式，是需要相应的广告成本的，因此如何从流失玩家中挖掘回流的高潜用户、提高资源的使用效率是流失召回项目能否成功的关键。根据不同时间窗口的定义，有周流失、双周流失和月流失玩家，识别流失玩家回流预测的模型也是基于正负样本的构造来完成的。

正样本对应的用户行为为活跃→流失→再活跃，如图 16.2 所示，蓝色代表有活跃行为，灰色代表无活跃行为。

图 16.2
正样本对应的
用户行为

负样本对应的用户行为为活跃→一直流失，如图 16.3 所示（颜色含义同图 16.2）。

图 16.3
负样本对应的
用户行为

正样本是已经回流的用户，用户在离开了一段时间，由于看到游戏的广告、好友的拉动、自然回流等各种原因会重新回来玩游戏，无论是什么原因这些用户是有意愿回来的。模型预测的目的就是从庞大的流失用户群中寻找到和回流用户更相似的用户，然后通过渠道的触达拉动用户回流。负样本是一直在流失的用户，一直流失的用户有可能是刚性流失，或被竞品吸引，其中有一些通过广告触达是有可能回流的，即负样本中可能有被错杀的，但是如果主体是刚性流失，不会太影响模型的效果。

回流预估模型的特征工程：①流失前的游戏内特征，如用户游戏等级、日／周／月活跃度、在线时长、好友数量、战斗力、对局次数、玩法参与度等；②用户的其他自然人特征，如年龄，性别，地域等；③好友特征：游戏内好友的数量、好友的活跃情况、家族或者公会的情况（角色扮演类游戏）、战队情况。

确定了正负样本以及特征工程之后，就要展开模型的构建工作，并把模型使用到线上场景。线上的应用场景一般是在游戏外的渠道进行触达，比如手机短信、媒体广告等一些可以触达到流失用户的地方，通过给用户发福利或者新版本的玩法等，刺激玩家回流。

16.4 游戏运营中的商业化

16.4.1 游戏商业化模式

游戏有了活跃用户还需要商业化的成功，才是真正的成功。游戏产品可以分为产品型、服务型和增值型三种，对应三种不同的收费方式。

（1）**产品型**。整个游戏是一个完整的产品，以固定的价格出售，是比较传统的销售方式。主要的缺陷是用户一开始就要支付所有的费用，存在较高的门槛，一般活跃的用户量也不会太高，比如《怪物猎人》《使命召唤》等。这些游戏一般在商城售卖，通过硬核的质量和口碑吸引付费玩家。

（2）**服务型**。以联机体验为主的网络游戏中，用户登录游戏是免费的，根据联机服务的时间进行计费，如《传奇》《魔兽世界》。这种商业化模式已经越来越少了。

（3）**增值型**。登录和联机游戏都是免费的，但是用户选购游戏中的增值服务需要付费，最主要的是道具，通过道具来提升玩家的游戏体验，如《梦幻西游》《阴阳师》等。这是国内网络游戏最通用的收费方式。

16.4.2 游戏商业化智能方案

增值型游戏里面比较核心的两个问题是：哪些用户会付费？付费的用户会买什么？因此商业化智能的核心目标在于挖掘哪些用户会付费、会买哪些道具，然后通过运营包装成各种活动或者商城产品去触达用户，使普通用户转化为付费用户，提升游戏内的收入。整个流程如图16.4所示。

图 16.4
游戏商业化智能方案

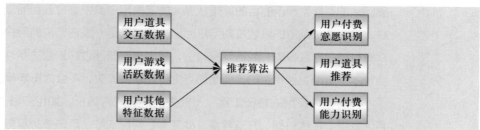

除了应用场景不一样，游戏商业化方案在数据处理和模型的使用流程上和之前提到的场景基本是一样的，就不再详细展开了。这里的用户道具交互数据是指用户在各个场景浏览、点击、使用以及购买道具等行为的数据。

（1） **用户付费意愿识别。** 从大量的活跃用户中找出有付费潜力的用户，然后针对这些用户给予一些折扣的让利等活动，使得用户从活跃用户转化为付费用户。很明显正样本就是已经付费的用户，负样本是非付费用户。

（2） **用户道具推荐。** 用户道具的推荐有两种思路：一种是基于记忆的协同过滤和矩阵分解；另一种是基于内容的推荐。协同过滤推荐是比较简单且行之有效的方式，最大的好处是对数据要求比较少，只需要知道用户和道具的交互信息，不需要其他信息就可以做出不错的效果，缺点是比较容易达到天花板。基于内容的推荐，整套机器学习建模的工作，主要的思路是通过用户和道具的特征，预估用户对道具的购买率，从而达到推荐的效果。缺点是数据处理比较繁重，特别是需要构造道具的特征，比如根据道具的文字描述、功能、图片等做道具的相关特征。实际应用中，这两种方法会混合使用，在前期数据量较少且为了快速上线，可以先用协同过滤的方法，当游戏进入成熟期，数据体量比较大，就可以使用基于内容的道具推荐方法来提升推荐的效果。

（3） **用户付费能力识别。** 在游戏中，10%的头部付费用户产生90%的游戏收入，识别和维护好超级用户的意义不言而喻。因此如果能提前识别用户的付费潜力，就可以提前做一些运营和关怀，让用户转化为真实的超级付费用户。另外如果能通过机器学习模型挖掘出来用户的付费潜力，那么在道具推荐上可以针对性地结合，让有较高付费能力的用户看到的是比较好但是贵一些的道具，而付费能力较低的用户看到的是性价比比较高的道具，结合用户的付费能力进行个性化的道具推荐，推荐效果会更好一些。

16.4.3 游戏商业化智能场景

游戏商业化的场景一般是在游戏内的商城、场景化推荐和运营活动中。

（1） **商城是常驻游戏内的，** 直接通过道具推荐模型进行个性化的道具推荐来达到提升商城售卖的目的，类似电商产品的商品列表推荐。

（2） **场景化推荐。** 商城是固定的入口，而场景化推荐是根据用户在游戏内的行为实时触发的。比如对局触发，当用户对局结束之后，根据对局的结果和用户的道具偏好数据进行推荐。对局触发能增加推荐的及时性和有效性，提高推荐的效果，而且由于推荐的道具和用户当时正处的场景有一定的关联性，整体的体验也会更好。

（3）**运营活动**。运营活动一般是在固定的日子里面推出的促销活动。比如，各种节假日的营销，类似电商"双11"的活动；在七夕节或者情人节推出送情侣礼物的活动，引起玩家的情感共鸣，而通过大数据计算的个性化礼物推荐，让活动的转化率更高。运营活动的公式可以归纳为：大数据+推荐模型+特定日子+包装的活动。为什么需要特定的日子和包装的活动，而不能经常做呢？这和电商不能天天都是"双11"大促的道理是一样的。经常促销会导致游戏内商城道具贬值，另一方面也会导致无新鲜度、不能引起热度等。

关键术语

- 游戏新进用户　　　New Game Users
- 游戏潜在用户识别　Game Potential User Identification
- 流失用户干预　　　Lost User Intervention
- 流失用户预警　　　Lost User Alert
- 流失用户召回　　　Lost User Recall
- 道具推荐　　　　　Props Recommendation
- 付费能力识别　　　Payment Capability Identification

本章小结

　　本章介绍游戏运营中新进、活跃和商业化的数据提升方案。新进方面，介绍通过已注册用户的特征来识别潜在用户的模型，其中详细介绍了使用的游戏特征，如用户历史的注册信息、活跃度、品类偏好等；活跃方面，介绍了流失预警和流失玩家召回的方案，重点介绍了正负样本的构造和使用的特征，虽然用户流失的原因多种多样，但是通过数据模型的手段可以提前预测用户的流失概率并对其进行干预，延长用户的游戏生命周期；商业化方面，介绍了三个模型，即用户付费意愿识别、道具推荐以及付费能力识别，这些模型结合游戏中的场景对用户进行个性化的运营从而达到提升商业化的目的。

大数据智能分析理论与方法

DASHUJU ZHINENG FENXI LILUN YU FANGFA

策划编辑	童 宁 杨世杰	网址	http://www.hep.edu.cn
责任编辑	杨世杰		http://www.hep.com.cn
封面设计	姜 磊	网上订购	http://www.hepmall.com.cn
版式设计	杨 树		http://www.hepmall.com
责任绘图	马天驰		http://www.hepmall.cn
责任校对	胡美萍		
责任印制	存 怡	版次	2023 年 7 月第 1 版
出版发行	高等教育出版社	印次	2023 年 7 月第 1 次印刷
社址	北京市西城区德外大街 4 号	定价	49.50 元
邮政编码	100120		
印刷	保定市中画美凯印刷有限公司		本书如有缺页、倒页、脱页等质量问题,
开本	787 mm×1092 mm 1/16		请到所购图书销售部门联系调换
印张	20.5		
字数	410千字		版权所有 侵权必究
购书热线	010-58581118	物料号	59234-00
咨询电话	400-810-0598		

图书在版编目（C I P）数据

大数据智能分析理论与方法 / 张紫琼,叶强主编;
张楠等副主编 . -- 北京:高等教育出版社，2023.7
ISBN 978-7-04-059234-4

Ⅰ . ①大… Ⅱ. ①张… ②叶… ③张… Ⅲ. ①数据处
理 Ⅳ. ①TP274

中国版本图书馆CIP数据核字（2022）第143819号

教学支持说明

　　建设立体化精品教材，向高校师生提供整体教学解决方案和教学资源，是高等教育出版社"服务教育"的重要方式。为支持相应课程教学，我们专门为本书研发了配套教学课件及相关教学资源，并向采用本书作为教材的教师免费提供。

　　为保证该课件及相关教学资源仅为教师获得，烦请授课教师清晰填写如下开课证明并拍照后，发送至邮箱：yangshj@hep.com.cn，也可加入 QQ 群：184315320 索取。

　　编辑电话：010-58556042。

证　明

　　兹证明＿＿＿＿＿＿＿＿＿＿＿＿大学＿＿＿＿＿＿＿＿＿＿＿学院 / 系第＿＿＿＿＿学年开设的＿＿＿＿＿＿＿＿＿＿＿＿＿＿课程，采用高等教育出版社出版的《＿＿＿＿＿＿＿＿＿＿＿＿＿＿＿》（＿＿＿＿＿＿＿＿主编）作为本课程教材，授课教师为＿＿＿＿＿＿＿＿，学生＿＿＿＿＿＿个班，共＿＿＿＿＿＿人。授课教师需要与本书配套的课件及相关资源用于教学使用。

　　授课教师联系电话：＿＿＿＿＿＿＿＿＿＿＿　E-mail：＿＿＿＿＿＿＿＿＿＿＿

学院 / 系主任：＿＿＿＿＿＿＿＿＿＿＿（签字）

（学院 / 系办公室盖章）

20＿＿＿年＿＿＿月＿＿＿日